How Program Works

プログラムは なぜ動くのか

知っておきたいプログラミングの基礎知識

矢沢久雄 著

日経BP

はじめに

皆さんの中には、Windowsでコンピュータに初めて触れた人や、JavaやPythonなどの高水準言語でプログラミングを始めた人が多いことでしょう。Windowsのグラフィカルな操作性は、コンピュータを使いやすいものにしてくれました。高水準言語を使えば、コンピュータの内部的な動作を意識せずに、簡単な手順でプログラムを作成できます。思えば、便利な時代になったものです。

しかし、喜んでばかりもいられません。便利な時代の代償として、ある程度のプログラミング能力が習得できても、技術的にもう一歩スキルアップできないことや、オリジナルのプログラムを作成するための応用力を身につけられずに悩んでいるプログラマが増えているのも事実です。この問題の原因は、プログラムが動作する根本的な仕組みを理解していないからです。

「プログラムのアイコンをダブルクリックすればプログラムが動作する」などと、見かけだけをとらえているようではダメです。「メモリーにロードされたマシン語のプログラムが、CPUによって解釈・実行され、それによってコンピュータというシステム全体の制御やデータの演算が行われる」という、本当の仕組みを知る必要があります。プログラムが動作する仕組みがわかれば、確実にスキルアップでき、応用力も身につくはずです。

本書は、これからプログラミングを始めたい人、スキルアップを目指す初級プログラマ、そしてすべてのコンピュータ・ユーザーのために、プログラムが動作する仕組みをやさしく解き明かしたものです。説明の都合上、コンピュータのハードウエアが登場することも多々ありますが、あくまでもプログラムすなわちソフトウエアがテーマです。

本書の内容は、日経ソフトウエアに連載された「プログラムはなぜ動くのか」をまとめたものです。本書の第1版は、2001年10月の発刊以来、多くの読者に読んでいただき、いろいろな反響をいただきました。なかでも多かったのが「CPUのレジスタとメモリーの働きがわかり、自分が書いたプログラムが動作する仕組みがわかった」という嬉しい反響です。一方で、プログラミング経験が少ない読者からは「内容がややむずかしい」との声もありました。

そこで、2007年4月に発刊された第2版では、ハードウエアに関する説明を加筆し、サンプル・プログラムで使用する言語を、かつてのVisual Basicから、ハードウエアの説明に適したC言語に置き換えました。さらに、巻末に補章として、C言語の解説を追加しました。第1版をむずかしいと感じた読者にも、満足していただけたことでしょう。

このたび、第3版を発刊させていただくにあたり、あらためて全文を見直して、登場する製品や開発ツールなどを新しいものに置き換え、プログラミングが初めてという人でも戸惑わないように、本文や注釈に大幅な加筆を加えました。さらに、新たに書き下ろした第12章では、Pythonを使った機械学習を取り上げ、巻末の補章に、Pythonの解説を追加しました。第1版と第2版をお読みいただいた読者にも、きっと満足していただけると思います。

何事にも言えることですが、ものごとの本質を知ることは、とても大切なことです。本質を知ってこそ応用が利きます。新しい技術が登場しても、容易に理解できます。本書によって、プログラムを奥底まで探究し、プログラムの本質に触れてください。

2021年4月

著者　矢沢 久雄

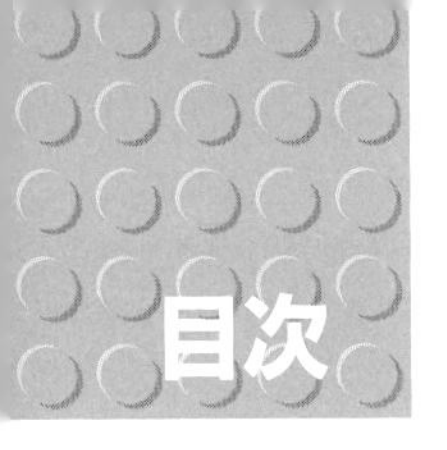

目次

プログラムはなぜ動くのか
～本書で解説する主なキーワード～

第1章 プログラマにとってCPUとはなにか

CPU、レジスタ、メモリー、アドレス、
プログラム・カウンタ、アキュムレータ、
フラグ・レジスタ、ベース・レジスタ

第2章 データを2進数でイメージしよう

IC、ビット、バイト、2進数、シフト演算、
論理演算、補数、符号ビット、算術シフト、
論理シフト、符号拡張

第3章 コンピュータが小数点数の計算を間違える理由

2進数の小数点数、倍精度浮動小数点数、
単精度浮動小数点数、正規表現、イクセス表現、
16進数

ダブル
クリック

第4章 四角いメモリーを丸く使う

メモリーIC、記憶容量、データ型、ポインタ、
配列、スタック、キュー、リング・バッファ、
リスト、2分探索木

第5章 メモリーとディスクの親密な関係

ストアド・プログラム方式、
ディスク・キャッシュ、仮想メモリー、
SSD、DLLファイル、stdcall、セクター、クラスタ

第6章 自分でデータを圧縮してみよう

ランレングス法、モールス符号、ハフマン法、
ハフマン木、可逆圧縮、非可逆圧縮、
BMP、JPEG、GIFF、PNG

本書をお読みいただくことで、プログラムのアイコンをダブルクリックしてから実際にプログラムが動作するまでの仕組みがわかります！

第7章 プログラムはどんな環境で動くのか

OS、ハードウエア、Windows、MS-DOS、API、Linux、Java仮想マシン、クラウド、BIOS、ブート・ストラップ

第8章 ソース・ファイルから実行可能ファイルができるまで

ソースコード、ネイティブ・コード、コンパイラ、リンカー、スタートアップ、ライブラリ、スタック、ヒープ、スタティック・リンク、ダイナミック・リンク

第9章 OSとアプリケーションの関係

モニター・プログラム、システム・コール、移植性、API、マルチタスク、デバイス・ドライバ

第10章 アセンブリ言語からプログラムの本当の姿を知る

ニーモニック、擬似命令、オペコード、オペランド、レジスタ、ラベル、スタック、関数呼び出し、グローバル変数、ローカル変数、繰り返し、条件分岐

第11章 ハードウエアを制御する方法

in命令、out命令、ポート番号、IRQ、DMAチャネル、I/Oコントローラ、割り込みコントローラ、DMAコントローラ

第12章 コンピュータに「学習」をさせるには

機械学習、教師あり学習、分類問題、学習器、分類器、サポートベクトルマシン、クロスバリデーション

各章の構成

本書は、全部で12章から構成されており、各章の内容は、「ウォーミングアップ」「この章のポイント」「本文」となっています。専門用語の解説は、本文の下段に脚注として示しています。いくつかの「コラム」もあります。また、巻末に補章としてC言語とPythonの基本構文を解説していますので、プログラミングが初めてという人は、ぜひお読みください。

●ウォーミングアップ

各章の冒頭には、「ウォーミングアップ」として簡単なクイズを掲載していますので、ぜひ挑戦してください。それによって、問題意識を持って本文の説明を読めるようになるからです。

●この章のポイント

「この章のポイント」は、本文で説明するテーマを示したものです。その章の内容が、皆さんの求めているものであるかどうかを確認するためにお読みください。

●本文

「本文」では、皆さんに語りかけるスタイルで、各章のテーマに掲げられた観点からプログラムが動作する仕組みを説明します。C言語やPythonのプログラムが登場することがありますが、それらの知識がなくても読みこなせるようにコメントを多用しています。

●コラム「あなたなら、どんなふうに説明しますか？」

「コラム」では、まったくプログラムを作った経験がない人達に、プログラムが動作する仕組みを説明する問答を掲載しています。誰かに説明してみることで、自分自身が十分に理解しているかどうかを確認できます。皆さんなら、どのように説明するかを考えながらお読みください。

＊本書では、特定のハードウエア製品やソフトウエア製品に依存しない知識を提供するように心がけています。ただし、具体例を示す場合には、Windowsパソコン、Windows 10、BCC32（C言語の開発ツール）、およびAnaconda（Pythonの開発ツール）などを題材としています。また、各ソフトウエアは、本書の執筆時点での最新バージョンを基に記述しており、今後のバージョンアップで変更が生じる可能性があることもご了承ください。

第1章

プログラマにとってCPUとはなにか

ウォーミングアップ

本題に入る前に、ウォーミングアップとしてクイズを出題させていただきます。きちんと説明できるかどうか試してみてください。

1. プログラムとは、何ですか？
2. プログラムの中には、何が含まれていますか？
3. マシン語とは、何ですか？
4. 実行時のプログラムは、どこに格納されていますか？
5. メモリーのアドレスとは、何ですか？
6. コンピュータの構成要素の中で、プログラムを解釈・実行する装置は何ですか？

いかがだったでしょうか。改めて聞かれると、簡潔に答えられない問題もあったことでしょう。参考までに、筆者の答えと解説を以下に示しておきます。

1. コンピュータに実行させる処理の順番を示すもの
2. 命令とデータ
3. CPUが直接解釈できる言語
4. メモリー（メイン・メモリー）
5. メモリー上で命令やデータが格納されている場所を示す値
6. CPU

解説

1. 一般用語でプログラムとは、運動会やコンサートのプログラムのように、「何かを行う順番を示すもの」という意味です。これは、コンピュータのプログラムでも同じです。
2. プログラムは、命令とデータの集合体になっています。たとえば、C言語の「printf("こんにちは");」というプログラムなら、printfが命令であり、"こんにちは"がデータです。
3. CPUが直接解釈できる言語は、マシン語だけです。C言語やJavaなどで記述されたプログラムは、最終的にマシン語に変換されて実行されます。
4. ハード・ディスクなどのディスク媒体に保存されたプログラムは、メモリーにコピーされてから実行されます。
5. メモリー上の命令やデータの格納場所は、アドレス（番地とも呼ぶ）で指定します。アドレスは、整数値で表されます。
6. コンピュータを構成する要素の中で、プログラムの命令にしたがって、データの演算やコンピュータ全体の制御を行う装置をCPUと呼びます。

この章のポイント

プログラムを解釈・実行する装置であるCPUの説明からスタートしましょう。CPUが、Central Processing Unit（中央処理装置）の略称であり、コンピュータの頭脳となる装置であることや、CPUの内部が数百万～数億個のトランジスタで構成されていることは、皆さんもご存知でしょう。しかし、このような知識だけでは、プログラミングの役には立ちません。プログラマにとって必要なCPUの知識とは、CPUがどんな働きをするかを理解することです。CPUを理解するポイントは、命令やデータを格納するレジスタの仕組みを知ることです。レジスタがわかるとプログラムが実行される仕組みが見えてきます。CPUの働きをむずかしいと感じている人も多いと思いますが、実は意外とシンプルなものです。気持ちを楽にしてお読みください。

CPUの中身をのぞいてみよう

皆さんが作成したプログラムが実行されるまでの流れを次ページの**図1-1**に示します。これは、プログラムが動作する仕組みを知る上で大前提となる基礎知識です。詳しくはこれからゆっくり説明していきますが、おおよその流れはイメージとして持っておいてください。CPU（Central Processing Unit、シー・ピー・ユー）[*1]は、最終的にマシン語となったプログラムの内容を解釈して実行する装置です。

CPUやメモリーの実体は、多くのトランジスタから構成されたIC（Integrated Circuit、集積回路）と呼ばれる電子部品です。機能の面から考えると、CPUの内部は、15ページの**図1-2**に示すように「レジスタ」「制御装置」「演算装置」「クロック」の4つの要素から構成されています。これら4つの要素は、相互に電気的に接続されています。レジスタは、処理対象となる命令やデータを格納する領域です。種類によって異なりま

*1 CPUのことを「マイクロプロセッサ」や「プロセッサ」と呼ぶこともあります。本書では、主にCPUという言葉を使います。

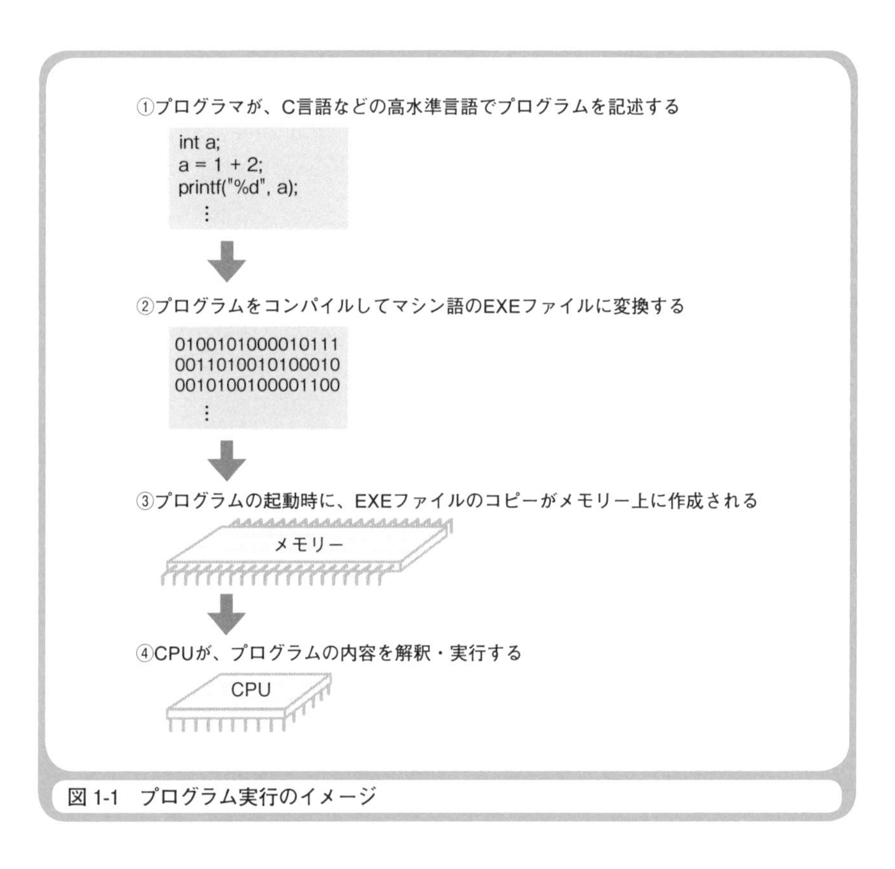

図 1-1　プログラム実行のイメージ

すが、1つのCPUの内部には数個～数十個ほどのレジスタがあります。**制御装置**は、メモリー上の命令やデータをレジスタに読み出し、命令の実行結果に応じてコンピュータ全体を制御します。**演算装置**は、メモリーからレジスタに読み出されたデータを演算する役目を持ちます。**クロック**は、CPUが動作するタイミングとなるクロック信号[*2]を発生させるものです。クロックが、CPUの外部にあるコンピュータもあります。

＊2　クロック信号は「クロックパルス」とも呼ばれます。たとえば、3.0GHzなら、クロック信号の周波数が3.0GHz（GHz＝10億回/秒）であることを表しています。クロック周波数が大きいほど、CPUの動作は速くなります。

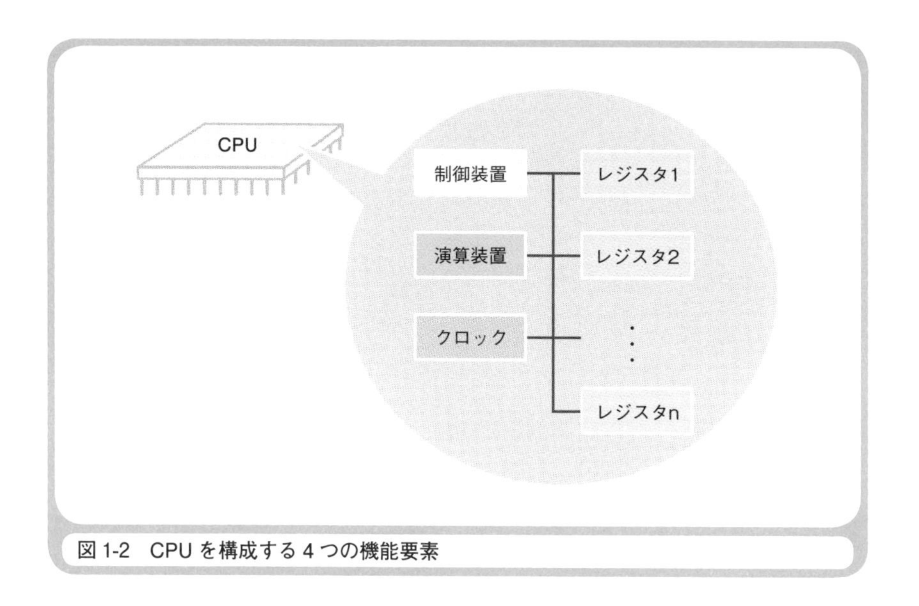

図1-2 CPUを構成する4つの機能要素

ここでメモリーについても簡単に説明しておきましょう。パソコンで通常メモリーと呼ぶのはメイン・メモリー(主記憶)[*3]のことです。CPUと制御用ICなどを介してつながっていて、メモリーの内部に命令とデータを格納します。メイン・メモリーは読み書き可能なメモリー素子で構成されていて、1バイト(=8ビット)ずつにアドレス(番地)と呼ぶ番号が付いています。CPUはこのアドレスを指定してメイン・メモリーに格納された命令やデータを読み出したり、逆にデータを書き込んだりします。メイン・メモリーに格納されている命令やデータはパソコンの電源を切ると消えてしまいます。

CPUの構造がわかると、プログラムが実行される仕組みが、何となく見えてきませんか。プログラムが動き出すと、クロック信号に合わせて、

*3 メイン・メモリーとは、コンピュータ本体の中にあり、プログラムやデータを記憶する装置のことです。メイン・メモリーには、通常DRAM(Dynamic Random Access Memory、ディーラム)と呼ばれるICを使います。DRAMには、安価だが低速である、という特徴があります。メモリーについては、第4章で詳しく説明します。

制御装置がメモリーから命令やデータを読み出します。その命令を解釈・実行することで、演算装置でデータが演算され、その結果に応じて制御装置がコンピュータを動かします。「制御」という言葉を使うと、むずかしいことのように感じてしまうかもしれませんが、データの演算以外の処理（主にデータの入出力のタイミング合わせ）のことを制御と呼んでいるだけです。メモリーやディスク媒体との入出力、キーボードやマウスからの入力、ディスプレイやプリンタへの出力なども、制御なのです。

CPUはレジスタの集合体

先ほど挙げたCPUの4つの要素の中で、プログラマが意識しなければならないものは、レジスタだけです。残りの3つの要素を意識する必要はありません。ではなぜ、レジスタを意識しなければならないのでしょう。それは、プログラムはレジスタを対象として記述されるからです。

リスト1-1をご覧ください。これは、「アセンブリ言語（アセンブラ）」[*4]で記述されたプログラムの一部です。アセンブリ言語は、本来なら電気信号である個々のマシン語[*5]命令に、その動作を表す英語の略語（ニーモニックと呼びます）を割り当てたものです。movやaddは、データの格納（move）や加算（addition）という動作を表す略語です。アセンブリ言語とマシン語は、基本的に1対1で対応しています。この点が、C言語やJavaなどの高水準言語[*6]と大きく違うところであり、CPUの動きを説明するのにアセンブリ言語が適している理由です。アセンブリ言語で表された

---

*4　アセンブリ言語をマシン語に変換するプログラムを「アセンブラ（Assembler）」と呼びます。ただし、アセンブリ言語のことをアセンブラと呼ぶ場合もあります。アセンブリ言語の構文には、AT&T記法とインテル記法があります。本書では、AT&T記法を使っています。アセンブリ言語については、第10章で詳しく説明します。

*5　マシン語は、CPUが直接解釈し実行できる言語のことです。

*6　高水準言語とは、ハードウエアの仕組みを意識せずに、人間の感覚（英語や数式）に近い構文で記述できるプログラミング言語の総称です。C言語、C++、Java、C#、Pythonなどは、高水準言語です。高水準言語に対して、マシン語やアセンブリ言語のことを「低水準言語」と呼びます。

プログラムをマシン語に変換することをアセンブル、マシン語のプログラムをアセンブリ言語に逆変換することを逆アセンブルと呼ぶことも覚えておいてください。

リスト 1-1　アセンブリ言語で記述したプログラムの例（リスト中の色文字はレジスタ）

```
movl -4(%ebp), %eax    …メモリーの値を eax に読み出す
addl -8(%ebp), %eax    …メモリーの値を eax に加算する
movl %eax, -12(%ebp)   …eax の値（加算結果）をメモリーに格納する
```

アセンブリ言語で表されたプログラムを見れば、マシン語となったプログラムの動作を知ることができます。リスト1-1のアセンブリ言語のプログラムをお見せした理由は、マシン語レベルになったプログラムが、レジスタを使って処理を行っていることを示したかったからです。つまり「CPUはレジスタの集合体である」ということが、プログラマから見たCPUのイメージなのです。制御装置、演算装置、クロックは、それらが存在することだけを知っていれば十分です。

リスト1-1では、eaxやebpがレジスタを表しています。レジスタを使って、データの格納や加算を行っているのが、何となくわかるでしょう。このアセンブリ言語は、32ビットのx86系CPU用[*7]のものです。eaxやebpは、CPUの内部にあるレジスタの名称です。メモリーの格納場所はアドレスの値で区別しますが、レジスタの種類は名前で区別します。

ちょっとむずかしい話になってしまいましたが、特定のCPUが持っているレジスタの種類をすべて知り、アセンブリ言語をマスターする必要があるといっているわけではありませんので、安心してください。大切なのは、プログラムがCPUによって、どのように処理されているかとい

＊7　x86（エックスはちろく）系CPUとは、インテルが1978年に開発した16ビットCPUの8086と互換性を持つ32ビットCPUと64ビットCPUの総称です。64ビットCPUをx64と呼ぶ場合もあります。

表 1-1　主なレジスタの種類とその役割

レジスタの種類	役割
アキュムレータ	演算を行うデータおよび演算後のデータを格納する
フラグ・レジスタ	演算処理後の CPU の状態を格納する
プログラム・カウンタ	次に実行する命令が格納されたメモリーのアドレスを格納する
ベース・レジスタ	データ用のメモリー領域の先頭アドレスを格納する
インデックス・レジスタ	ベース・レジスタからの相対アドレスを格納する
汎用レジスタ	任意のデータを格納する
命令レジスタ	命令そのものを格納する。プログラマがプログラムでこのレジスタの値を読み書きするのではなく、CPU が内部的に使用する
スタック・レジスタ	スタック領域の先頭アドレスを格納する

うイメージ作りです。皆さんが高水準言語で作成したプログラムがコンパイル[*8]されてマシン語になり、CPUの内部でレジスタを使った処理になるというイメージです。たとえば、a = 1 + 2という高水準言語のプログラムがマシン語に変換されると、レジスタを使った加算処理や格納処理となることを知ってください。

CPUの種類が異なれば、その内部にあるレジスタの数、種類、レジスタに格納できる値のサイズも異なります。ただし、役割ごとに大雑把に分類するなら、主なレジスタの種類は**表1-1**のように大別できます。レジスタに格納される値は、「命令」を表している場合と、「データ」を表している場合があります。データには、(1) 演算に使われる値と、(2) メモリーのアドレスを表す値の2種類があります。値の種類によって、それを格納するレジスタの種類が異なります。CPUの中にあるレジスタは、個々に役割が異なるのです。演算に使う値は「アキュムレータ」に格納し、メモリーのアドレスを表す値は、「ベース・レジスタ」や「インデックス・レ

＊8　コンパイルとは、高水準言語で記述されたプログラムをマシン語に変換することです。そのための変換プログラムのことを「コンパイラ」と呼びます。

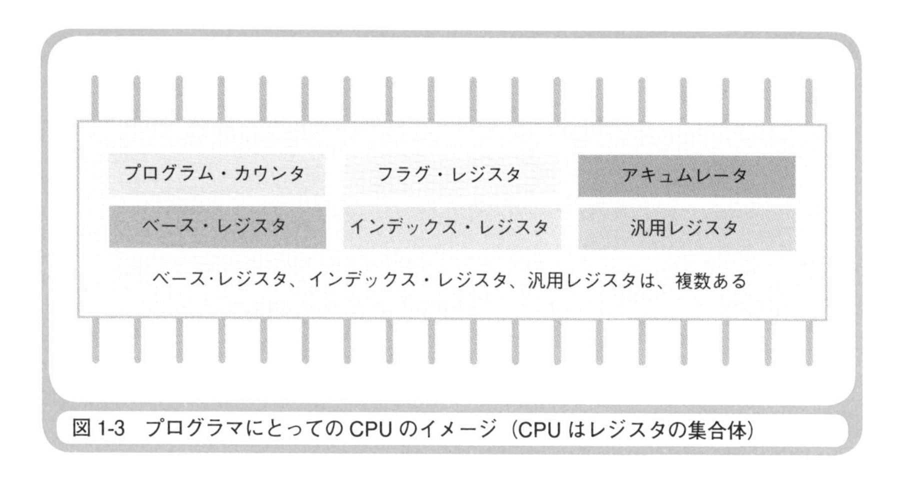

図1-3 プログラマにとってのCPUのイメージ（CPUはレジスタの集合体）

ジスタ」に格納するといった具合です。リスト1-1のプログラムに登場したeaxは「アキュムレータ」で、ebpは「ベース・レジスタ」です。

プログラマにとってのCPUのイメージをまとめると、**図1-3**のようになります。さまざまな役割を持ったレジスタの集合体がCPUなのです。プログラム・カウンタ、アキュムレータ、フラグ・レジスタ、命令レジスタ、スタック・レジスタは1つずつしかなく、その他のレジスタは、複数あるのが一般的です。プログラム・カウンタとフラグ・レジスタは、特殊なレジスタなので、後の節で詳しく説明します。図1-3では、プログラマが意識しなくてよいレジスタ（命令そのものを格納する命令レジスタなど）を省略しています。

プログラムの流れを決めるプログラム・カウンタ

1行だけで役に立つプログラムというものは、滅多にありません。これは、マシン語となったプログラムでも同様です。CPUのイメージがつかめたところで、今度はプログラムが記述されたとおりに実行される（プログラムが流れる）仕組みを説明しましょう。

次ページの**図1-4**は、プログラムが起動されたときのメモリーの内容の

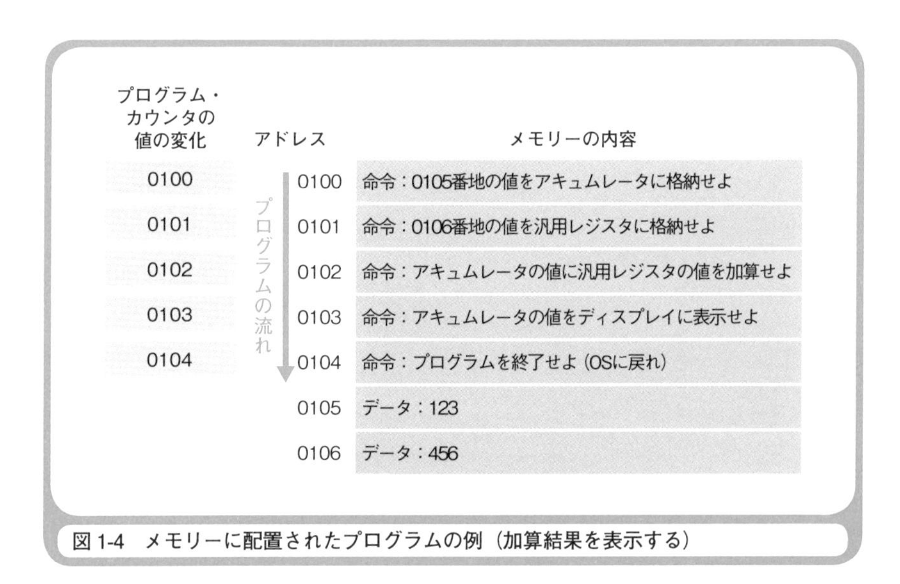

図1-4　メモリーに配置されたプログラムの例（加算結果を表示する）

イメージです。WindowsなどのOS[*9]は、ユーザーからプログラムの起動が指示されると、ハード・ディスクに保存されているプログラムをメモリーにコピーします。このプログラムは、123と456という2つの値の加算結果をディスプレイに表示するものだとします。前述したように、メモリーには、命令やデータの格納場所を示すアドレスが割り振られています。各アドレスに格納された内容をマシン語で示すと意味不明になってしまうので、ここでは、各アドレスに何が格納されているのかを文章で示しています。実際には、1つの命令やデータが複数のアドレスにまたがって格納されるのが一般的ですが、図1-4では説明を簡単にするために1つのアドレスに命令やデータが収まるものとしています。

アドレスの0100番地が、このプログラムの実行開始位置です。WindowsなどのOSは、プログラムをハード・ディスクからメモリーに

*9　OS（Operating System、オー・エス）は、コンピュータの基本操作にかかわるソフトウエアです。OSの役割に関しては、第9章で詳しく説明します。

コピーした後で、レジスタのひとつであるプログラム・カウンタに0100を設定します。これによって、このプログラムの実行が開始されます。CPUが1つの命令を実行すると、プログラム・カウンタの値が自動的に1つ増加します。たとえば、CPUが0100番地の命令を実行すると、プログラム・カウンタの値が0101となります（複数のメモリー・アドレスを占める命令を実行した場合は、プログラム・カウンタの値が、命令のサイズ分だけ増加します）。CPUの制御装置は、プログラム・カウンタの値を参照して、メモリーから命令を読み出して実行します。すなわち、プログラム・カウンタが、プログラムの流れを決めているのです。

条件分岐と繰り返しの仕組み

プログラムの流れには、「順次進行」「条件分岐」「繰り返し」の３種類があります。順次進行とは、アドレスの値の順に命令を実行することです。条件分岐とは、条件に応じて任意のアドレスの命令を実行することです。繰り返しとは、同じアドレスの命令を何度か繰り返し実行することです。順次進行の場合は、プログラム・カウンタの値が1つずつ増加していくだけですが、プログラムの中に条件分岐や繰り返しがある場合は、それらのマシン語命令が、プログラム・カウンタの値を任意のアドレスに（＋1でない値に）設定することになります。これによって、前のアドレスに戻って同じ命令を繰り返したり、任意のアドレスにジャンプして分岐したりできるのです。ここでは、条件分岐を例にして、具体的な例を示しますが、繰り返しの場合でもプログラム・カウンタに値が設定される仕組みは同じです。

次ページの**図1-5**は、メモリーに格納された値（ここでは123）の絶対値をディスプレイに表示するプログラムが、メモリーに格納された状態を示しています。このプログラムの実行開始位置は、0100番地です。プログラム・カウンタの値が増加して、0102番地にたどり着くと、その時の

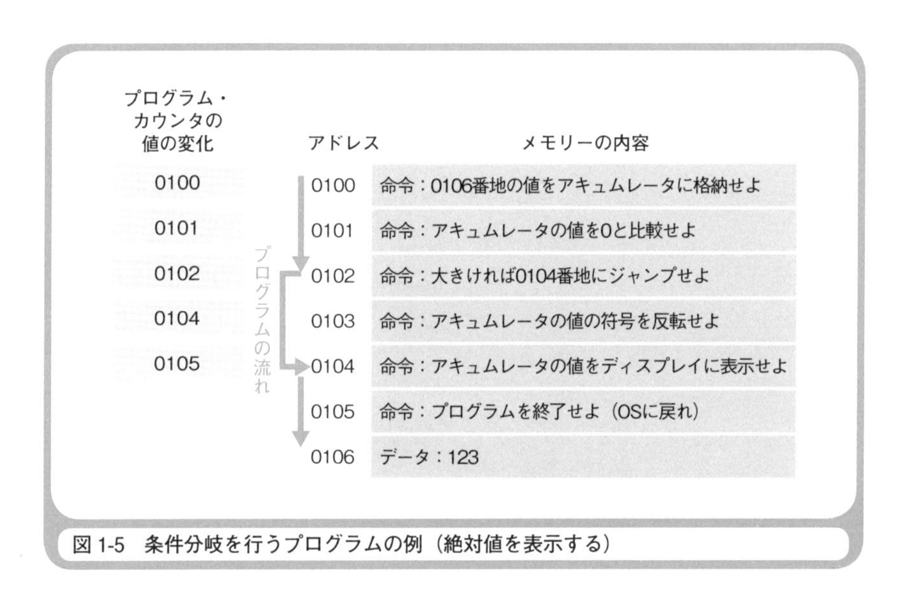

図 1-5　条件分岐を行うプログラムの例（絶対値を表示する）

アキュムレータの値が正なら0104番地にジャンプする命令（「ジャンプ命令」）が実行されます。この時点では、アキュムレータの値が123という正の値になっているので、0103番地の命令がスキップされ、プログラムの流れが0104番地にジャンプします。「0104番地にジャンプせよ」という命令は、間接的に「プログラム・カウンタに0104番地を設定せよ」ということを実行するものです。

条件分岐や繰り返しで使われる**ジャンプ命令**は、直前に行われた演算の結果を参照して、ジャンプするかどうかを判断します。18ページの表1-1に示したCPUを構成するレジスタの中に、フラグ・レジスタというものがありました。**フラグ・レジスタ**は、直前に実行した演算の結果として、アキュムレータや汎用レジスタの値が負、ゼロ、正のいずれになったかを記憶する役割を持つものです（オーバーフロー[*10]、パリティチェッ

*10　オーバーフローとは、演算結果の桁数がレジスタの範囲を超えることです。

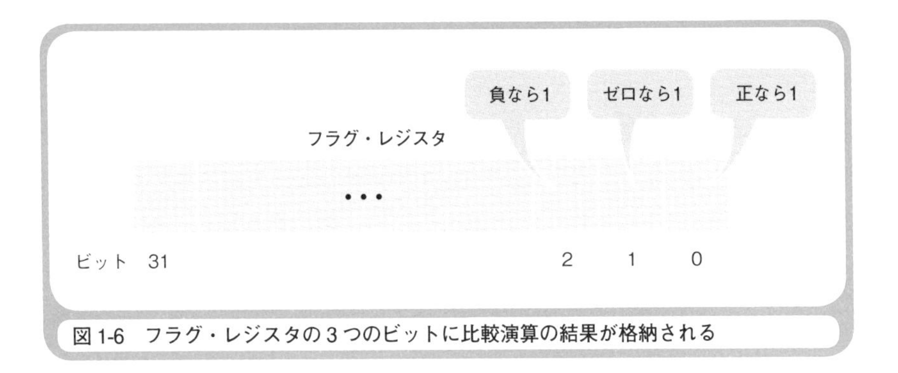

図1-6 フラグ・レジスタの3つのビットに比較演算の結果が格納される

ク[※11]の結果なども記憶しています)。

CPUがデータの読み込みや何らかの演算を行うたびに、その結果に応じて、フラグ・レジスタの値が自動的に設定されます。条件分岐では、ジャンプ命令の前に何らかの比較演算が行われます。ジャンプ命令を実行するかどうかは、CPUがフラグ・レジスタの値を参照することで判断されます。演算の結果が正、ゼロ、負の3つの状態のどれになったかは、フラグ・レジスタの中の3つのビット[※12]で表します。**図1-6**に、32ビットのCPU(レジスタのサイズが32ビット)のフラグ・レジスタの例を示しておきます。このフラグ・レジスタでは、0ビット目、1ビット目、2ビット目が、それぞれ正、ゼロ、負になったことを1という値で示します。

CPUが、比較を行う仕組みは面白いので、ぜひ覚えておいてください。たとえば、アキュムレータに格納されたXXXという値と汎用レジスタに格納されたYYYという値を比較するとします。比較のための命令が実行されると、CPUの演算装置は、内部で(こっそりと)「XXX－YYY」と

※11 パリティチェックとは、データの中にある1の数が偶数と奇数のどちらかであるかチェックすることです。

※12 1ビット(bit=binary digit)は、1桁の2進数のことであり、0または1の値を表せます。32ビットCPUでは、32桁の2進数でデータやアドレスの値を表しています。2進数に関しては、第2章で詳しく説明します。

いう減算を行うのです。この減算の結果が正、ゼロ、負のいずれになったかが、フラグ・レジスタに記録されます。正はXXXがYYYより大きいことを表し、ゼロはXXXとYYYが等しいことを表し、負はXXXがYYYより小さいことを表します。プログラムの中に記述された比較命令は、CPUの内部で減算として処理されるのです。どうです、なかなか面白いでしょう。

関数呼び出しの仕組み

プログラムの流れの説明を続けましょう。高水準言語で記述されたプログラムで関数[*13]を呼び出す処理も、プログラム・カウンタの値を、関数が格納されたアドレスに設定することで実現されます。ただし、条件分岐や繰り返しとは、仕組みが異なります。単純なジャンプ命令では、関数呼び出しを実現できないからです。関数呼び出しは、関数内部の処理が完了したら、関数の呼び出し元(関数を呼び出した命令の次のアドレス)に処理の流れが戻ってこなければなりません。関数の入り口のアドレスにジャンプしただけでは、どこに戻ればよいかがわかりません。

図1-7は、変数aに123、変数bに456という値を代入してから、それらを引数(パラメータ)に与えてMyFuncという関数を呼び出すC言語のプログラムです。アドレスには、C言語のプログラムがコンパイルされマシン語となって実行されるときのアドレスを仮定して示しています。C言語の1行のプログラムは、複数行のマシン語になることが多いので、そのイメージに合わせたアドレスにしてあります。

MyFunc関数を呼び出す部分は、ジャンプ命令でプログラム・カウンタの値を0260番地に設定することでも実現できます。関数の呼び出し元

*13 多くの高水準言語では、y = f(x)という数学の関数と同様の構文で処理が記述されます。これは、xという値にfという処理を行うと、その結果の値がyに格納されることを意味します。関数の構文においてxを「引数(またはパラメータ)」、yに格納される値を「戻り値」、関数の機能を実行することを「関数を呼び出す」と言います。

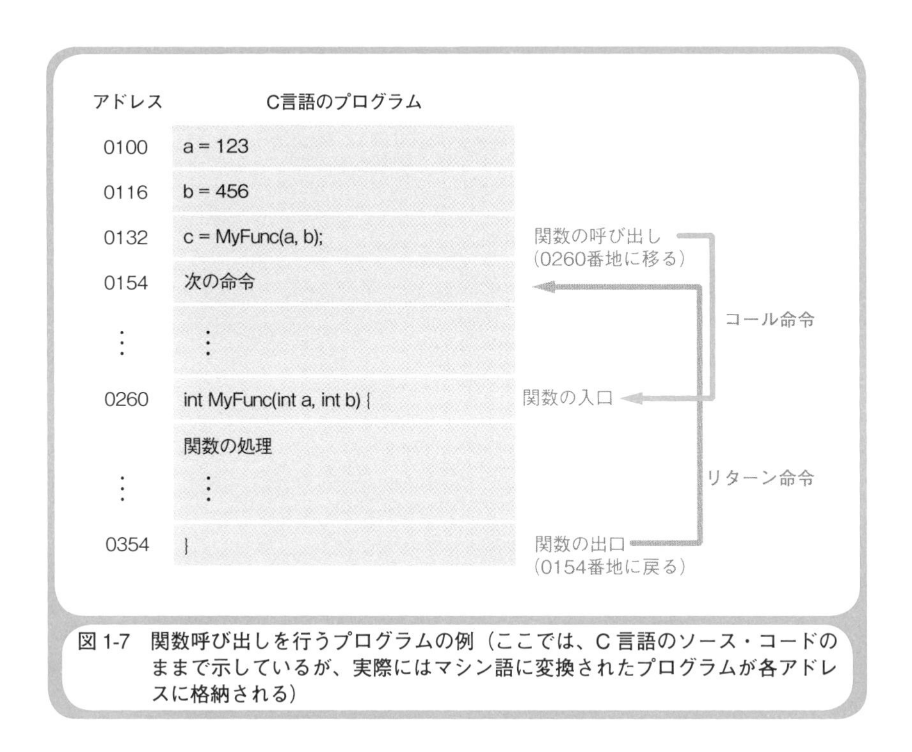

図1-7 関数呼び出しを行うプログラムの例(ここでは、C言語のソース・コードのままで示しているが、実際にはマシン語に変換されたプログラムが各アドレスに格納される)

(0132番地)と、呼ばれた関数(0260番地)の間でのデータの受け渡しは、メモリーやレジスタを使って行えます。ところが、関数の処理が最後の0354番地まで進んだときには、プログラム・カウンタの値を関数呼び出しの次に実行すべき0154番地に設定しなければなりませんが、その方法がありません。どうしたらよいのでしょうか?

この問題を解決するのが、「コール命令」と「リターン命令」と呼ばれるマシン語命令です。ペアで覚えておくとよいでしょう。関数呼び出しは、ジャンプ命令ではなく、コール命令によって行われます。**コール命令**は、関数の入口のアドレスをプログラム・カウンタに設定する前に、関数呼び出しの次に実行すべき命令のアドレスを**スタック**[*14]と呼ばれるメイン・メモリー上の領域に保存します。関数の処理が終了したら、関数の

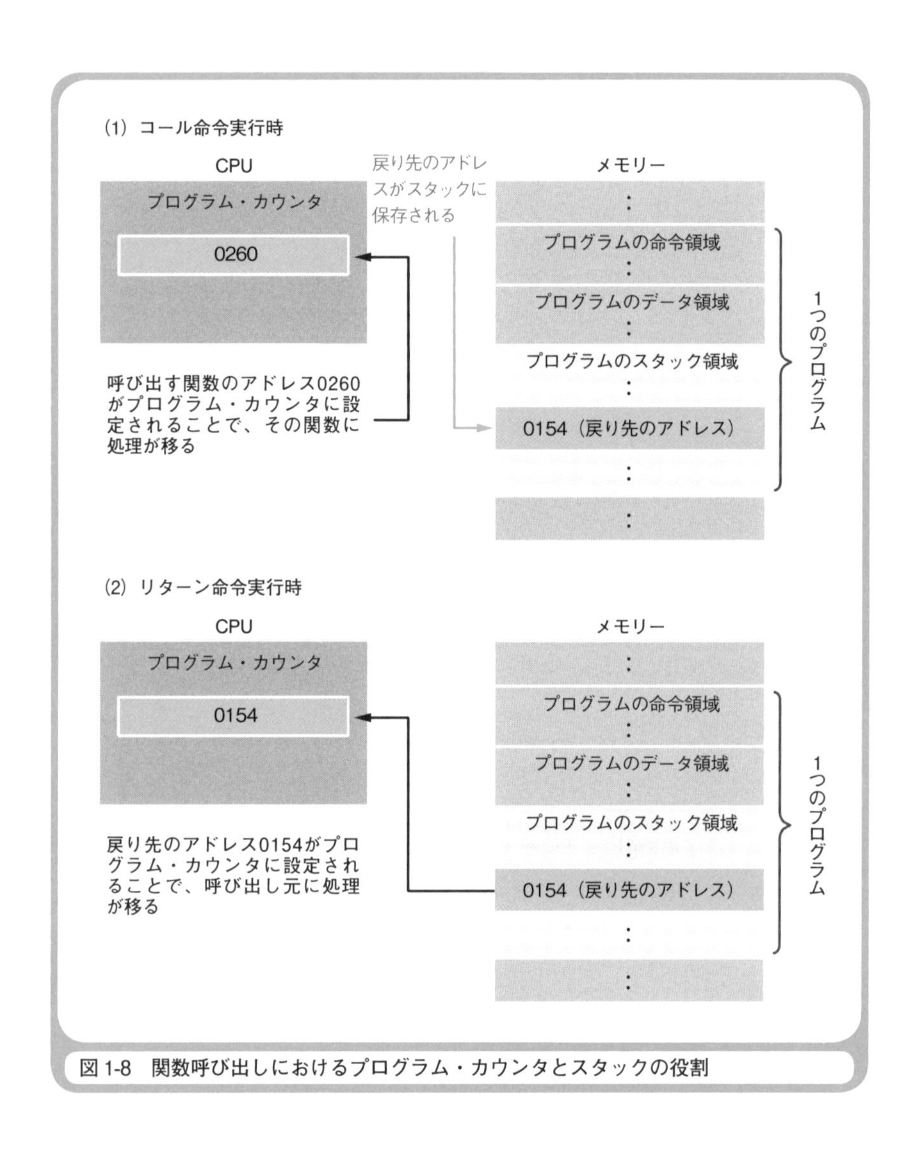

図 1-8　関数呼び出しにおけるプログラム・カウンタとスタックの役割

最後（出口）でリターン命令を実行します。リターン命令は、スタックに

*14　スタック（stack）は、本来「干草などを積み上げた山」を意味しますが、プログラムの世界では、いくつかのデータをどんどん積み上げていくように格納するメモリー領域を指す言葉として使われます。関数を呼び出した後に、呼び出し元に正しく戻ることができるのは、スタックのおかげです。スタックについては、第4章で詳しく説明します。

保存されたアドレスをプログラム・カウンタに設定する機能を持っています。図1-7の場合は、MyFunc関数が呼び出される前に0154という値がスタックに保存されます。MyFunc関数が処理を終了すると、スタックから0154という値が読み出され、それがプログラム・カウンタに設定されるのです（**図1-8**）。

高水準言語のプログラムをコンパイルすると、関数呼び出しがコール命令に変換され、関数を終了する処理がリターン命令に変換されるのです。実にうまくできていますね。

ベースとインデックスで配列を実現する

表1-1に登場したベース・レジスタとインデックス・レジスタの役割も説明しておきましょう。これらのレジスタをペアで使うことで、メイン・メモリー上の特定のメモリー領域を区切って配列[*15]のように使うことができます。

ここでは、コンピュータに搭載されたメモリーに、16進数[*16]で00000000番地～FFFFFFFF番地までのアドレスが割り振られているとしましょう。この範囲のメモリー領域なら、32ビットのレジスタが1つあれば、すべてのアドレスを参照できますが、配列のように特定のメモリー領域を区切って連続的に参照するためには、2つのレジスタを使った

*15　配列は、同じサイズのデータがメモリー上に連続して並んだデータ構造のことです。データ全体に対して配列名が1つ付けられ、配列を構成する個々のデータ（要素）は、インデックス（添字）を使って指し示されます。たとえば、要素数10個の配列aの各データは、a[0]～a[9]で表されます。[ ]内にある0～9の数字がインデックスです。

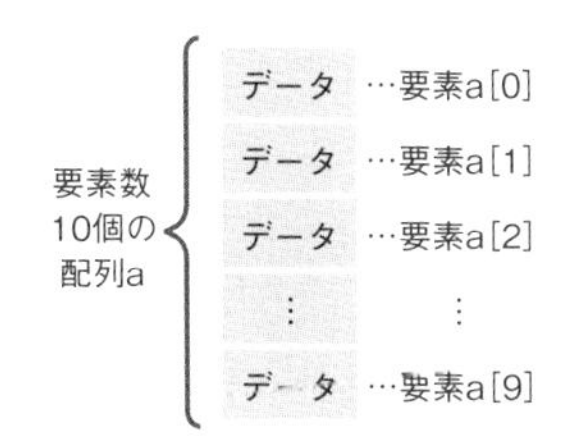

*16　2進数では桁数が多くなってわかりにくい場合、2進数の代替表現として16進数がよく使われます。16進数は、16まで数えると桁上がりする数の数え方です。10～15はA～Fという記号で表します。2進数の4桁（0000～1111）は、16進数の1桁（0～F）で表せます。32ビット（32桁）の2進数は、8桁の16進数で表せます。

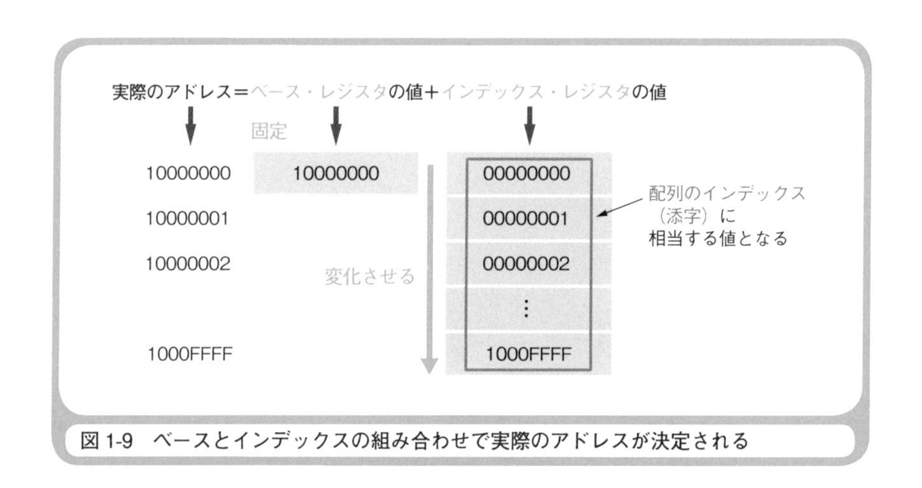

図1-9　ベースとインデックスの組み合わせで実際のアドレスが決定される

ほうが便利なのです。たとえば、10000000番地～1000FFFF番地を参照するなら、**図1-9**に示すように、ベース・レジスタに10000000を格納しておき、インデックス・レジスタの値を00000000～0000FFFFと変化させるのです。CPUは、ベース・レジスタ＋インデックス・レジスタの値を実際に参照するメモリーのアドレスとして解釈します。インデックス・レジスタの値は、高水準言語で記述されたプログラムにおける配列のインデックス(添字：そえじ)に相当するものとなります。

CPUにできることは、いたって単純

マシン語やアセンブリ言語の命令にどのような種類があるかがわからないので、CPUの動作をイメージできない、と感じている人がいるかもしれませんね。皆さんの心のモヤモヤを解消するために、マシン語命令の種類にどのようなものがあるかを説明しましょう。CPUが実行できるマシン語命令を機能で大きく分類したのが、**表1-2**です。ここでは、具体的な命令の名前(アセンブリ言語のニーモニック)を示していません。この表を見るとCPUにできることが、意外と少ないことに驚かれるでしょう。高水準言語で記述するプログラムが、いかに複雑に見えても、CPU

表1-2 マシン語命令の主な種類と機能

種類	機能
データ転送命令	レジスタとメモリー、メモリーとメモリー、レジスタと周辺装置[*17]の間でデータを読み書きする
演算命令	アキュムレータで算術演算、論理演算、比較演算、シフト演算を行う
ジャンプ命令	条件分岐、繰り返し、無条件のジャンプを行う
コール / リターン命令	関数を呼び出す / 呼び出し元に戻る

が実際に行っていることは、いたって単純なのです。「コンピュータの仕組みってむずかしそう」というイメージが解消されたのではないでしょうか。

＊　＊　＊

皆さんに「なるほど！」と思っていただき、プログラムが動作する仕組みを頭の中でイメージできるようになっていただくことが、本書の目的です。イメージがつかめれば、プログラミング能力や応用力がバンバン向上するはずです。いままで何気なく書いていたプログラムが、これからは生きたもののように見えてくることでしょう。

さて、本文の中でフラグ・レジスタの説明をしたときに、「ビット」という言葉が出てきました。1ビットは、2進数の1桁を意味し、コンピュータが演算を行う仕組みを知る上で、とても重要なものです。次の章では、ビットをベースにして、2進数や浮動小数点数といったデータ形式と、論理演算やシフト演算などを説明しましょう。

*17 周辺装置とは、コンピュータに接続されたキーボード、マウス、ディスプレイ、ディスク装置、プリンタなどのことです。

第2章

データを2進数でイメージしよう

ウォーミングアップ

本題に入る前に、ウォーミングアップとしてクイズを出題させていただきます。きちんと説明できるかどうか試してみてください。

1. 32ビットは、何バイトですか？
2. 01011100という2進数は、10進数でいくつになりますか？
3. 00001111という2進数を2桁左シフトすると、元の数を何倍したことになりますか？
4. 2の補数表現で表された8桁の2進数11111111は、10進数ではいくつになりますか？
5. 2の補数表現で表された8桁の2進数10101010を、16桁の2進数で表すとどうなりますか？
6. グラフィックスのパターンを部分的に反転させるためには、何という論理演算を使いますか？

いかがだったでしょうか。改めて聞かれると、簡潔に答えられない問題もあったことでしょう。参考までに、筆者の答えと解説を以下に示しておきます。

答え

1. 4バイト
2. 92
3. 4倍
4. －1
5. 1111111110101010
6. XOR演算

解説

1. 8ビット＝1バイトなので、32ビットは32÷8＝4バイトになります。
2. 2進数の各桁に重みを掛けた結果を足すことで、10進数に変換できます。
3. 2進数を1桁左シフトすると、元の値が2倍されます。2桁左シフトすると、2倍の2倍で4倍されます。
4. 2の補数表現で、すべての桁が1である2進数は、10進数の－1を表していることになります。
5. 元の数の最上位桁である1で、上位桁を埋めます。
6. XOR演算は、1に対応する桁を反転させます。NOT演算なら、すべての桁を反転させます。

この章のポイント

プログラムが動作する仕組みを頭の中でイメージできるようになるためには、コンピュータの内部で情報（データ）がどのような形式で表され、どのような方法で演算されているのかを知ることが重要です。C言語やJavaなどの高水準言語で記述されたプログラムの中に示された数値、文字列、グラフィックスなどの情報は、コンピュータの内部ですべて2進数の値として取り扱われています。つまり、2進数で情報を表し、2進数で情報を演算する仕組みをマスターできれば、プログラムが動作する仕組みも見えてくるわけです。ではなぜ、コンピュータは情報を2進数で取り扱うのでしょうか。この章では、その理由を明らかにすることからスタートしましょう。

コンピュータが情報を2進数で取り扱う理由

コンピュータの内部が、IC[※1]と呼ばれる電子部品で構成されていることをご存知でしょう。第1章で説明したCPU（マイクロプロセッサ）やメモリーもICの一種です。ICは、黒いボディーの両側に数本〜数百本のピンが付いたムカデのような形状や、ボディーの裏にピンが並んだ剣山のような形状をしています。ICが持つすべてのピンは、直流電圧0Vか＋5V[※2]のいずれかの状態になっています。つまり、ICのピン1本では、2つの状態しか表せないのです。

このようなICの特性から、コンピュータでは、必然的に情報を2進数で取り扱わなければならないことになります。1桁（1本のピン）で2つの状態しか表せないので、0、1、10、11、100、…とカウントする2進数

※1 ICは、Integrated Circuit（集積回路）の略称です。ICにはアナログICとデジタルICがありますが、ここで取り上げているのはデジタルICのことです。メモリーICについては、第4章で詳しく説明します。

※2 これは、電源電圧が＋5VのICの場合です（他の電圧を使うICもあります）。電源電圧＋5Vで動作するICのピンの状態には、0Vと＋5Vだけではなく、電気信号を受け入れない「ハイインピーダンス（High Impedance）状態」があります。本書では、ハイインピーダンス状態を考えないことにします。

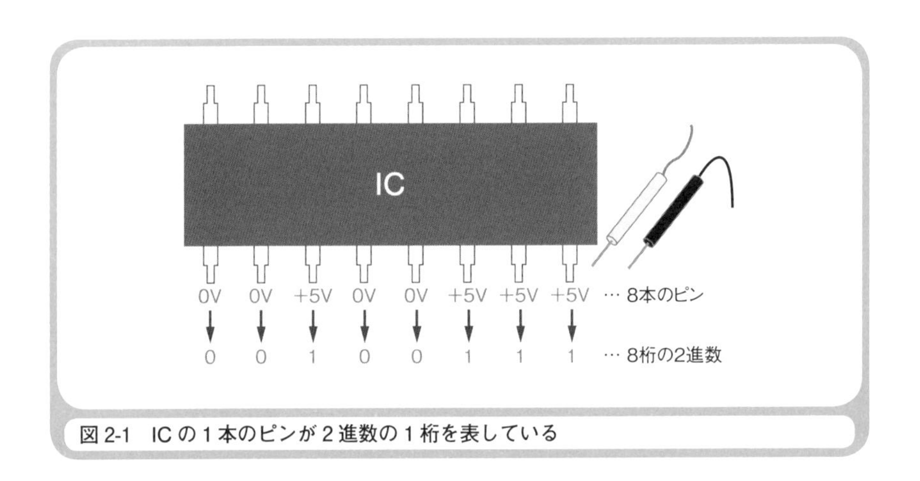

図 2-1 ICの1本のピンが2進数の1桁を表している

になるのです。2進数は、ICのために考案されたものではありませんが、電気で情報を表すには2進数が好都合なのです(**図2-1**)。コンピュータが取り扱う情報の最小単位であるビットは、2進数の1桁に相当します。ビット(bit)は、binary digit (2進数)を略した言葉です。

2進数の桁数は、8桁、16桁、32桁、…のように8の倍数とするのが一般的です。これは、コンピュータで取り扱う情報の単位が、8桁の2進数を基本としているからです。8桁の2進数のことをバイト*3 (byte)と呼びます。バイトは、情報の基本単位となります。ビットが最小単位で、バイトが基本単位です。メモリーやハードディスクなどには、バイト単位でデータが格納され、バイト単位でデータが読み書きされます。ビット単位では、読み書きできません。そのため、バイトが情報の基本単位なのです。

バイト単位でデータを取り扱うときに、データを格納する入れ物のバイト数(＝2進数の桁数)より数字が小さいときは、上位桁に0を入れます。たとえば、「100111」という6桁の2進数を、8桁(＝1バイト)で表現す

*3 バイトは、「噛む」を意味するbiteをもじった造語です。8桁(8ビット)の2進数が、情報の「ひと噛み(ひとまとまり)」のようなものであり、情報の基本単位というわけです。

図2-2 コンピュータの内部では、すべての情報が2進数で取り扱われる

るときは「00100111」とし、16桁(=2バイト)で表現するときは「0000000000100111」とします。

プログラム上で、10進数や文字として表されている情報であっても、コンパイル後に2進数の値に変換され、プログラムの実行時にはコンピュータの内部で2進数の情報として取り扱われます(**図2-2**)。

2進数で与えられた情報が、数値なのか文字なのか、それとも何らかのグラフィックスのパターンなのかを、コンピュータは区別しません。情報をどのように処理(演算)するかは、プログラムを記述する皆さんがコンピュータに指示しなければなりません。たとえば「01000001」という2進数は、そのまま数値として足し算することも、「A」という文字としてディスプレイに表示することも、「□■□□□□□■」というグラフィックスのパターンとして印刷することもできるのです。どう処理するかは、プログラムの作り方次第です。

ところで2進数とは？

そもそも、2進数とは何でしょうか。2進数の仕組みを明らかにするために、「00100111」という2進数の値を10進数の値に変換してみましょう。2進数の値を10進数の値に変換するには、2進数の各桁に「重み」を掛け、その結果を「足す」という変換方法を使います(次ページの**図2-3**)。なぜこのような変換方法になるのか、説明できますか。「理由はわからないが、変換方法は丸暗記している」というのではいけません。2進数から10進数

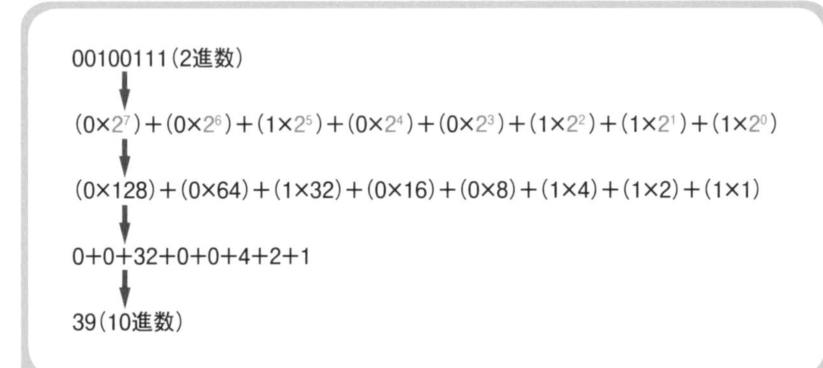

図 2-3　2進数から10進数への変換方法

への変換方法は、2進数の仕組みを知っていれば、丸暗記する必要などないのです。10進数と比べながら2進数の仕組みを説明しますので、必ずマスターしてください。

まず、「重み」の意味を説明しましょう。たとえば、10進数で表された39という数値の各桁が、単に3や9という数値を表しているのではないことは、わかりますね。3は3×10＝30を表し、9は9×1＝9を表しています。この、各桁の数値に掛けている10や1などの値のことを重みと呼びます。桁が違えば重みも違います。桁が上がれば、だんだん重くなるのです。10進数の重みは、1桁目が10の0乗[*4]（＝1）、2桁目が10の1乗（＝10）、3桁目が10の2乗（＝100）、…となります。このあたりは、感覚的に理解しているはずです。これを、そのまま2進数にあてはめてみましょう。

重みの考え方は、2進数でも同様です。1桁目が2の0乗（＝1）、2桁目が2の1乗（＝2）、3桁目が2の2乗（＝4）、…、8桁目が2の7乗（＝128）となります。重みを表す「○○の××乗」の「○○」の部分は、10進

*4　あらゆる数の0乗は、1になります。

数なら10、2進数なら2です。これを**基数**（きすう）[*5]と呼びます。10進数は、10を基数とした数の数え方であり、2進数は、2を基数とした数の数え方です。「○○の××乗」の「××」の部分は、何進数であっても「桁位置－1」となります。1桁目なら1－1＝0乗、2桁目なら2－1＝1乗、3桁目なら3－1＝2乗です。

次に、各桁の数値に重みを掛けて「足す」ことの理由を説明しましょう。そもそも数値というのは、その数値を構成する各桁の数値に重みを掛けた値を合計した結果を表しているのです。たとえば39という10進数なら、30＋9を表しています。つまり、各桁の数値に重みを掛けて合計した値を表しています。

この考え方は、2進数でも同じです。2進数の「00100111」は10進数で39となります。(0×128)＋(0×64)＋(1×32)＋(0×16)＋(0×8)＋(1×4)＋(1×2)＋(1×1)＝39だからです。納得していただけましたね。

シフト演算と乗除算の関係

2進数の仕組みが理解できたところで、テーマを演算に移します。四則演算は、2進数の場合も、10進数の場合と同様に行えます。2まで数えると桁上がりすることだけに注意すれば、何も問題ありません。ここでは、2進数ならではの演算を説明します。2進数ならではの演算とは、コンピュータならではの演算であり、そこにプログラムの動作原理を知る鍵があります。

最初に取り上げるのは「シフト演算」です。**シフト演算**とは、2進数で表された数値の桁を左右にシフトする（shift＝ずらす）演算です。桁を左方向（上位方向）にずらす**左シフト**と、桁を右方向（下位方向）にずらす**右シフト**があります。1回の演算で複数桁をシフトすることもできます。

---

*5　数値の表現方法で、位取り（重みの決定）を行う数字を「基数」と呼びます。10進数の基数は10であり、2進数の基数は2です。

リスト2-1は、変数aに格納された39という10進数の値を2桁だけ左シフトし、その演算結果を変数bに格納するC言語のプログラムです。"<<"という演算子は、左シフトを表すものです。右シフトなら">>"という演算子を使います。<<演算子や>>演算子の左側にはシフトされる値、右側にはシフトする桁数を記述します。このプログラムを実行すると、変数bに格納される値が、いくつになるかわかりますか。

リスト2-1　変数aの値を2桁だけ左シフトするC言語のプログラム

```
a = 39;
b = a << 2;
```

もしも、「シフト演算は2進数で表した数値の桁をずらすのだから、10進数の39をシフト演算するのはナンセンスだ」と思われたのなら、この章をはじめから読み直してください。プログラムの記述で何進数を使っていても、コンピュータの内部では2進数に変換されて取り扱われるので、シフトできます。「左シフトして空いた下位桁には、何という値が入るのだろうか」と疑問に思った人はするどい！ 空いた下位桁には、0が入ります。ただし、これは左シフトの場合だけです。右シフトの場合に空いた上位桁をどうするかは、後ほど説明します。なお、シフトによって、最上位桁または最下位桁からあふれてしまった数字(**桁あふれ**や**オーバーフロー**と言います)は、そのままなくなってしまいます。

リスト2-1の説明に戻りましょう。10進数の39を8桁の2進数で表すと「00100111」ですから、2桁だけ左シフトした結果は「10011100」、つまり10進数の156になります(**図2-4**)。ただし、ここでは数値の符号を考えないことにします。その理由は、後でわかります。

シフト演算や、この章の最後で説明する論理演算が、実際のプログラムの中で活躍するのは、情報をビット単位で処理するときです。ここで

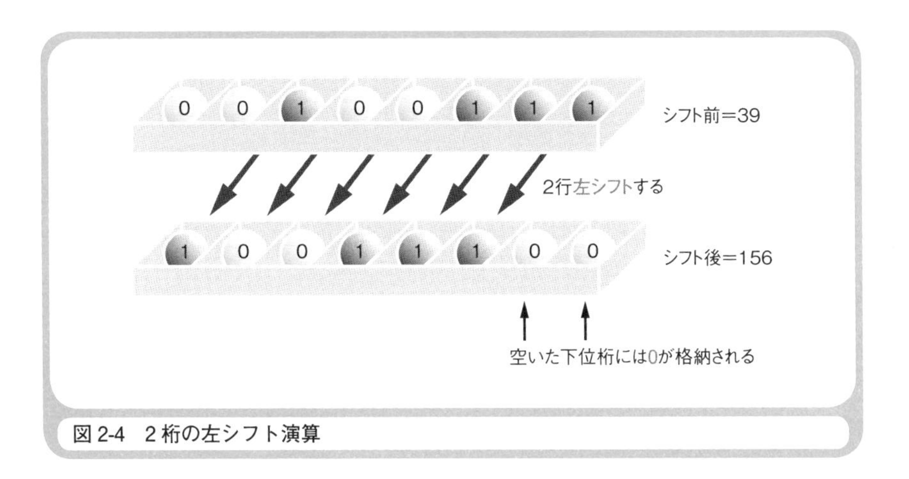

図2-4 2桁の左シフト演算

は、プログラムの具体例を示しませんが、シフト演算や論理演算の仕組みをイメージできることは、プログラマのたしなみとして、必ず身に付けておかなければならないことです。シフト演算のイメージは、2進数で表したグラフィックスのパターンが、ネオンサインのように左右に流れるようなものです。

ただし、シフト演算には、桁をずらすことで、掛け算や割り算の代用にするという使い方もあります。たとえば、「00100111」を2桁だけ左シフトした結果が「10011100」であることは、2桁の左シフトによって値が4倍になったことを意味しています。10進数で考えると、39（00100111）が156（10011100）になるのですから、きちんと4倍になっている（39×4＝156）ことがわかりますね。

これは、よくよく考えてみれば当たり前のことです。10進数なら桁を左にシフトすることで10倍、100倍、1000倍、…となります。これと同様に、2進数なら桁を左にシフトすることで2倍、4倍、8倍…となるのです。反対に2進数を右シフトしたら、1/2倍、1/4倍、1/8倍、…となります。シフト演算が掛け算や割り算の代用となることを、理解していただけましたね。

コンピュータ処理に都合のいい「2の補数」

先ほど、右シフトの説明を後回しにしたのは、右シフトすることで空きができる上位桁に入れる数値には、0の場合と1の場合の2通りがあるからです。これらを使い分ける方法は、2進数でマイナスの値を表す方法を覚えればわかります。ちょっと長くなりますが、マイナスを表す方法、右シフトの方法の順に説明しましょう。

2進数でマイナスの値を表す一般的な方法は、最上位桁を符号のために使うことです。この最上位桁のことを「符号ビット」と呼びます。**符号ビット**が0の場合はプラスの値を表し、符号ビットが1の場合はマイナスの値を表す、という約束になっています。それでは「−1」を8桁の2進数で表すとどうなるでしょうか。「1は2進数で00000001だから、−1は10000001だ」と思うでしょう。ところが、答えは違います。−1を8桁の2進数で表すと「11111111」になるのです。

コンピュータは、引き算を行う場合に、内部的には足し算として演算するようになっています。驚くことに、足し算で引き算を実現しているのです。そのために、マイナスの値を表すときに「2の補数(ほすう)」を使うという工夫がなされています。**2の補数**とは、2進数において、プラスの値でマイナスの値を表すという、何とも不思議な数です。

2の補数を得るためには、2進数で表された各桁の数値をすべて反転[*6]し、その結果に1を加えます。たとえば、−1を8桁の2進数で表すなら、1すなわち「00000001」の2の補数を求めます。「00000001」の2の補数は、各桁の0を1に、1を0に反転し、その結果に1を加えるので、確かに「11111111」になりますね(**図2-5**)。

この2の補数という考え方は、直感的にわかりにくいかもしれません。しかし、つじつまは見事に合っているのです。たとえば「1−1」すなわち

*6　ここで反転とは、2進数の各桁の0を1に、1を0にすることです。たとえば、00000001という8桁の2進数を反転すると11111110になります。

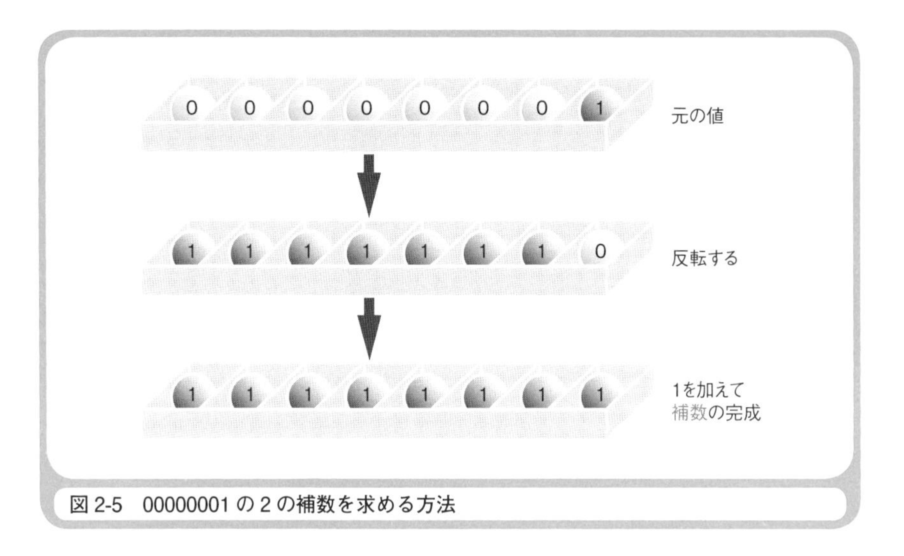

図2-5　00000001の2の補数を求める方法

```
  00000001 …… これが1であることは正しい
 +10000001 …… これが－1であることは間違い
 ─────────
  10000010 …… 1+(－1)の演算結果が0になっていないので間違い
```

図2-6　マイナスの値を間違った表現で表した場合

「1＋(－1)」という演算をするとします。答えは、0になるはずです。まず、－1を「10000001」と表す方法（間違った方法）で演算してみましょう。結果は「00000001＋10000001」で「10000010」となり、明らかに0でないことがわかります（**図2-6**）。0なら、すべての桁が0になるはずだからです。

次に、－1を「11111111」と表す方法（正しい方法）でやってみましょう。「00000001＋11111111」で、きちんと0（＝00000000）になりますね。この演算では9桁目に桁があふれてしまいますが、前述のようにコンピュータはあふれた桁を無視するようになっています。8桁の範囲で計算

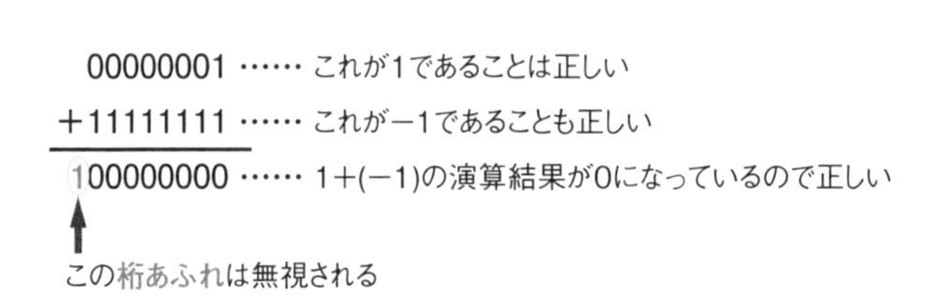

図2-7　マイナスの値を正しい表現で表した場合

すれば、100000000という9桁の2進数は、00000000という8桁の2進数とみなされるのです（**図2-7**）。

2の補数を求める変換方法を「**反転して＋1**」と覚えておきましょう。2の補数を使うとなぜ正しくマイナスの数を表せるのかをイメージするためには、「ある2進数の値を反転して1を加えた結果に、元の値を加えれば0になる」ということを、図2-7を見ながら理解してください[*7]。1と−1の2進数表現を使って、2の補数の説明ができるようにしておいてください。1＋(−1)に限らず、2＋(−2)でも、39＋(−39)でも、結果を0にするためには2の補数を使うことが必要です。

もちろん、結果が0以外となる演算でも、2の補数を使うと正しい結果が得られます。ただし、演算結果がマイナスになる場合には、その結果の値も2の補数で表されたものとなることに注意してください。例を示しましょう。3−5という演算をします。3を8桁の2進数で表すと、「00000011」になります。5＝00000101の2の補数は、「反転して＋1」で「11111011」になります。3−5は、「00000011＋11111011」で演算できます。

「00000011＋11111011」の演算結果は「11111110」となり、最上位桁

*7　たとえば、00000001と、それを反転した11111110を足すと、11111111というすべての桁が1の数になります。したがって、11111110より1だけ大きい数を00000001に足せば、11111111が9桁目に桁上がりして、100000000になります。8桁の範囲で計算しているなら9桁目が無視されるので、結果は00000000になります。

```
  00000011 …… これは3
 +11111011 …… これは2の補数で表された−5
 ─────────
  11111110 …… これは2の補数で表された演算結果である−2
```

図2-8　3－5の演算結果

が1になっています。したがって、これはマイナスの値を表していることがわかります。「11111110」が、マイナスいくつなのかわかりますか。マイナスの値のマイナスは、プラスになる性質を利用すればよいのです。「11111110」がマイナス△△なら、「11111110」の2の補数はプラス△△になります。2の補数の2の補数を求めれば、その絶対値がわかるのです。「11111110」の2の補数は、反転して1を加えて「00000010」となります。これは、10進数で2です。したがって、「11111110」は－2を表していることがわかります。きちんと3－5の演算結果になっていますね（**図2-8**）。

プログラミング言語が持っている整数のデータ型[*8]には、マイナスの値が取り扱えるものと扱えないものがあります。たとえば、C言語のデータ型の中には、マイナスの値を取り扱えないunsigned short型と、マイナスの値を取り扱えるshort型があります。これらは、どちらも2バイト（＝16ビット）の変数なので、2の16乗＝65536種類の値を表現できるという点では同じです。ただし、値の範囲はshort型が－32768～32767で、unsigned short型が0～65535です。short型とunsigned short型では、最上位桁が1である数値を2の補数と見るか（short型）、32768以上の値と見るか（unsigned short型）が違うのです。

2の補数の仕組みをよく考えれば、「－32768～32767」のように、マ

*8　多くのプログラミング言語では、データを変数に代入して取り扱います。変数には、それに格納できる数値の種類（整数または小数点数）とサイズ（ビット数）を表す「データ型」を指定します。C言語のデータ型には、整数ためのchar、unsigned char、short、unsigned short、int、unsigned int、小数点数のためのfloat、doubleなどがあります。データ型については、第4章で説明します。

イナスの数のほうが1つ多い理由もわかるはずです。最上位桁を0としたプラスの数は、0～32767の32768通りです。この中には、0も含まれます。最上位桁を1としたマイナスの数は、－1～－32768の32768通りです。この中には、0が含まれません。すなわち、0がプラスの範囲の中に含まれる分だけ、マイナスの数のほうが1つ多くなるのです。0はプラスの数ではありませんが、符号ビットで考えると、プラスのグループに属することになります。

論理右シフトと算術右シフトの違い

2の補数が理解できたところで、右シフトに話を戻します。右シフトでは、シフト後の上位桁に0を入れる場合と、1を入れる場合があると説明しました。2進数の値が数値ではなく、グラフィックスのパターンなどの場合には、シフト後の上位桁に「0」を入れます。ネオンサインが右に流れるイメージです。これを論理右シフトと呼びます（**図2-9**）。

2進数の値を符号がある数値として演算する場合には、シフト前の符号

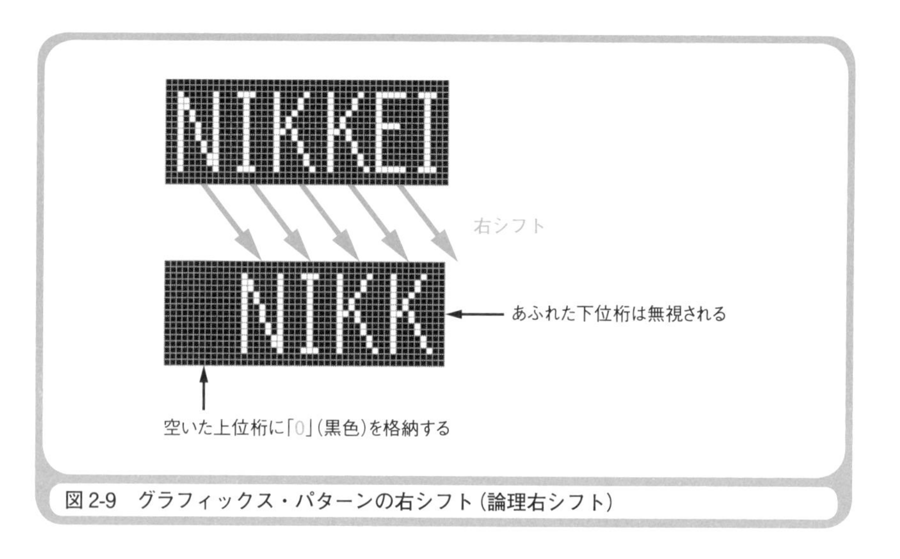

図2-9　グラフィックス・パターンの右シフト（論理右シフト）

ビットの値(0または1)を入れます。これを算術右シフトと呼びます。2の補数で表されたマイナスの値の場合は、右シフトして空いた上位桁に「1」を入れることで、符号付きで正しく1/2倍、1/4倍、1/8倍、…などの数値演算が実現できます。プラスの値の場合は、0を入れればOKです。

右シフトの例を示しましょう。－4(＝11111100)を2桁だけ右シフトします。論理右シフトなら「00111111」となり、10進数の63になります。しかしこれは、－4を1/4倍した値にはなっていません。算術右シフトなら11111111となり、2の補数で表された－1になります。これなら、ちゃんと－4の1/4倍になっています(**図2-10**)。

論理シフトと算術シフトを区別しなければならないのは、右シフトの

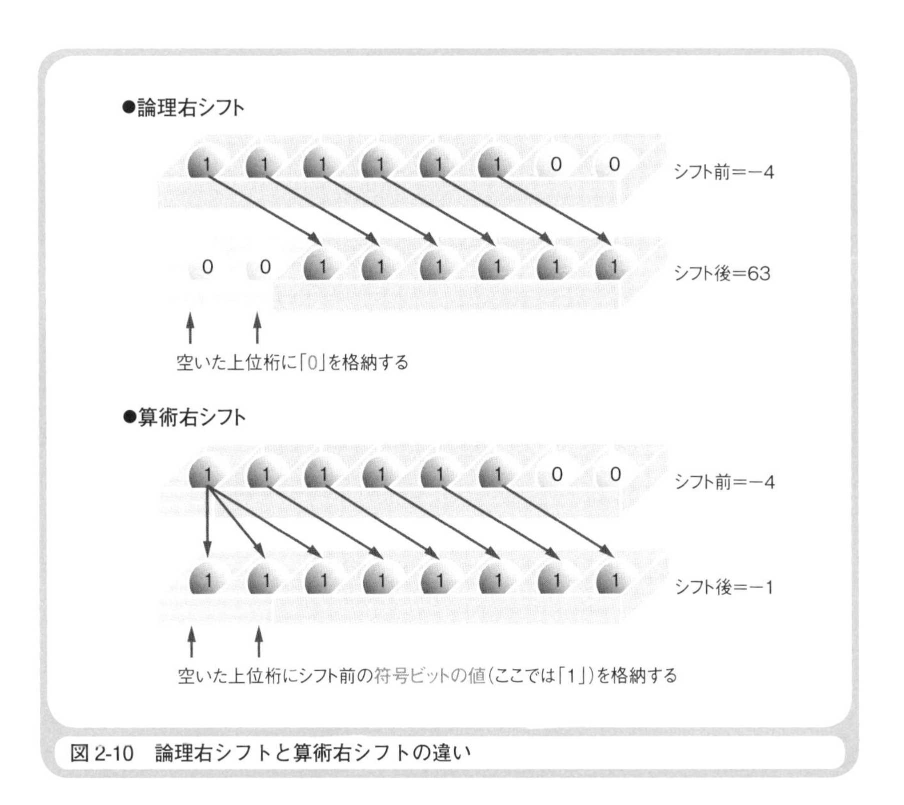

図2-10　論理右シフトと算術右シフトの違い

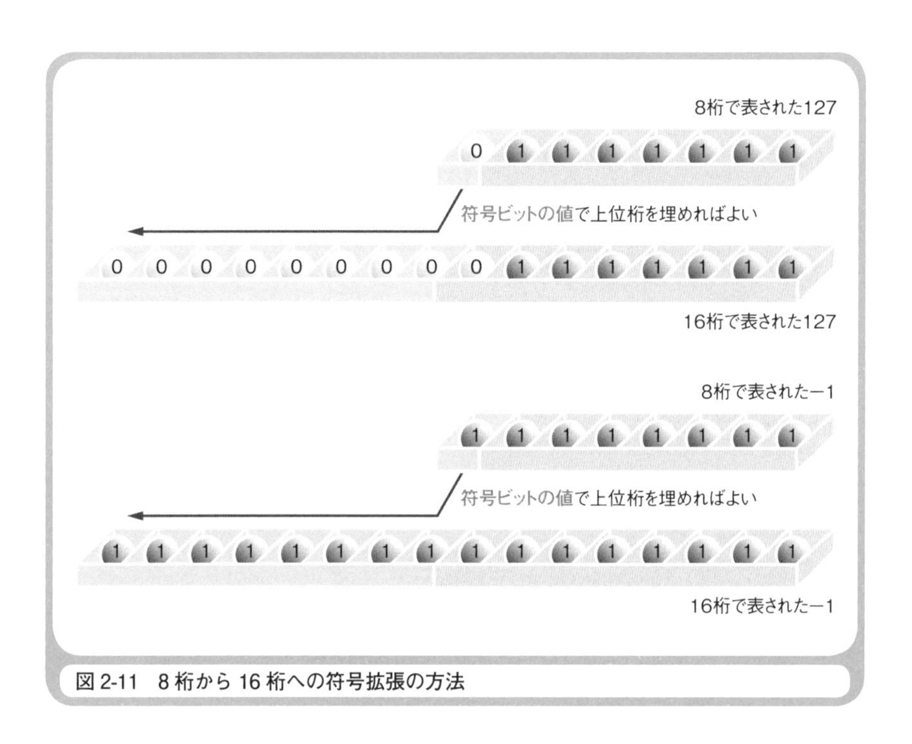

図 2-11　8 桁から 16 桁への符号拡張の方法

場合だけです。左シフトの場合は、空いた下位桁に0を格納することで、グラフィックス・パターン（論理左シフト）でも掛け算（算術左シフト）でもうまくいきます。

ここで「符号拡張」の説明もしておきましょう。**符号拡張**とは、たとえば8桁の2進数を、値を変えずに16桁や32桁の2進数に変換することです。「01111111」というプラスの2進数を16桁に変換するなら、「0000000001111111」とすればよいことは容易に想像できますが、「11111111」のように2の補数で表された数値の場合には、どうしたらよいでしょう。実は、この変換方法はとっても簡単で「1111111111111111」とすればよいのです。プラスの値の場合でも、2の補数で表されたマイナスの値の場合でも、符号ビットの値（0または1）で上位桁を埋めていけばよいのです。これが符号拡張の方法です。符号ビットを上位桁に拡張したイメージです（**図 2-11**）。

論理演算をマスターするコツ

論理右シフトの説明のところで、「論理」という言葉が出てきました。論理と聞くとちょっとむずかしそうに思われるかもしれませんが、実は簡単なことです。演算において「論理」と対になる言葉は「算術」です。2進数で表された情報を四則演算する数値として取り扱うことが算術であり、グラフィックスのパターンのように、単なる0と1の羅列として取り扱うことが論理だと考えればよいのです。

コンピュータにできる演算には、先ほど説明した「シフト演算」と、「算術演算」および「論理演算」があります。算術演算とは、加減乗除の四則演算のことです。論理演算とは、2進数の各桁の0と1を個別に取り扱う演算のことで、「論理否定(NOT演算)」「論理積(AND演算)」「論理和(OR演算)」「排他的論理和(XOR演算[*9])」の4種類があります。

論理否定は、0を1に、1を0に反転します。論理積は、「両者が1」の場合に演算結果が1になり、それ以外の場合は演算結果が0になります。論理和は、「少なくともどちらか一方が1」の場合に演算結果が1になり、それ以外の場合は演算結果が0になります。排他的論理和は、相手を排除する、すなわち同じことが嫌いな演算という意味です。「両者が異なる」つまり「どちらか一方が1で他方が0」の場合に演算結果が1になり、それ以外の場合は演算結果が0になります。何桁の2進数で論理演算をする場合でも、対応する1桁ごとに演算を行います。

次ページの**表2-1**～**表2-4**に、論理演算の結果をまとめておきます。これらの表は、真理値表と呼ばれます。2進数の0が「偽(FALSE)」を表し、1が「真(TRUE)」を表すと考えれば、論理演算は、真偽のための演算とみなせるからです。「真」と「真」のAND演算が「真」であるというのは、実に理にかなっていますね。両方が真なら答えは真というわけです。

---

*9　XOR(エックス・オア)という表記は、英語の「exclusive or(排他的OR)」を略したものです。XORをEORと呼ぶこともあります。

表 2-1　論理否定（NOT）の真理値表

Aの値	NOT Aの演算結果
0	1
1	0

表 2-2　論理積（AND）の真理値表

Aの値	Bの値	A AND Bの演算結果
0	0	0
0	1	0
1	0	0
1	1	1

表 2-3　論理和（OR）の真理値表

Aの値	Bの値	A OR Bの演算結果
0	0	0
0	1	1
1	0	1
1	1	1

表 2-4　排他的論理和（XOR）の真理値表

Aの値	Bの値	A XOR Bの演算結果
0	0	0
0	1	1
1	0	1
1	1	0

論理演算をマスターするコツは、2進数が数値を表しているという考え方を捨て去ることです。数値ではなく、グラフィックスのパターンや、スイッチのON/OFF（1がON、0がOFF）を表していると考えてください。論理演算の演算対象は数値ではないので、桁上がりは発生しません。しつこいようですが、数値だと思わないことです。さらにそれぞれの論理演算によって何ができるか、ということのイメージ作りも重要です。このイメージ作りができたなら、真理値表を見なくても演算結果を判断できるからです。

図2-12は、NIKKEIの先頭2文字「NI」というグラフィックスのパターンに、それぞれの論理演算を行った結果です。グラフィックスの白色の部分が1を、黒色の部分が0を表していると考えてください。図2-12を見れば、論理演算のイメージが具体的につかめるでしょう。「論理否定はすべてを反転するためのもの」「論理積は部分的に0にする（0にリセットする）ためのもの」「論理和は部分的に1にする（1にセットする）ためのも

論理否定ではすべてが反転する

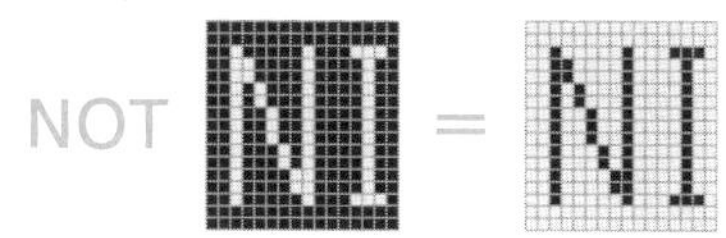

論理積では、1と演算する部分が変化せず、0と演算する部分が0になる

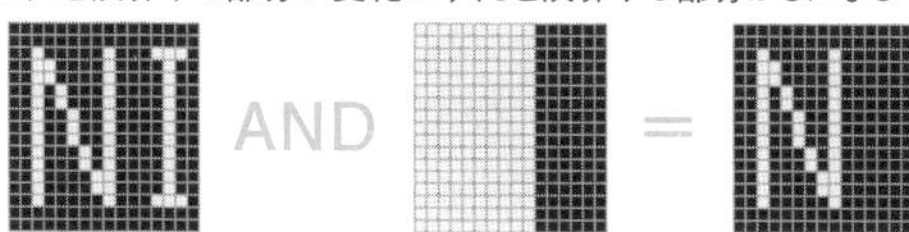

論理和では、0と演算する部分が変化せず、1と演算する部分が1になる

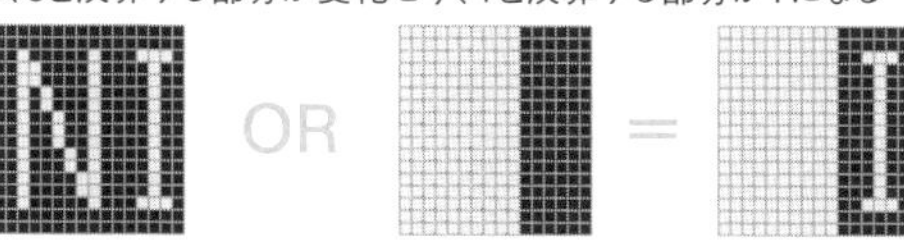

排他的論理和では、0と演算する部分が変化せず、1と演算する部分が反転する

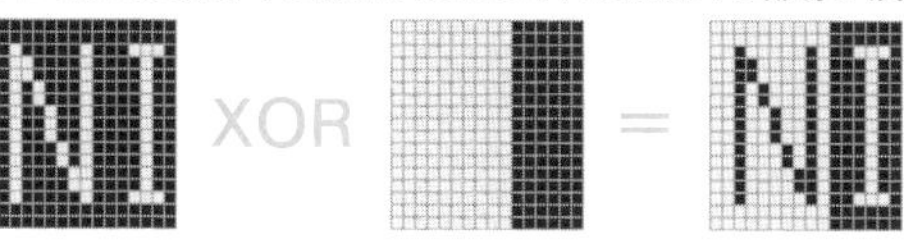

図2-12　グラフィックスのパターンに4種類の論理演算を行ったそれぞれの結果
（ここでは、白色の部分が1、黒色の部分が0を表しています）

の」、そして「排他的論理和は部分的に反転するためのもの」というイメージです。

＊　　　＊　　　＊

この章をお読みいただいたことで、2進数、シフト演算、論理演算のイメージを十分に理解できたことでしょう。ところで、もしも2進数の小数点数に「1011.0011」のような表現を使うとしたら、これが10進数でいくつになるのかわかりますか。小数点数をどうやって2進数で表すのかは、皆さんも気になるところでしょう。これに関しては、次の章で説明します。

ピカピカの小学生に CPUと2進数を説明する

本書をお読みいただいている皆さんに、ぜひ挑戦してほしいことがあります。それは、まったくプログラムを作った経験がない人に、プログラムの動作原理を説明することです。プログラムの本質を理解できているなら、誰にでも理解できるやさしい言葉で説明できるはずです。専門用語を使ってはいけません。本書のコラムでは、筆者が小学生やおばあちゃんへの説明に挑戦しています。皆さんだったら、どんなふうに説明するか、考えながらお読みください。

筆者：コンピュータを見たことがあるかな？
小学生：は～い！
筆者：どこで見たの？
小学生：家にも学校にもありま～す。
筆者：コンピュータで何してるの？
小学生：絵を描いたり、インターネットをやってま～す。
筆者：いいねぇ！なかなかコンピュータを使ってるじゃない。ところで、コンピュータの中がどうなってるか知ってる？
小学生：えっ、わかんないです…
筆者：それじゃオジサンが教えてあげよう。ジャ～ン！ これを見てごらん。
小学生：それ何ですか？
筆者：これはね、CPUといってコンピュータの中にある部品なんだ。この部品が、絵を描くプログラムや、インターネットなんかを使えるようにしているんだよ。算数の計算なんかもできちゃうんだ。コンピュータの中には、いろんな部品が入っているけど、一番大切なのがこのCPUなんだ。
小学生：トゲトゲ（ピン）がいっぱい付いてますね？

筆者：いいところに気が付いたね。このピンに電気をつなぐんだ。

小学生：電気をつなぐとどうなるんですか？ 光るんですか？

筆者：CPU は、光らないよ。電気で CPU に命令したり、数字を教えてあげたりするんだ。たとえば、コンピュータに 1 ＋ 2 という計算をさせたいなら、足し算をしなさいという命令と、1 と 2 という数字を教えてあげるというわけさ。

小学生：どうして電気で命令や数字を教えられるんですか？

筆者：またまた、いいところに気が付いたね。CPU のピンに電気を与えたときが数字の 1 で、電気を与えないときが数字の 0 というように決められているんだ。人間は、0 ～ 9 という 10 種類の数字を使うけど、電気で動くコンピュータは 0 と 1 の 2 種類だけの数字を使うんだ。どうだい、面白いだろう！

小学生：0 と 1 だけじゃ、数が数えられないと思います。

筆者：そんなことないよ。やってみせようか。0、1、10、11、100、・・・、1010。ほら、ちゃんと数えられるじゃない。

小学生：1 の次が 10（いちぜろ）なんて、何か変だなぁ。

筆者：（ふふふ、いよいよ重要なポイントだ...）そんなことないよ。これは、2 進数という数え方なんだ。人

間は、0、1、2、3、・・・、9、10 のように、9 まで数えたら次が 10 になるだろう。これは、10 進数という数え方。コンピュータは、2 進数を使って0と1だけで数えるから、0、1 の次は、もう 10 になっちゃうんだ。

小学生：何だか、わかんなくなっちゃた。

筆者：（うう、しまった…）それじゃ、こう考えてごらん。人間は、たまたま 0 ～ 9 までの数字を使って数えている。ところが、遠い宇宙の果てに、0 と 1 だけの数字を使って数える宇宙人がいたってね。コンピュータは、宇宙人みたいなものさ。これで、わかったかな？

小学生：？？？

筆者：わかったかな？

小学生：は…い。

筆者：元気がないぞ！

小学生：わかりました～！ たぶん。

第3章

コンピュータが小数点数の計算を間違える理由

ウォーミングアップ

本題に入る前に、ウォーミングアップとしてクイズを出題させていただきます。きちんと説明できるかどうか試してみてください。

1. 2進数の0.1は、10進数でいくつですか？
2. 小数点以下3桁の2進数で、10進数の0.625を表せるでしょうか？
3. 小数点数を符号、仮数、基数、指数という4つの部分に分けて表す形式を何と呼びますか？
4. 2進数の基数は、いくつですか？
5. 表せる範囲の中央の値を0とみなすことで、符号ビットを使わずにマイナスの値を表す方法を何と呼びますか？
6. 10101100.01010011という2進数は、16進数でいくつですか？

いかがだったでしょうか。改めて聞かれると、簡潔に答えられない問題もあったことでしょう。参考までに、筆者の答えと解説を以下に示しておきます。

答え

1. 0.5
2. 表せる
3. 浮動小数点数（浮動小数点数形式）
4. 2
5. イクセス表現
6. AC.53

解説

1. 2進数の小数点以下1桁目の重みは、2^{-1}=0.5となります。したがって、2進数の0.1→1×0.5→10進数の0.5です。
2. 10進数の0.625は、2進数の0.101です。
3. 浮動小数点数では、小数点数を「符号　仮数×基数の指数乗」という形式で表します。
4. 2進数の基数は2で、10進数の基数は10です。すなわち、○○進数の基数は、○○です。
5. イクセスと（excess）とは、「余分」や「過多」という意味です。たとえば、01111111を0とみなせば、それより1小さい01111110は－1となります。
6. 整数部も小数点以下も、2進数の4桁が16進数の1桁に相当します。

皆さんは「正確無比なコンピュータが計算を間違えるはずなどない」と思っているかもしれません。ところが実際には、プログラムの実行結果として正しい値が得られないこともあるのです。その一例が、小数点数の計算を行った場合です。この章では、コンピュータが小数点数を取り扱う仕組みを説明します。これも、すべてのプログラマが身に付けておかなければならない基礎知識の１つです。この知識があれば、コンピュータが計算を間違う理由と、それを回避する方法がわかります。ちょっとヘビーな内容かもしれませんが、ていねいに説明しますので、かんばってお付き合いください。

0.1を100回加えても10にならない

まず、コンピュータが計算を間違う（正しい計算結果が得られない）例を示しておきましょう。次ページに示す**リスト3-1**は、0.1を100回加えて、その結果をディスプレイに表示するC言語のプログラムです。list3_1.cというファイル名で作成して、list3_1.exeという実行可能ファイルにしています（これ以降で示すプログラムでも、listリスト番号というファイル名にしています）。

最初に、変数sumに0を代入し、それに0.1を100回加えます。sum += 0.1;は、現在のsumの値に0.1を加えるという意味です。for (i = 1; i <= 100; i++) {・・・}は、{}で囲まれた処理を100回繰り返すという意味です。最後に、0.1を100回加えた変数sumの値をprintf("%f¥n", sum);でディスプレイに表示します。

0.1を100回加えた結果が10になることは、暗算でもわかりますね。ところがどうでしょう。リスト3-1のプログラムを実行すると、画面に表示される値は10にならないのです（次ページの**図3-1**）。

プログラムが間違っているわけでも、コンピュータが故障しているわけでもありません。もちろん、C言語が悪いわけでもありません。このよ

リスト 3-1　0.1 を 100 回加える C 言語のプログラム[*1]

```
#include <stdio.h>

int main() {
    float sum;
    int i;

    // 合計値を格納する変数を 0 クリアします。
    sum = 0;

    // 0.1 を 100 回加えます。
    for (i = 1; i <= 100; i++) {
        sum += 0.1;
    }

    // 結果を表示します。
    printf("%f¥n", sum);

    return 0;
}
```

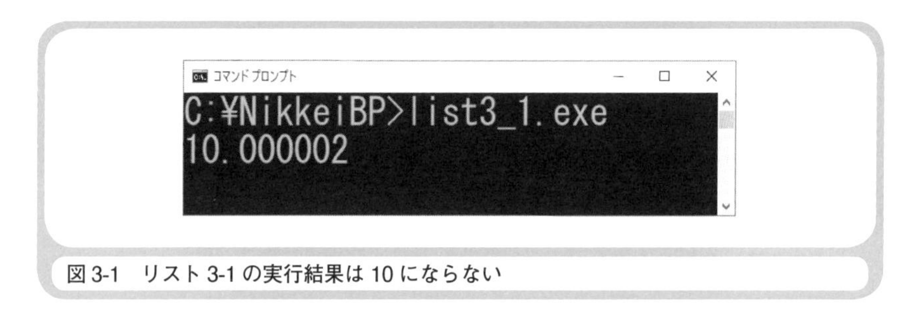

図 3-1　リスト 3-1 の実行結果は 10 にならない

うな不思議な現象が起こるのは、コンピュータが小数点数を取り扱う仕組みを考えると、当然のことなのです。それでは、コンピュータの内部では、どのようにして小数点数を取り扱っているのでしょうか？

*1　BCC32コンパイラ（155ページ参照）では、「bcc32c list3_1.c」と入力して実行ファイルを作成できます。

小数点数を２進数で表すには

第2章では、整数の範囲に限定して2進数の表現方法を説明しました。コンピュータの内部では、あらゆる情報（データ）を2進数で取り扱っています。これは、整数でも小数点数でも同じです。ただし、2進数で整数を表す方法と小数点数を表す方法には、大きな違いがあります。

コンピュータが2進数で小数点数を表す具体的な方法を説明する前に、ウォーミングアップとして1011.0011という小数点を持った2進数を10進数に変換してみましょう。小数点以上の部分を変換する方法は第2章で説明しましたね。各桁の数値に「重み[※2]」を掛けて、その結果を加えればよいのです。それでは、小数点以下の部分は、どうやって変換すればよいと思いますか？　整数と同じように、重みを掛けて結果を加えればよいのです（**図3-2**）。

2進数の場合、小数点以上の部分の重みは、1桁目が2の0乗、2桁目が2の1乗、…となります。小数点以下の部分の重みは、1桁目が2の

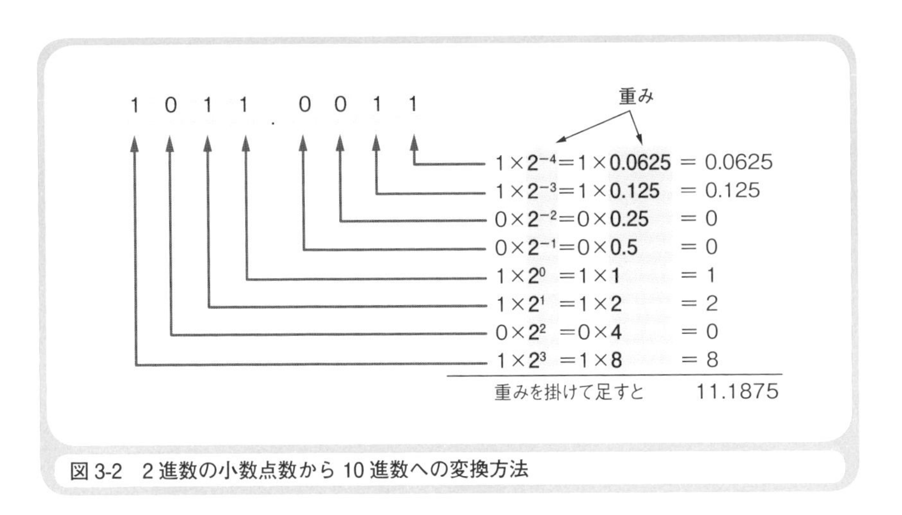

図3-2　2進数の小数点数から10進数への変換方法

※2　重みとは、各桁の数字に掛ける値のことです。詳細は36ページを参照してください。

－1乗、2桁目が2の－2乗、…となります。0乗より上位桁の重みが1乗、2乗、…と増えていくのですから、0乗より下位桁の重みが－1乗、－2乗、…と減っていくのは当然です。これは、2進数に限らず、10進数でも16進数でも同様です。2進数では、小数点以下3桁目が2の－3乗（0.125）、4桁目が2の－4乗（0.0625）ですから、小数点以下の.0011を10進数に変換すると0.125＋0.0625＝0.1875となります。整数部分の1011は、10進数で11です。したがって、2進数の1011.0011を10進数で表すと、11＋0.1875＝11.1875になります。

コンピュータが計算を間違う理由

2進数で表された小数点数を10進数に変換する方法がわかれば、コンピュータが計算を間違える理由を理解できます。先に答えを言ってしまうと「10進数の小数点数の中には、2進数に正確に変換できないものがある」からです。たとえば、10進数の0.1は、2進数で正確に表せません。小数点以下が何百桁あっても表せないのです。その理由を説明しましょう。

図3-2に示した小数点以下4桁の2進数で表せる数値の範囲は、0.0000～0.1111となります。したがって、2進数の小数点数以下の重みである0.5、0.25、0.125、0.0625という4つの値の組み合わせ（足し合わせた値）の小数点数しか表せないのです。これらの数値の組み合わせで表せるのは、**表3-1**に示したように飛び飛びの10進数となります。

表3-1を見ると、10進数の0の次が0.0625になっています。この間にある小数点数は、小数点以下4桁の2進数では表せません。0.0625の次は、一気に0.125になっています。2進数の小数点以下の桁数を増やせば、対応する10進数の個数を増やすことができますが、いくら桁数を増やしても、2のマイナス○○乗の数をいくつか加えたものを0.1にすることはできないのです。実際、10進数の0.1を2進数に変換すると、0.00011001100

表 3-1　小数点以下４桁の２進数で表せる値
２進数としては連続しているが、10 進数では飛び飛びの値になる

２進数の表現	対応する 10 進数
0.0000	0
0.0001	0.0625
0.0010	0.125
0.0011	0.1875
0.0100	0.25
0.0101	0.3125
0.0110	0.375
0.0111	0.4375
0.1000	0.5
0.1001	0.5625
0.1010	0.625
0.1011	0.6875
0.1100	0.75
0.1101	0.8125
0.1110	0.875
0.1111	0.9375

…（以下1100の繰り返し）という**循環小数**[※3]になります。これは、1/3を10進数で表せないのと同じことです。1/3は、0.3333…という循環小数になりますね。

これで、リスト3-1のプログラムで正しい計算結果が得られなかった理由がおわかりでしょう。正確に表せない値は、近似値になってしまうからです。有限な機械であるコンピュータは、無限に続く循環小数を取り扱うことができません。変数のデータ型に応じたビット数に合わせて値の途中でカットしたり、四捨五入したりします。そのため、0.3333…という循環小数を途中でカットして0.333333とした場合に、それを3倍しても1にはならない（0.999999となる）ことと同じ問題が生じるのです。

※3　0.3333…のように同じ数字が無限に繰り返される値を「循環小数」と呼びます。有限な機械であるコンピュータは、循環小数をそのままでは取り扱えません。

浮動小数点数とは

小数点を表すドット(.)を持った1011.0011という表現は、あくまでも紙の上で2進数を考えたものです。コンピュータの内部では、このような表現は使われません。実際には、どのような表現で小数点数のデータが取り扱われていのるかを説明しましょう。

多くのプログラミング言語には、小数点数を表すデータ型として「倍精度浮動小数点数型」と「単精度浮動小数点数型」の2つが用意されています。倍精度浮動小数点数型[*4]は64ビット、単精度浮動小数点数型[*5]は32ビットで、小数点数全体を表します。C言語では、倍精度浮動小数点数型をdouble、単精度浮動小数点数型をfloatで表します。これらのデータ型では、小数点数を「浮動小数点数[*6]」として表す方法が採用されています。浮動小数点数が、どのような形式で小数点数を表しているかを知っておきましょう。

浮動小数点数では、小数点数を、「符号」「仮数」「基数」「指数」という4つの部分に分けて表します(**図3-3**)。コンピュータは内部的に2進数を使うので、基数は必ず2となります。したがって、実際のデータの中には基数が含まれず、符号、仮数、指数の3つを含めることで、浮動小数点数が表現できます。64ビット(倍精度浮動小数点数型)と32ビット(単精度浮動小数点数型)のデータを、3つの部分に分けて使うのです(**図3-4**)。

浮動小数点数を表現する方法は、何通りか考えられますが、ここで示したのは、一般的に広く普及しているIEEE[*7]の規格に準拠したものです。

---

*4 *5 「倍精度浮動小数点数」は、正の値で$4.94065645841247 \times 10^{-324}$ ～ $1.79769313486232 \times 10^{308}$、負の値で$-1.79769313486232 \times 10^{308}$ ～ $-4.94065645841247 \times 10^{-324}$を表せます。「単精度浮動小数点数」は、正の値で$1.401298 \times 10^{-45}$ ～ 3.402823×10^{38}、負の値で-3.402823×10^{38} ～ $-1.401298 \times 10^{-45}$を表せます。ただし、この範囲の中に、正しく表せない数値があることは、本文で示したとおりです。

*6 0.12345×10^{3}や0.12345×10^{-1}のように、実際の小数点位置とは異なる表記で小数点数を表す形式を「浮動小数点数」といいます。浮動小数点数に対して、実際の小数点位置のまま小数点数を表す形式を「固定小数点数」と言います。0.12345×10^{3}と0.12345×10^{-1}を固定小数点数で表すと、123.45と0.012345になります。

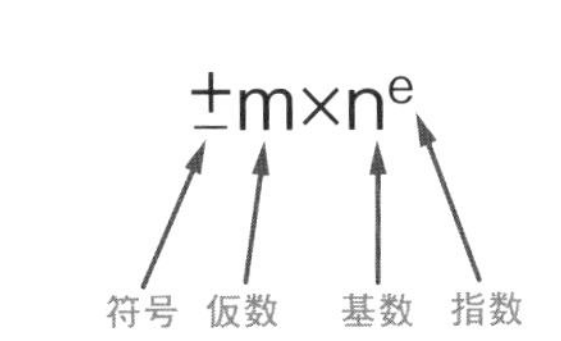

図 3-3　浮動小数点数の表現形式。符号、仮数、基数、指数という４つの部分から成り立つ

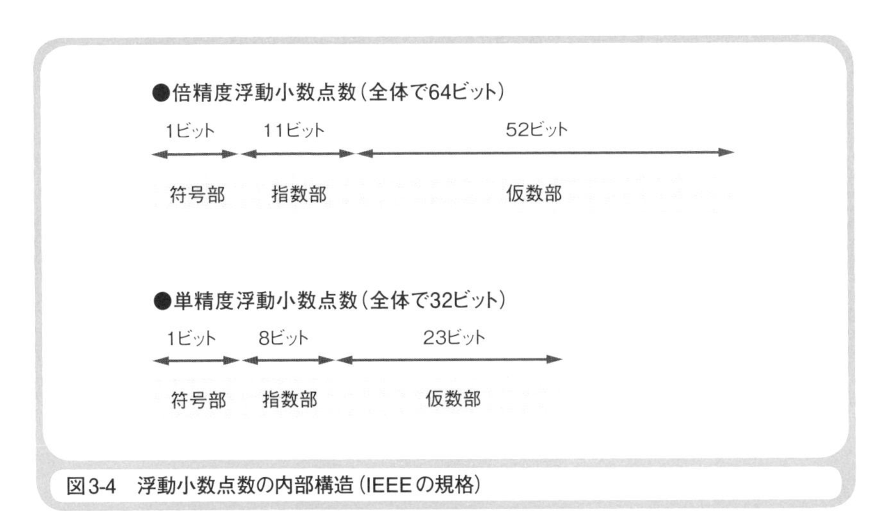

図3-4　浮動小数点数の内部構造（IEEEの規格）

倍精度浮動小数点数と単精度浮動小数点数では、1つの数値を表すために使うビット数が違います。倍精度浮動小数点数のほうが、単精度浮動小数点数より表現できる数値の範囲が広くなります。

符号部は、1ビットを使って数値の符号を表します。このビットが「1」なら「負」を表し、「0」なら「正またはゼロ」を表します。これは2進数で

＊7　IEEE（Institute of Electrical and Electronics Engineers）とは「米国電気電子技術者協会」のことで、コンピュータ分野におけるさまざまな規格を制定しています。「アイ・トリプル・イー」と読みます。

整数を表すときに使われる符号ビットと同様です。数値の大きさは、仮数部と指数部を使って表します。小数点数を「仮数部×2の指数部乗」という形式で表すのです。何となくイメージが見えてきたでしょう。

ここから先の説明が、少しヘビーになります。仮数部も指数部も、単に整数で表された2進数が格納されているのではありません。仮数部では「小数点以上の値を1に固定する正規表現」が使われます。指数部では「イクセス(excess)表現」が使われます。どんどん新しい用語が出てくるので、逃げ出したくなってしまったかもしれませんね。ただし、それほどむずかしいことではないので、ここから先の説明をじっくりと読んでください。

正規表現とイクセス表現

仮数部で使われる正規表現[*8]とは、さまざまな形式で表せる浮動小数点数を統一的な表現にするための工夫です。たとえば、10進数の0.75という小数点数なら、**図3-5**に示すいずれの方法でも表現できますが、同じ数値を表すのにさまざまな表現方法があったのでは、コンピュータで処理するのが面倒です。どれかひとつに決めてもらわなければ困ります。そのためには、ルールが必要です。たとえば、10進数の浮動小数点数なら「小数点以上は0とし、小数点以下の1桁目は0でない値にする」というルールを決めます。このルールにしたがえば0.75は「0.75×10の0乗」つまり仮数部が0.75で指数部が0という方法だけでしか表現できなくなります。このようなルールにしたがって小数点数を表すのが「正規表現」です。

10進数を例にしましたが、2進数でも考え方は同じです。2進数においては「小数点以上の値を1に固定する正規表現」を使います。小数点数として表された何らかの2進数を何回か左シフトまたは右シフト(この場合は、論理シフトになります。符号ビットは独立しているからです[*9])して、

---

*8　特定のルールにしたがって、データを整理して表すことを「正規表現」と呼びます。小数点数だけではなく、文字列表現やデータベースなどにも、それぞれの正規表現があります。

$$0.75 = 0.75 \times 10^{0}$$

$$0.75 = 75 \times 10^{-2}$$

$$0.75 = 0.075 \times 10^{1}$$

図 3-5　浮動小数点数は同じ数値をさまざまな表現で表せる

1011.0011 … 元の数値

↓

1.0110011 … 整数部の1桁目が1になるように右シフトする

↓

1.01100110000000000000000 … 小数点以下を23ビットにする

↓

01100110000000000000000 … 小数点以下だけにして、正規表現が完成

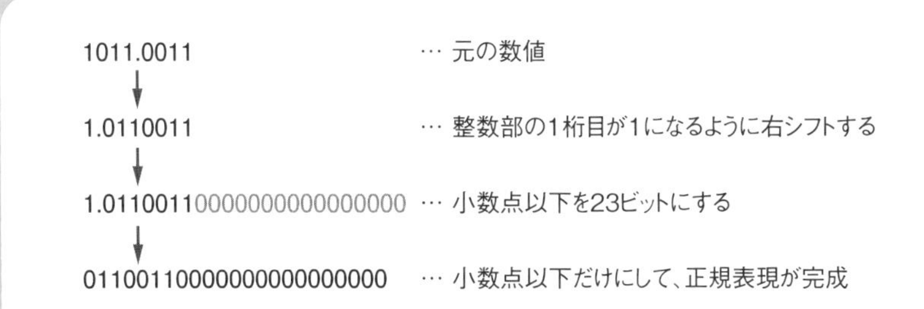

図 3-6　単精度浮動小数点数の仮数部の正規表現

整数部の1桁目を1にして、2桁目以上を0にする（2桁目以上が存在しないようにする）表現方法です。さらに、この1を実際のデータの中には格納しないという工夫をしています。必ず1桁目を1にするというルールなのですから、それを省略することでビットを1つ節約できます。ビットを節約すれば、より多くの範囲の数を表せます（わずかですが）。なかなか上手な工夫でしょう。

単精度浮動小数点数の正規表現の具体例を**図 3-6**に示しておきます。単精度浮動小数点数では、仮数部が23ビットですが、1桁目の1が省略されているので、実際には、24ビットの値が表せることになります。こ

※9　整数は、符号を表す最上位ビットを含めて全体で1つの値を表します。それに対して、浮動小数点数は、符号部、仮数部、指数部という3つの独立した値を合体させたものとなっています。

のような正規表現の表し方は、倍精度浮動小数点数でも同様です。ビット数が違うだけです。

続いて、指数部で使われる「イクセス表現」の説明をします。これは、符号ビットを使わずにマイナスの値を表すための工夫です。指数部では「マイナス○○乗」のようにマイナスの値を表すことが必要になる場合があります。イクセス表現とは、指数部で表せる範囲の中央の値をゼロとみなすことにより、符号ビットを使わないでマイナスの値を示す工夫です。指数部が8ビットである単精度浮動小数点数の場合は、最大値11111111＝255の1/2である01111111＝127（端数は切り捨てます）がゼロを表すものとなり、指数部が11ビットである倍精度浮動小数点数の場合は、11111111111＝2047の1/2である01111111111＝1023（端数は切り捨てます）がゼロを表すものとなります。

イクセス表現は理解しにくいかもしれませんので、たとえ話を使ってもう一度説明しておきましょう。1～13(エース～キング)のトランプのカードを使ってマイナスの数を必要とするゲームを考案するとします。この場合には、中央の7というカードをゼロとみなすルールを使えばよいのです。7がゼロなのですから、10というカードは＋3を表し、3というカードは－4を表すことになります。このルールがイクセス表現というわけです。

表3-2に、単精度浮動小数点数を例として、指数部の実際の値と、イ

表3-2　単精度浮動小数点数の指数部のイクセス表現

実際の値（2進数）	実際の値（10進数）	イクセス表現（10進数）
11111111	255	128（＝255－127）
11111110	254	127（＝254－127）
⋮	⋮	⋮
01111111	127	0（＝127－127）
01111110	126	－1（＝126－127）
⋮	⋮	⋮
00000001	1	－126（＝1－127）
00000000	0	－127（＝0－127）

クセス表現による値を示しておきます。たとえば、指数部が2進数で11111111（10進数で255）なら、それはイクセス表現で128乗を表していることになります。255－127＝128だからです。8ビットでは、－127乗～128乗が表せます。

実際にプログラムで確かめてみよう

ここまでの説明を読んで、熱を出してしまった人はいませんか。説明を読んだだけで、すぐに理解できるような内容ではなかったかもしれませんね。こういうことは、実験的なプログラムを作成して、実際に確かめてみるのが一番です。0.75という10進数が、単精度浮動小数点数でどのように表されるかを調べてみましょう（次ページの**リスト3-2**）。

このプログラムを実行すると、10進数の0.75を単精度浮動小数点数で表した場合、0-01111110-10000000000000000000000になることがわかります（67ページの**図3-7**）。ハイフン（-）は、符号部、指数部、仮数部の区切りを示すために挿入したものです。符号部が0で、指数部が01111110で、仮数部が10000000000000000000000となっていますね。0.75はプラスの値ですから、符号部は0です。指数部の01111110は10進数で126ですから、イクセス表現で－1（126－127＝－1）を表していることになります。仮数部の10000000000000000000000は、小数点以上の1桁目を1とする正規表現なのですから、実際には1.10000000000000000000000という2進数を表していることになります。仮数部の2進数を10進数に変換すると、（1×2の0乗）＋（1×2の－1乗）＝1.5になります。したがって、0-01111110-10000000000000000000000という単精度浮動小数点数は、「＋1.5×2の－1乗」を表していることになります。2の－1乗は0.5ですから、＋1.5×0.5＝＋0.75となります（67ページの**図3-8**）。ちゃんと0.75になっていますね！

同じプログラムを使って、0.1という10進数が単精度浮動小数点数でどの

リスト 3-2　単精度浮動小数点数の表現方法を調べる C 言語のプログラム

```
#include <stdio.h>
#include <string.h>

int main() {
    float data;
    unsigned long buff;
    int i;
    char s[35];

    // 変数 data に 0.75 を単精度浮動小数点数形式で格納します。
    data = (float)0.75;

    // 1 ビットずつ取り出すために 4 バイト整数型の変数 buff に格納します。
    memcpy(&buff, &data, 4);

    // 1 ビットずつ取り出します。
    for (i = 33; i >= 0; i--) {
        if(i == 1 || i == 10) {
            // 符号部、指数部、仮数部の区切りにハイフンを入れます。
            s[i] = '-';
        } else {
            // 1 ビットずつ '0' または '1' という数字にします。
            if (buff % 2 == 1) {
                s[i] = '1';
            } else {
                s[i] = '0';
            }
            buff /= 2;
        }
    }
    s[34] = '¥0';

    // 結果を表示します。
    printf("%s¥n", s);

    return 0;
}
```

ように表されるかを調べてみると、0-01111011-10011001100110011001101 となります（data = (float)0.75; の部分を、data = (float)0.1; に変更すれば

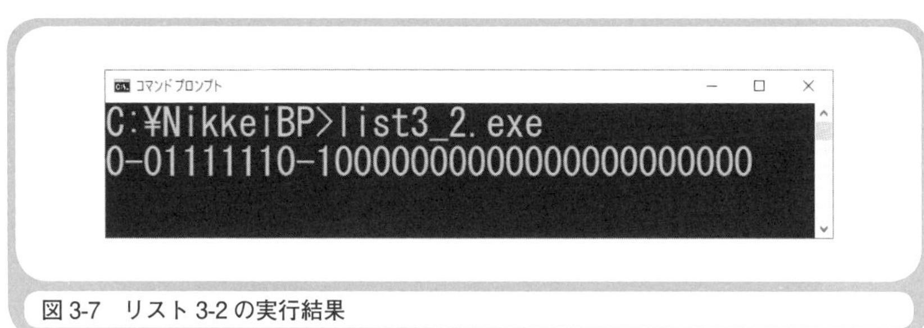

図 3-7　リスト 3-2 の実行結果

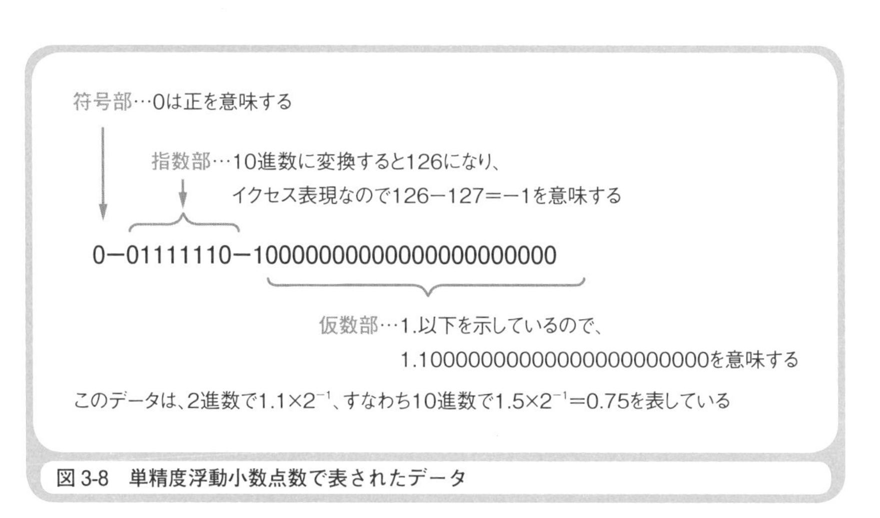

図 3-8　単精度浮動小数点数で表されたデータ

調べられます）。これが10進数でいくつになるかを計算すると、また熱が出てくるかもしれませんのでやめておきますが、ピッタリ0.1にはなりません。

コンピュータの計算間違いを回避するには

コンピュータが計算を間違える理由のひとつは、小数点数を浮動小数点数で取り扱っているからです（それ以外にも「桁あふれ」によって計算を間違える場合もあります）。プログラムのデータ型として、単精度浮動小数点数型または倍精度浮動小数点型のどちらを使っても、計算を間違う可能性があることになります。この問題を回避する方法を、2つほど紹介しておきましょう。

ひとつの回避策(?)は「間違いを無視する」ことです。プログラムの目的によっては、計算結果のわずかな誤差が、まったく問題にならない場合もあります。たとえば、工業製品の設計をコンピュータで行ったとしましょう。0.1ミリの部品を100個つないだ製品のサイズが正確に10ミリである必要などありません。10.000002ミリでもまったく問題ないはずです。一般に「科学技術計算」と言われている分野では、コンピュータの計算結果として近似値が得られれば十分です。わずかな誤差は、無視できます。

もうひとつの回避策は「小数点数を整数に置き換えて計算する」ことです。小数点数の計算では間違えることがあるコンピュータでも、整数の計算では(扱える値の範囲を超えなければ)決して間違えることはありません。そこで、計算するときだけ一時的に整数を使い、計算結果を小数点数で表示するのです。たとえば、この章の冒頭で示した0.1を100回加える計算なら、0.1を10倍して、1を100回加える計算に置き換え、その結果を10で割って示せばよいのです(**リスト3-3、図3-9**)。

小数点数を整数に置き換えるには、BCD (Binary Coded Decimal) [*10] という形式があります。4ビットを使って0～9の数字1桁を表すやり方ですが、細かい説明は省略します。BCDは、計算誤差が許されない金銭計算を行う場合によく使われます。

---

*10 「BCD (Binary Coded Decimal、2進化10進数)」は、データ表現のひとつであり、大型コンピュータでよく使われます。プログラミング言語では、COBOLがBCDを使うようになっています。BCDには、「ゾーン10進数形式」と「パック10進数形式」の2種類があります。

リスト3-3　小数点数を整数に置き換えて計算するC言語のプログラム

```
#include <stdio.h>

int main() {
    // int は整数のデータ型です。
    int sum;
    int i;

    // 合計値を格納する変数を 0 クリアします。
    sum = 0;

    // 1 を 100 回加えます。
    for (i = 1; i <= 100; i++) {
        sum += 1;
    }

    // 結果を 10 で割ります。
    sum /= 10;

    // 結果を表示します。
    printf("%d¥n", sum);

    return 0;
}
```

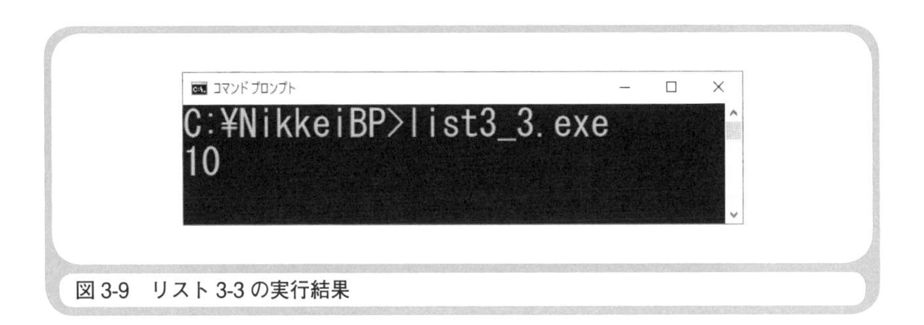

図3-9　リスト3-3の実行結果

2進数と16進数

最後に補足説明をさせてください。それは、2進数と16進数の関係です。2進数は、ビット単位でデータを表す場合に便利ですが、桁数が非常に多くなってしまうので、見た目にわかりづらいのが難点です。そのため実際のプログラミングでは、2進数の代わりに「16進数」がよく使われます。C言語のプログラムでは、数値の先頭に「0x（ゼロとエックス）」を付けることで16進数を表せます。

2進数の4桁は、ちょうど16進数の1桁に相当します。たとえば、32桁の2進数の値「00111101110011001100110011001101」を16進数で表すと、「3DCCCCCD」という8桁で表せます。16進数を使うことで、2進数の数値の桁数を1/4にすることができます。桁数が少ないほうが、見た目にわかりやすいですね（**図3-10**）。

小数点数で表された2進数を16進数で表す場合でも、小数点以下の2進数の4桁が16進数の1桁に相当します。4桁に満たない場合は、2進数の下位桁に0を置きます。たとえば、「1011.011」は「1011.0110」と下位桁に0を置き、「B.6」という16進数で表せます（**図3-11**）。16進数の小数点数以下1桁目の重みが、16^{-1}すなわち1/16＝0.0625であることは、おわかりですね。

＊　＊　＊

2進数（32桁）
0011 1101 1100 1100 1100 1100 1100 1101＝3DCCCCCD
16進数（8桁）

図3-10　16進数を使うことで桁数を少なくできる

2進数（小数点以下3桁）		2進数（下位桁に0を置く）		16進数
1011.011	→	1011.0110	→	B.6

図3-11　小数点以下も2進数の4桁が16進数の1桁になる

第2章とこの章で、コンピュータがデータ（数値）を2進数で取り扱う仕組みをマスターできたことと思います。次の章では、データを格納するメモリーを説明します。メモリーを意識してプログラミングできるようになれば、むずかしいと言われているC言語の配列やポインタの意味をスッキリ理解できるはずです。

第4章

四角いメモリーを丸く使う

ウォーミングアップ

本題に入る前に、ウォーミングアップとしてクイズを出題させていただきます。きちんと説明できるかどうか試してみてください。

1. アドレス信号ピンを10本持ったメモリーICで指定できるアドレスの範囲は、いくつですか？
2. 高水準言語のデータ型は、何を表すものですか？
3. 32ビットでメモリー・アドレスを表す環境では、ポインタとなる変数のサイズは何ビットですか？
4. 物理的なメモリーの構造と同様なのは、何バイトのデータ型の配列ですか？
5. LIFO方式でデータを読み書きするデータ構造を何と呼びますか？
6. データの大小に応じてリストが2方向に枝分かれするデータ構造を何と呼びますか？

いかがだったでしょうか。改めて聞かれると、簡潔に答えられない問題もあったことでしょう。参考までに、筆者の答えと解説を以下に示しておきます。

答え

1. 2進数で0000000000～1111111111（10進数で0～1023）
2. メモリー領域を占有するサイズと、そこに格納されるデータの形式
3. 32ビット
4. 1バイト
5. スタック
6. 2分探索木（バイナリ・サーチ・ツリー）

解説

1. アドレス信号ピンが10本なら、2^{10}＝1024通りのアドレスを表せます。
2. たとえば、C言語のデータ型のひとつであるshort型は、2バイトのメモリー領域を占有し、そこに整数を格納することを表します。
3. ポインタは、メモリー・アドレスを格納するための変数です。
4. 物理的なメモリーには、1バイト単位でデータを格納します。
5. スタックは、後入れ先出し（LIFO＝Last In First Out）方式のデータ構造です。
6. 2分探索木は、節から2本の枝が分かれる木のようなデータ構造です。

コンピュータは、データを処理する機械であり、その処理手順やデータ構造を示したものがプログラムです。処理の対象となるデータは、メモリーやディスクに格納されています。したがってプログラマたるもの、メモリーやディスクを自由自在に使いこなせなければなりません。そのために必要なのは、メモリーやディスクの構造を物理的（ハードウエア的）にも論理的（ソフトウエア的）にもイメージできるようになることです。

この章のテーマは、メモリーです（ディスクに関しては、第5章で説明します）。物理的に見れば、メモリーの構造は実にシンプルなものです。ところがプログラムの工夫次第で、メモリーをさまざまな構造に変化させて使うこともできます。たとえば、物理的に四角いメモリーを、プログラムで論理的に丸く使うことさえできるのです。これは決して特別なことではなく、多くのプログラムで利用されている一般的な手法です。

メモリーの物理的な仕組みはシンプル

イメージ作りの第一歩として、まずメモリーの物理的な仕組みを見ておきましょう。メモリーの実体は、「メモリーIC」と呼ばれる装置です。メモリーICには、RAMやROM[*1]など、さまざまな種類がありますが、外部から見た基本的な仕組みはどれも同じです。メモリーICには、電源、アドレス信号、データ信号、制御信号を入出力するための多くのピン（ICの足）があり、アドレス（番地）を指定して、データを読み書きするようになっています。

次ページの**図4-1**は、メモリーIC（ここではRAM[*2]を想定しています）のピン配置の一例です。これは、架空のメモリーICですが、実際のメモ

＊1　RAM（Random Access Memory、ラム）は、読み書きできるメモリーで、ROM（Read Only Memory、ロム）は、読み出し専用のメモリーです。

＊2　RAMは、記憶保持動作（リフレッシュ）が必要なDRAM（Dynamic RAM、ディーラム）と、記憶保持動作が不要なSRAM（Static RAM、エスラム）に大別されます。

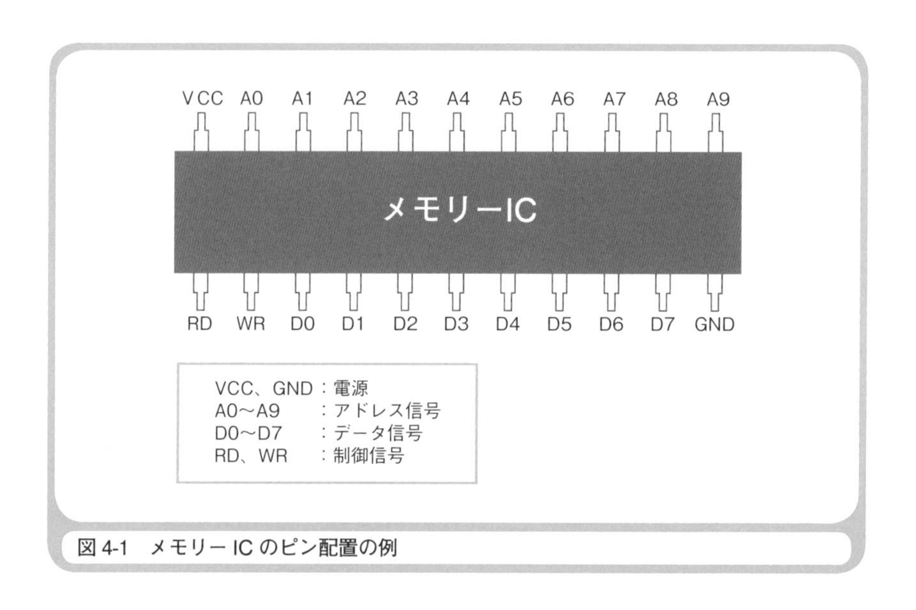

図 4-1　メモリーICのピン配置の例

リーICにも同様のピンがあります。VCCとGNDが電源、A0～A9がアドレス信号、D0～D7 がデータ信号、そしてRDとWRが制御信号のピンです。VCCとGNDに電源を接続し、その他のピンに0または1の信号を与えます。多くの場合、＋5Vの直流電圧が1を表し、0Vが0を表します。

このメモリーICの中に、どれだけのデータを格納できるのでしょうか？データ信号ピンがD0～D7の8本あるので、一度に8ビット（＝1バイト）のデータを入出力できることがわかります。アドレス信号ピンがA0～A9の10本あるので、0000000000～1111111111の1024通りのアドレスが指定できることがわかります。アドレスは、データを格納する場所を示すものです。したがって、このメモリーICの中には、1バイトのデータを1024個だけ格納できることになります。1024＝1K[*3]ですから、

＊3　コンピュータの世界では、1000ではなく、2のべき乗で表せる1024（$=2^{10}$）を大文字の「K」で表す慣習があります。1000は、小文字の「k」で表します。1000を意味している小文字のkを「キロ」と読み、1024を意味している大文字のKを「ケー」と読んで区別する場合があります。

1KBの容量を持ったメモリーICです。

皆さんが使っているパソコンには、少なくとも4GB程度のメモリーが装備されていることでしょう。これは、1KBのメモリーICの400万個分(4GB÷ 1KB ＝ 4M ＝ 400万)に相当します。もちろん、1台のパソコンの中に、こんなに多くのメモリーICが入っているわけではありません。一般的なパソコンが使っているメモリーICは、もっと多くのアドレス信号ピンがあり、1つのメモリーICの中に数百MBのデータを格納できるようになっています。したがって数個のメモリーICだけで、4GBの容量をまかなえます。

話を1KBの架空のメモリーICに戻しましょう。1KBのメモリーICに1バイトのデータを書き込みたいと思います。そのためには、VCCに＋5V、GNDに0Vの電源をつなぎ、データの格納場所をA0～A9のアドレス信号で指定し、データの値をD0～D7のデータ信号に入力し、WR(write＝書き込みの略)信号を1にします。これによって、メモリーICの内部にデータが書き込まれます(次ページの**図4-2** (a))。

データを読み出す場合は、データの格納場所をA0～A9のアドレス信号で指定し、RD (read＝読み出しの略)信号を1にします。これによって、指定されたアドレスに格納されているデータがD0～D7のデータ信号ピンに出力されます(図4-2 (b))。なお、WRやRDのように、ICに動作を行わせる信号を**制御信号**と呼びます。WRとRDの両方が0のときは、書き込みも読み出しも行われません。

このようにメモリーICの物理的な仕組みは、実にシンプルなものです。メモリーICの内部に8ビットのデータを格納できる入れ物がたくさんあり、その場所をアドレスで指定してデータの読み書きを行うだけです。

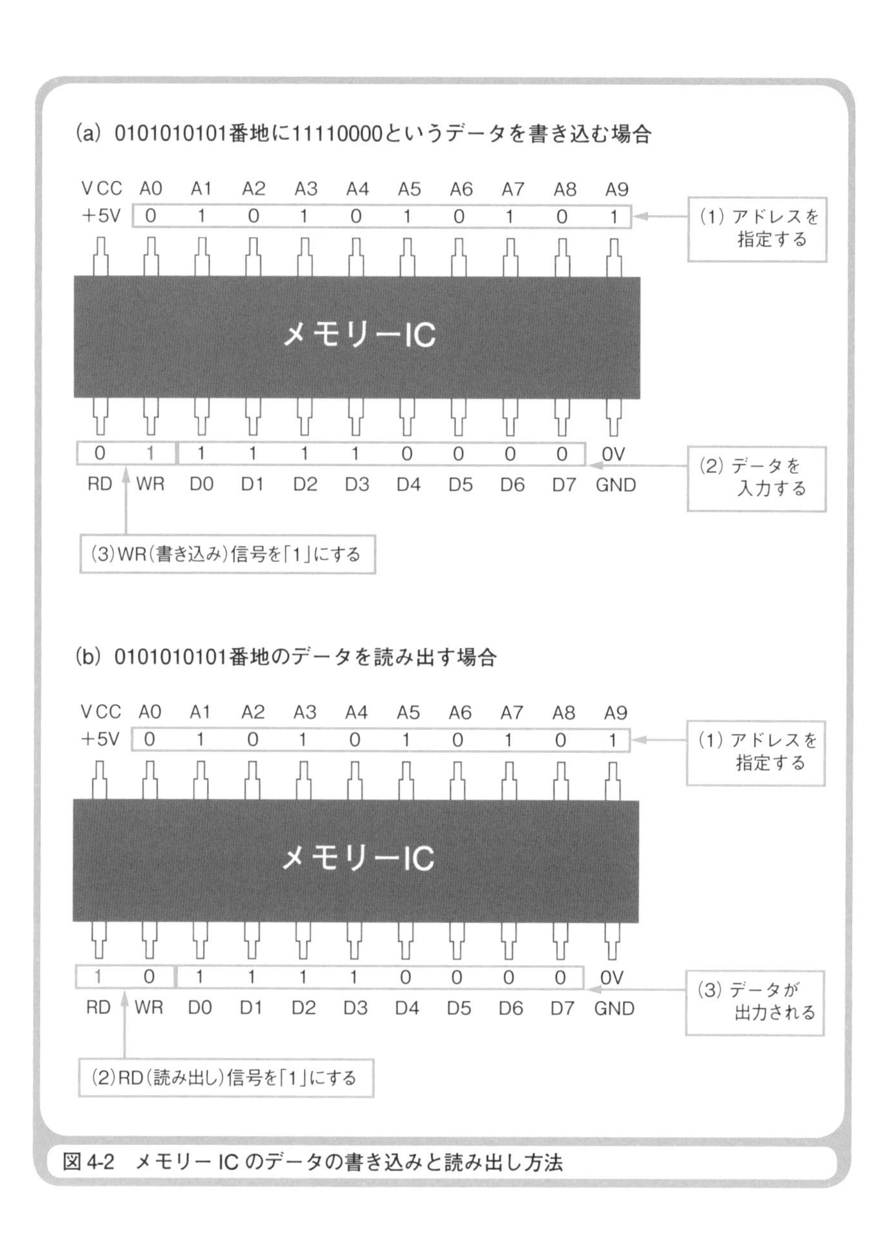

図4-2 メモリーICのデータの書き込みと読み出し方法

メモリーの論理的なイメージはビルディング

多くのプログラミング解説書では、メモリーをビルディングのような絵で表して説明します。このビルディングには、1フロアに1バイトのデータを格納でき、フロアの番号がアドレスを示すものとなります。この絵は、プログラマがメモリーをイメージする際に、わかりやすいものです。

メモリーの実体はメモリーICだけれど、プログラマから見れば個々のフロアにデータが格納されたビルディングだと思えばよいのです。プログラマは、メモリーICの電源や制御信号のことまで意識する必要などありません。これから先の説明でも、ビルディングの絵（およびそれを変形したもの）を使います。1KBのメモリーなら、**図4-3**のような1024階建てのビルディングとして表せます（ここでは、アドレスの値が上から下に向かって大きくなっていますが、逆方向の絵を使うこともあります）。

ただし、プログラマから見たメモリーには、物理的なメモリーに存在しない概念があります。それは「データ型」です。プログラミング言語におけるデータ型とは、どのような種類のデータを格納するかを示すものであり、メモリーにとってみれば占有するサイズ（ビルのフロアの数）を意味するものとなります。物理的には1バイトずつデータを読み書きする

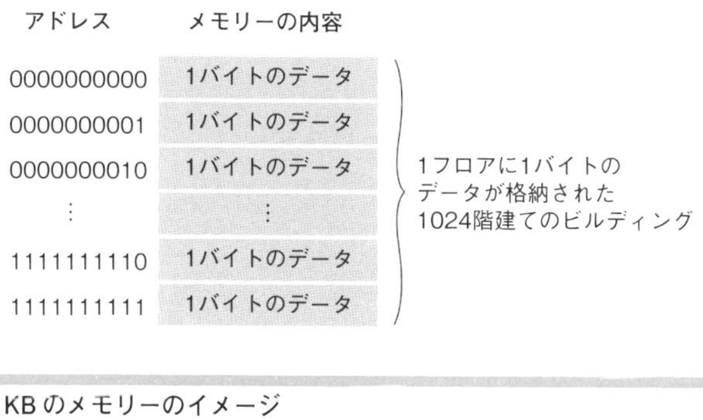

アドレス	メモリーの内容
0000000000	1バイトのデータ
0000000001	1バイトのデータ
0000000010	1バイトのデータ
⋮	⋮
1111111110	1バイトのデータ
1111111111	1バイトのデータ

1フロアに1バイトのデータが格納された1024階建てのビルディング

図4-3　1KBのメモリーのイメージ

メモリーであっても、プログラムでは型（変数のデータ型など）を指定して、特定のバイト数ずつまとめて読み書きできるようになっています。

具体的な例を示しましょう。**リスト4-1**をご覧ください。これは、a、b、cという3つの変数に123というデータを書き込むC言語のプログラムです。これら3つの変数は、メモリーの特定の領域を表します。変数を使うことにより、物理的なアドレスを指定しなくても、プログラムでメモリーの読み書きが可能になります。WindowsなどのOSが、プログラムの実行時に、変数の物理的なアドレスを決定してくれるからです。

リスト4-1　変数にはそれぞれ型がある

```
// 変数の宣言
char a;
short b;
long c;

// データの書き込み
a = 123;
b = 123;
c = 123;
```

3つの変数のデータ型は、1バイト型を表すchar、2バイト型を表すshort、4バイト型を表すlongとなっています[*4]。これらによって、同じ123というデータであっても、それを格納するために占有されるメモリーのサイズが異なったものになります。ここでは、データの下位バイトをメモリーの下位アドレスに格納するリトル・エンディアン[*5]と呼ばれる

＊4　C言語では、intというデータ型もよく使われます。intは、CPUが最も処理しやすいサイズのデータ型を意味します。32ビットCPU用のC言語では、intは32ビットです。ひと昔前の16ビットCPU用のC言語では、intは16ビットです。

＊5　複数バイトからなるデータの下位バイトをメモリーの下位アドレスに格納する方式を「リトル・エンディアン」と呼び、逆にデータの上位バイトをメモリーの下位アドレスに格納する方式を「ビッグ・エンディアン」と呼びます。この章の図では、インテル系のCPUが採用しているリトル・エンディアンを想定しています。

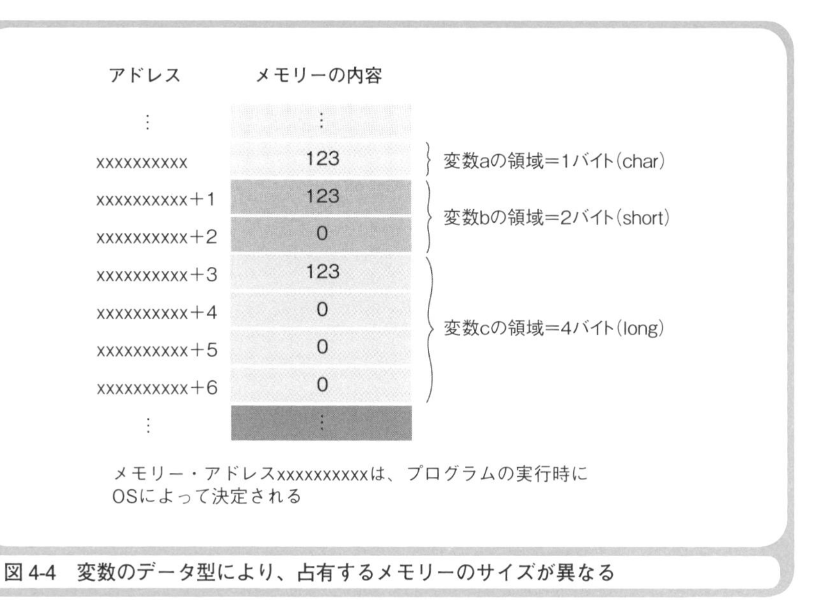

図4-4　変数のデータ型により、占有するメモリーのサイズが異なる

方式を想定しています（**図4-4**）。

よくよく考えてみれば、プログラムで指定される変数のデータ型によって、物理的なメモリーを読み書きするサイズを変えられることは、とても便利なことですね。もしも、プログラムで1バイトずつしかメモリーの読み書きが行えないとしたら、たまらなく不便でしょう。1バイトを超える大きなデータを取り扱いたいなら、それを分割する処理を記述しなければならないからです。変数に最大で何バイトのデータ型まで指定できるかは、プログラミング言語の種類によって異なります。一般的なC言語なら、8バイト（＝64ビット）のdoubleという型が最大です。

ポインタなんて簡単だ

ここで、「ポインタ」の説明もしておきましょう。ポインタは、C言語の大きな特徴となっているものですが、とても難解だと言われています。

ポインタが理解できずに、C言語に挫折してしまう人さえいます。ただし、ここまでの説明をお読みいただいた皆さんなら、ポインタを簡単に理解できるはずです。ポインタを理解するポイントとなるのも「データ型」という概念です。

ポインタとは、データの値そのものではなく、データが格納されているメモリーのアドレスを持つ変数のことです。ポインタを使うと、任意のアドレスを指定してデータの読み書きが可能になります。いままでに説明してきた架空のメモリーICでは、アドレス信号を10ビットで表していましたが、皆さんが利用している一般的なWindowsパソコンで動作するプログラムの多くでは、32ビット(4バイト)でメモリー・アドレスを表しています。この場合には、ポインタとなる変数のサイズも32ビットとなります。

リスト4-2をご覧ください。これは、d、e、fという3つの変数名のポインタを宣言[*6]したC言語のプログラムです。通常の変数の宣言と異なり、ポインタの宣言では変数名の前にアスタリスク(*)を置きます。d、e、f は、どれも32ビット(4バイト)のアドレスを格納するための変数です。それなのに、char(1バイト)、short(2バイト)、long(4バイト)というデータ型を指定して宣言しているのは、何とも不思議なことですね。実は、これらのデータ型は、ポインタに格納されたアドレスから一度に何バイトのデータを読み書きするかを示すものなのです。

リスト4-2　さまざまな型で宣言したポインタ

```
char *d;                    // char型のポインタdの宣言
short *e;                   // short型のポインタeの宣言
long *f;                    // long型のポインタfの宣言
```

*6　プログラムの中で、データ型を明記して変数を記述することを「変数を宣言する」と言います。たとえば、「short a;」と記述すれば、2バイトのshort型の変数aが宣言されます。変数は、宣言してから読み書きします。

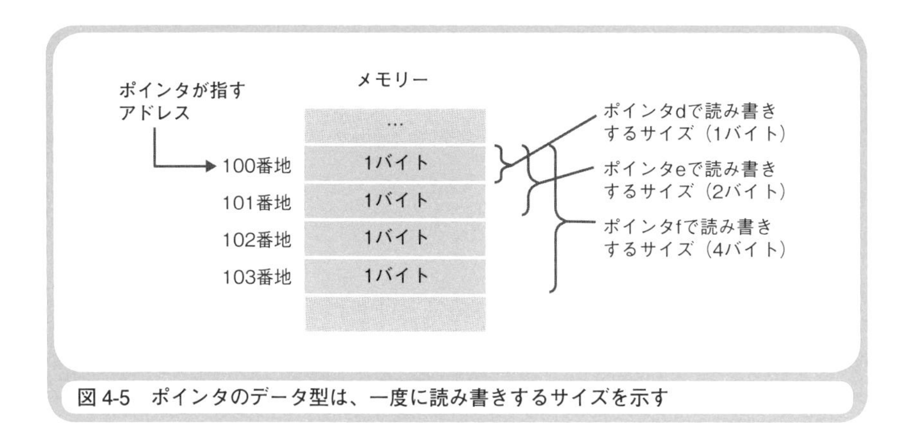

図4-5　ポインタのデータ型は、一度に読み書きするサイズを示す

d、e、fの値がいずれも100だったとしましょう。この場合、dを使えば100番地のアドレスから1バイトのデータを、eを使えば100番地のアドレスから2バイト（100番地と101番地）のデータを、fを使えば100番地のアドレスから4バイト（100番地〜103番地）のデータを読み書きできます。どうです。ポインタなんて簡単でしょう（**図4-5**）！

メモリーを工夫して使うための基本は配列だ

話が少し脱線してしまいましたが、本題に戻りましょう。この章では、タイトルどおりに「四角いメモリーを丸く使う」ことまで説明します。メモリーを丸くする前に、物理形状のままメモリーを四角く使う方法を説明しておきます。そのために使われるプログラミングのテクニックは、「配列」です。

配列とは、同じデータ型（サイズ）の複数のデータがメモリー内に連続して並んだものです。配列の要素となる個々のデータは、先頭から通し番号で区別され、この番号のことをインデックス（添字）と呼びます。インデックスを指定すると、それに対応するメモリー領域を読み書きすることができます[*7]。インデックスとメモリー・アドレスを変換する処理は、コンパイラによって自動的に生成されます。

リスト4-3は、C言語でchar型、short型、long型の3つの配列を宣言したものです。カッコで囲んだ[100]は、配列の要素数が100個であることを表します。C言語では、配列のインデックスを0から始めるので、char g[100];なら、g[0]〜g[99]の100個の要素が使えることになります。

リスト4-3　さまざまな型で宣言した配列

```
char g[100];            // char 型の配列 g の宣言
short h[100];           // short 型の配列 h の宣言
long i[100];            // long 型の配列 i の宣言
```

配列の宣言で指定されている型も、メモリーを一度に読み書きするサイズを示しています。char型の配列なら1バイトずつ、short型の配列なら2バイトずつ、そしてlong型の配列なら4バイトずつメモリーを読み書きします。配列は、メモリーの使い方の基本となるものです。この章の後半で、さまざまな形態でメモリーを使うテクニックを示しますが、どれも配列が基本となっています。

配列がメモリーの使い方の基本となる理由は、配列がメモリーの物理的な構造そのものだからです。特に1バイト型の配列なら、物理的なメモリーの構造と完全に一致したものとなります。ただし、1バイトずつの読み書きだけではプログラミングが面倒なものとなってしまうので、任意のデータ型を指定した配列を宣言できるようになっているのです。これは、1フロア＝1部署のビルディングを改装して、複数フロア＝1部署のビルディングにするようなイメージです(**図4-6**)。

配列を使うことで、効率的なプログラミングが可能となります。繰り返しを行うループ処理[※8]の中で配列を使えば、短いコードで、配列の要

※7　CPUがベース・レジスタとインデックス・レジスタを使って、メモリーのアドレスを指定する仕組みについては、第1章に説明があります。

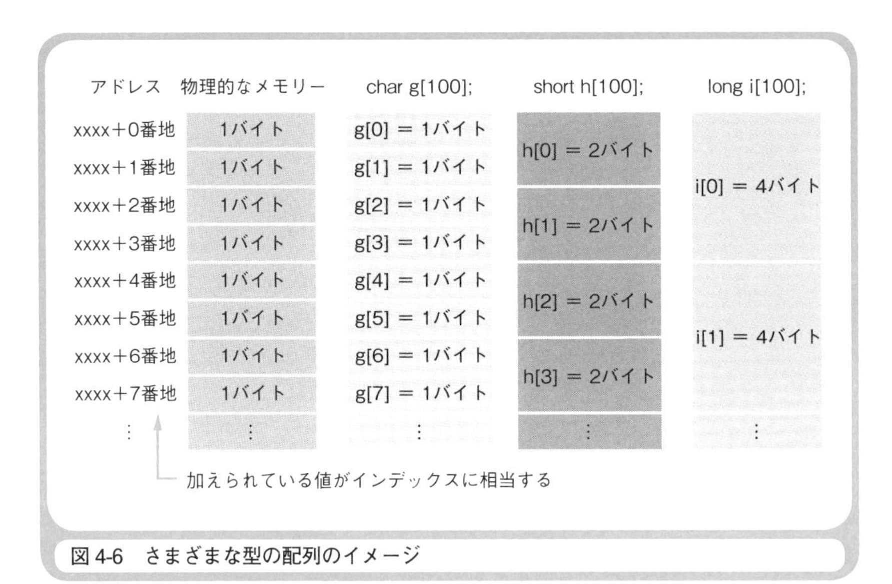

図4-6　さまざまな型の配列のイメージ

素を順番に読み出したり、順番に書き込んだりすることができるからです。ただし、インデックスを指定して配列を使うというだけでは、メモリーを物理的に読み書きしていることと大差がありません。多くのプログラムでは、さまざまな工夫を凝らして配列を使っています。これから、「スタック」「キュー」「リスト」「2分探索木(バイナリ・サーチ・ツリー)」という名前が付けられた配列の変形手法を紹介します。これらの手法は、一人前のプログラマなら、知っていて当たり前、使っていて当たり前というものです。

スタックとキュー、さらにリング・バッファ

スタック[*9]とキューは、どちらもアドレスやインデックスを指定せず

*8　ループ(loop)とは、「同じ処理を何度かぐるぐる繰り返す」という意味です。
*9　ここで言うスタックとは、第1章や第10章で説明した関数呼び出しで使用されるスタック領域ではなく、プログラマが任意に作成するLIFO形式のデータ格納領域(その実体は配列)のことです。

に配列の要素を読み書きできるものです。計算の途中のデータや、コンピュータに接続された装置と入出力するデータなどを一時的に保存しておく場合に、これらの手法でメモリーを使います。一時的なデータを保存するために、アドレスやインデックスをいちいち指定するのは面倒なことです。それを改善しようというわけです。

スタックとキューの違いは、データを出し入れする順序の違いです。スタックでは「LIFO (Last In First Out、後入れ先出し) 方式」、キューでは「FIFO (First In First Out、先入れ先出し) 方式」によって、メモリー内のデータを読み書きします。あらかじめメモリー内にスタックやキューのための領域を確保し、書き込みや読み出しの順序を決めておくことで、アドレスやインデックスの指定が不要になるのです。

プログラムでスタックやキューを実現するためには、データを格納するための配列を適当な要素数で宣言し、それらを読み書きするための関数のペアを作成しておきます。もちろんこれらの関数の内部では、配列を読み書きするためにインデックスの管理をすることになりますが、関数を使う側からは、配列の存在やインデックスのことを考える必要がなくなります。

スタックにデータを書き込む関数をPush、スタックからデータを読み出す関数をPop[*10]、キューにデータを書き込む関数をEnQueue、キューからデータを読み出す関数をDeQueue、という名前で作成したとしましょう[*11]。PushとPop、およびEnQueueとDeQueueが、関数のペアとなります。PushとEnQueueでは、関数の引数に書き込むデータを指定します。PopとDeQueueでは、関数の戻り値として読み出されたデータが返され

*10 ここでは配列をLIFO形式で読み書きするために、プログラマが独自にPush関数とPop関数を作成したとします。

*11 一般にスタックにデータを書き込むことを「プッシュ」、読み出すことを「ポップ」と呼びます。キューにデータを書き込むことを「エンキュー」、読み出すことを「デキュー」と呼びます。ここでは、これらを英語表記したものを関数名にしています。

ます。これらの関数を使えば、データを一時的に保存（書き込み）しておいて、そのデータが必要になったときに読み出すことができます（**リスト4-4**、**リスト4-5**）。

リスト4-4　スタックを使うプログラム

```
// スタックへの書き込み
Push(123);                // 123が書き込まれる
Push(456);                // 456が書き込まれる
Push(789);                // 789が書き込まれる

// スタックからの読み出し
j = Pop();                // 789が読み出される
k = Pop();                // 456が読み出される
l = Pop();                // 123が読み出される
```

リスト4-5　キューを使うプログラム

```
// キューへの書き込み
EnQueue(123);             // 123が書き込まれる
EnQueue(456);             // 456が書き込まれる
EnQueue(789);             // 789が書き込まれる

// キューからの読み出し
m = DeQueue();            // 123が読み出される
n = DeQueue();            // 456が読み出される
o = DeQueue();            // 789が読み出される
```

配列の実体や、Push、Pop、EnQueue、DeQueueの処理内容のプログラムは示しませんが、スタックとキューでどのようにメモリーが使われるかをイメージできるようになってください。

スタックでは、LIFO方式という名前が示すとおり、スタックとなる配列に格納された最後のデータ（Last In）が、最初に取り出されます（First Out）。リスト4-4に示したプログラムを実行すると、123、456、789の

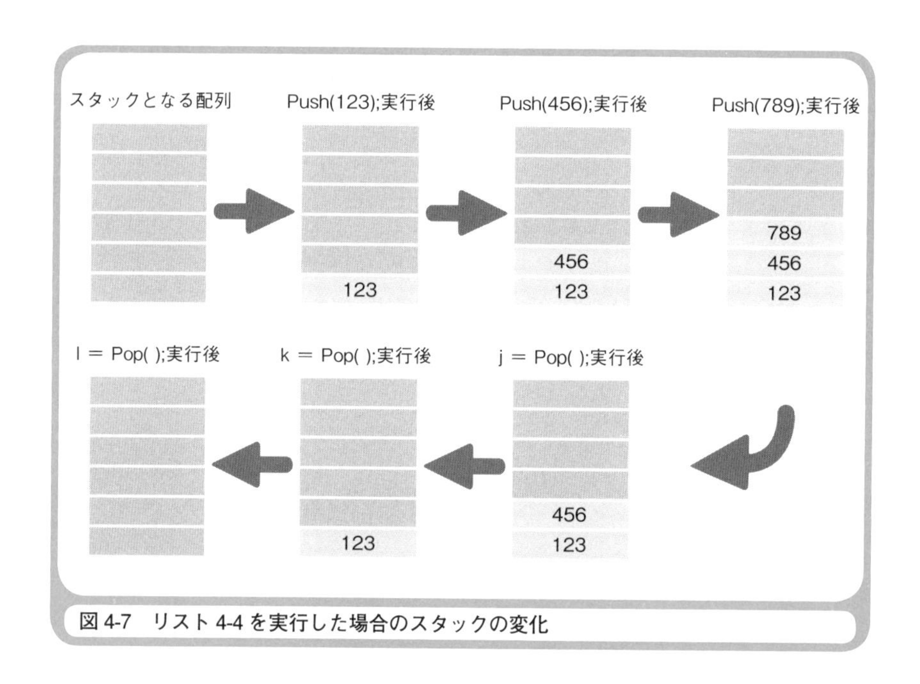

図 4-7　リスト 4-4 を実行した場合のスタックの変化

順にデータが格納され、789、456、123の順に取り出されます(**図4-7**)。

スタック(stack)は、「干草を積んだ山」という意味です。干草を積んで山を作ると、最後に積んだ干草が、最初に取り出されます。干草の山は、家畜に食べさせる飼料を一時的に保存するためのものです。プログラムでも、一時的にデータを保存する目的で同じ仕組みが使えれば便利でしょう。これをメモリー上で実現したものがスタックです。スタックは、データを一時的に退避し、後で元通りに復元する場合などに使います。スタックは、データの順序を入れ替える、という用途で使われることもあります。123、456の順に格納すると、それらが入れ替わって、456、123の順に取り出されるからです。

それに対してキューでは、**FIFO方式**という名前が示すとおり、キューとなる配列に格納された最初のデータ(First In)が、最初に取り出されます(First Out)。リスト4-5に示したプログラムを実行すると、123、

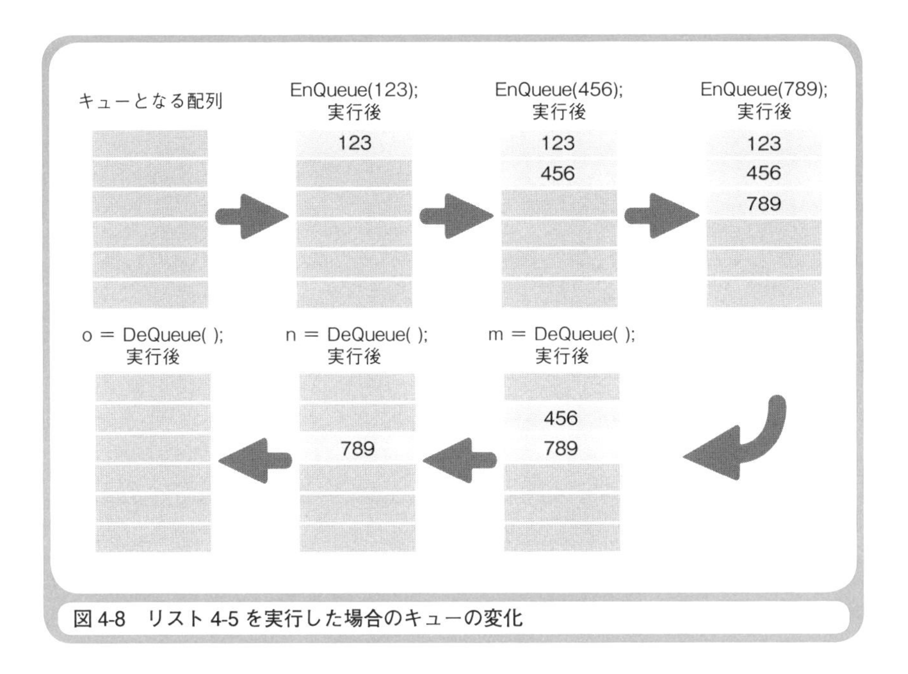

図4-8　リスト4-5を実行した場合のキューの変化

456、789の順にデータが格納され、123、456、789の順に取り出されます（**図4-8**）。

キュー（queue）のことを待ち行列とも呼びます。待ち行列とは、電車の切符を買うために自動券売機の前に並んで待っている人の列などのことです。待ち行列に並んだなら、先に並んだ人が切符を買って、最初に列から出てきます。待ち行列は、不定期に訪れる切符の購買者と、それを処理する自動券売機の処理タイミングが合わない場合の緩衝材（バッファ）となるものです。プログラムでも、データの入力と処理のタイミングを調整するために同じ仕組みが使えれば便利でしょう。これをメモリー上で実現したものがキューです。キューに不定期に格納されるデータをコツコツと処理していく手法は、通信で送られてくるデータを処理する場合や、同時に実行されている複数のプログラムから送られてくるデータを処理する場合などに使います。

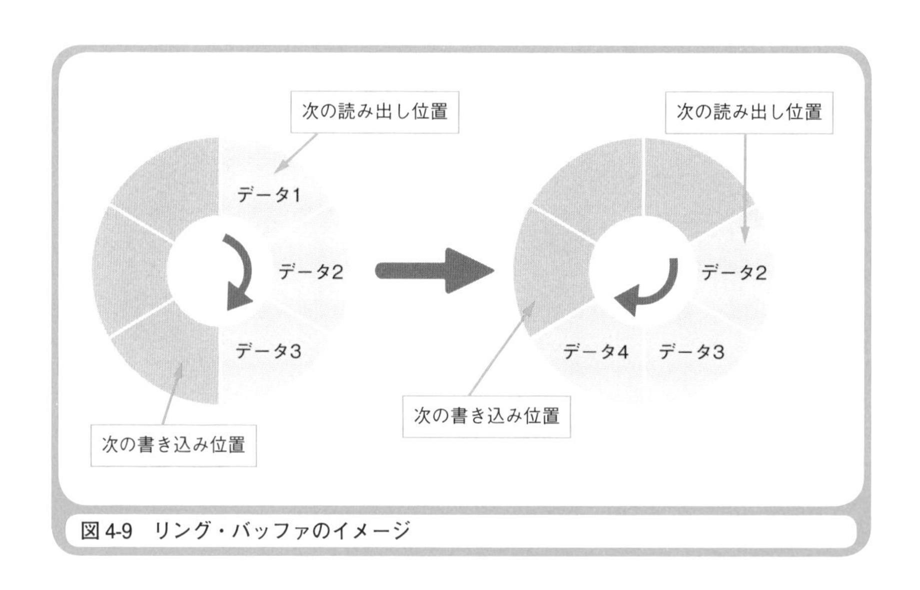

図4-9　リング・バッファのイメージ

キューは、リング・バッファと呼ばれる形態で使われることが一般的です。これが、この章のタイトルである「四角いメモリーを丸く(リング状で)使う」というものです。要素数6個の配列を使ってキューを実現したとしましょう。配列の先頭から順番にデータを格納していきます。データは格納された順序で取り出されていきます。配列の末尾にデータを格納したなら、その次のデータは配列の先頭(その時点ではデータが取り出されて空になっている)に格納します。これによって、配列の末尾が配列の先頭につながっていて、ぐるぐる回りながらデータの格納と取り出しを繰り返すようなイメージになるのです(**図4-9**)。

リストは要素の追加や削除が容易

次に紹介する「リスト」と「2分探索木」は、どちらもインデックスの順序とは無関係に配列の要素を読み書きするためのものです。リストを使えば、配列にデータ(要素)を追加したり削除したりする処理を効率的に行えます。2分探索木を使えば、配列に格納されたデータを効率的に探索

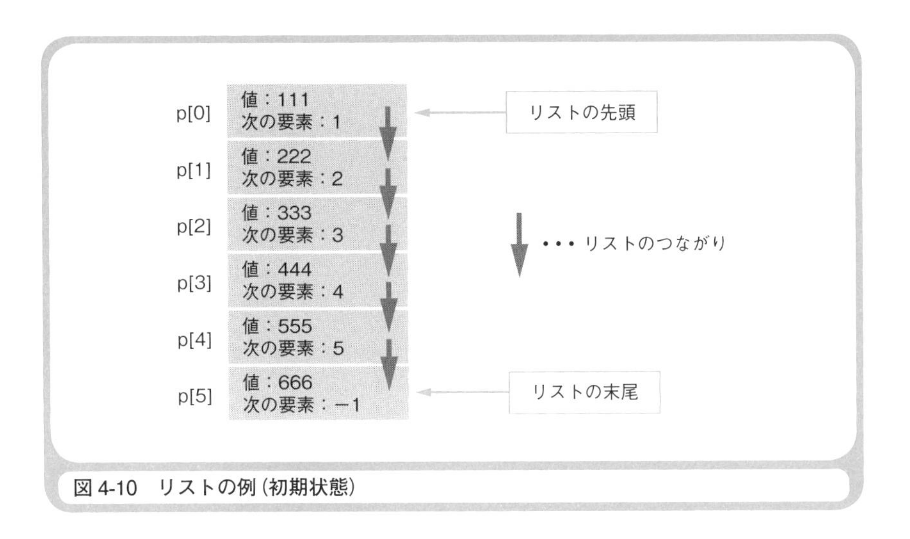

図4-10　リストの例（初期状態）

できます。

リストは、配列の個々の要素に、データの値だけではなく、次の要素のインデックスも付加することで実現されます。データの値と次の要素のインデックスを組み合わせて、配列の1つの要素とするのです。これによって、配列の要素は数珠つながりのリストになります。リストの末尾の要素には、その後につながる要素がないので、インデックスの値としてありえない値（ここでは−1）を格納しておきます（**図4-10**）。

リストが効果を発揮するのは、データの追加や削除を行う場合です。まず、削除からやってみましょう。図4-10に示したリストで、先頭から3番目の要素を削除してみます。この場合に行わなければならない処理は、先頭から2番目にある要素の「次の要素：2」を「次の要素：3」に変更するだけです。通常の配列の要素はインデックスを順番にたどって参照しますが、リストとなった配列は1つの要素を参照したら、その要素の持つインデックス情報をたどって次の要素を参照します。したがって、2つ目の要素の次が4つ目の要素となり、結果として3つ目の要素を削除し

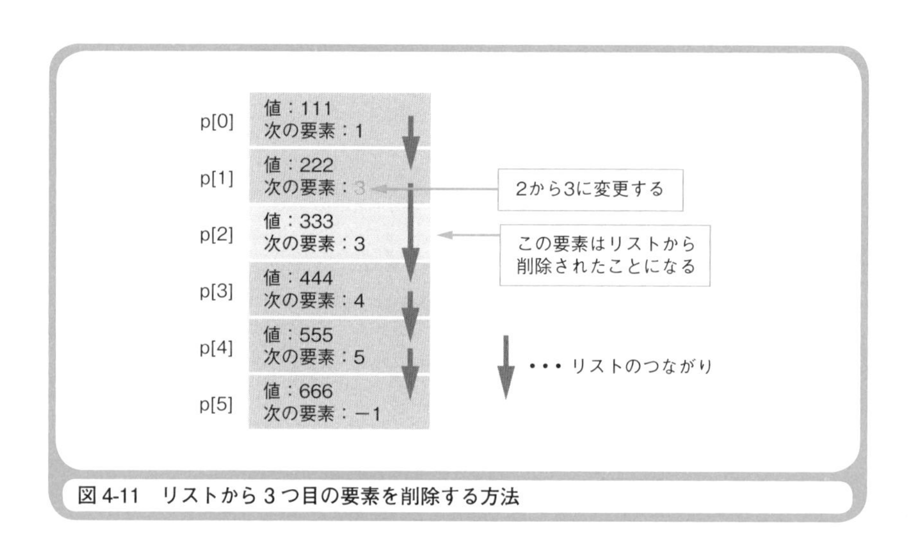

図4-11　リストから3つ目の要素を削除する方法

たことになります。3つ目の要素は、物理的にはメモリー上に残っていますが、論理的にはリストから削除されています（**図4-11**）。

次に、リストにデータを追加してみましょう。図4-10に示したリストの先頭から5番目に新しいデータを追加します。この場合に行わなければならない処理は、前に削除した3番目の要素の位置に新しいデータを格納し、4番目の要素の「次の要素：5」を「次の要素：2」に変更し、新たに追加した要素のインデックス情報を「次の要素：5」とするだけです。追加した要素は、物理的には先頭から3番目にありますが、論理的には5番目にあることになるのです（**図4-12**）。

リストでない通常の配列を使った場合では、途中の要素を削除したり、途中に追加したりするときに、その後ろにある要素をすべて移動しなければなりません。ここで示した例では、配列の要素が6個だけなので、それほど時間のかかる処理にはなりませんが、実際のプログラムでは、数千～数万個の要素を持った配列に対して頻繁にデータの追加や削除が行われることがあります。そのたびに数千～数万個の要素を移動していた

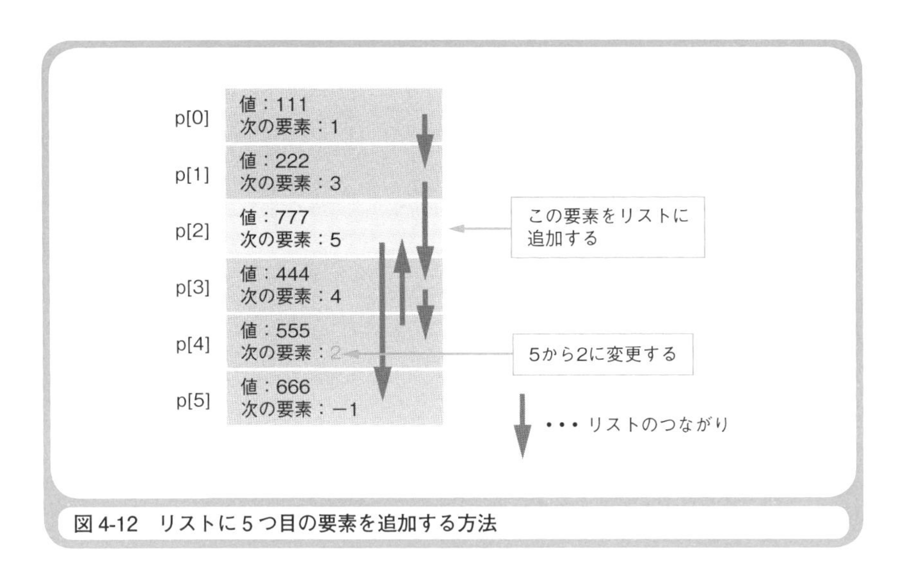

図 4-12　リストに５つ目の要素を追加する方法

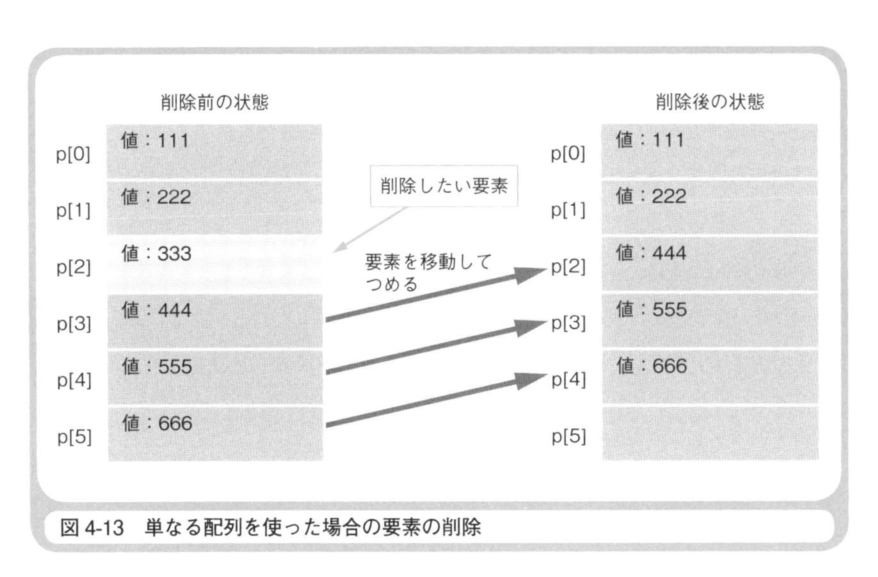

図 4-13　単なる配列を使った場合の要素の削除

のでは、いかに高速なコンピュータであっても時間がかかってしまいます（**図4-13**、次ページの**図4-14**）。それに対して、リストを使ったデータ

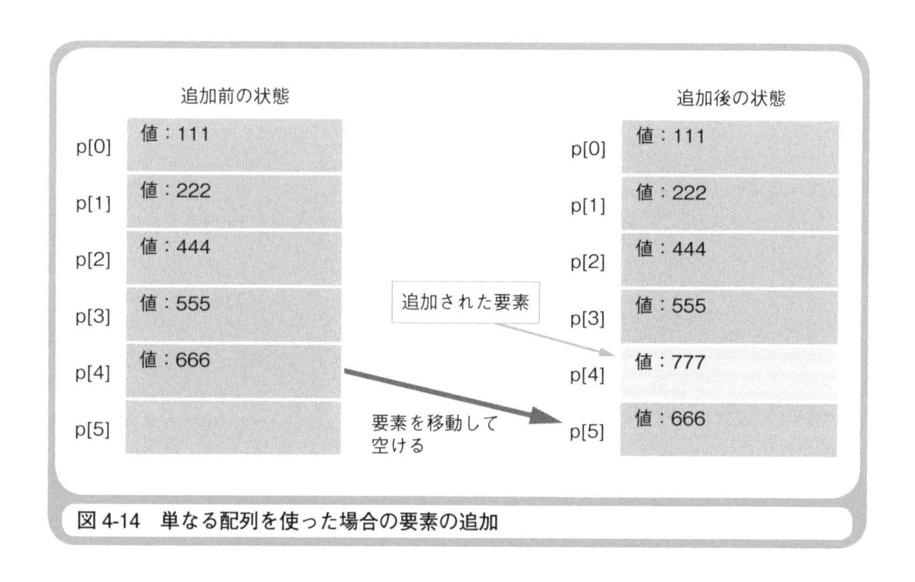

図4-14　単なる配列を使った場合の要素の追加

の追加や削除は、時間がかかりません。

2分探索木は効率的にデータを探せる

2分探索木[*12]は、リストをさらに工夫し、配列に要素を追加するときに、その大小関係を考慮して左右2つの方向に分岐させるものです。たとえば、最初に50という値が配列に格納されたとします。これ以降の値は、あらかじめ格納されている値より大きければ右に、小さければ左に格納します。実際のメモリーが2方向に分かれているわけではありません。これはプログラムによって論理的に実現されるのです（**図4-15**）。

2分探索木を実現するためには、どうしたよいかわかりますか？ 配列の個々の要素に、データの値と2つのインデックス情報を持たせればよいのです。図4-14に示した2分探索木を配列で実現した例を、**図4-16**に示します。2分探索木は、リスト構造を発展させたものなのですから、もち

*12 「木（ツリー）構造」とは、データが木のように枝分かれしてつながったものです。2分探索木は、木構造の一種です。

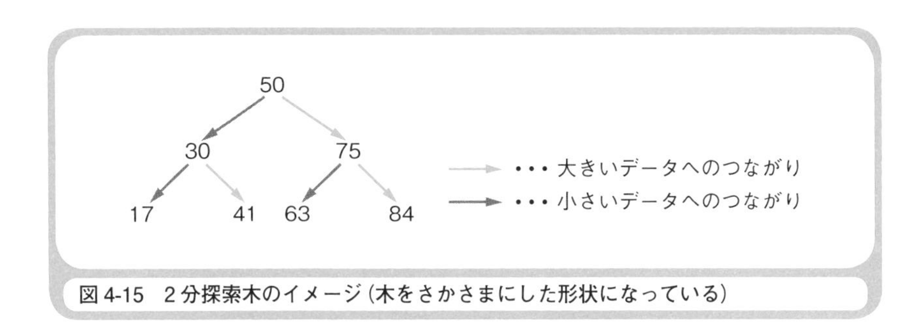

図 4-15　2分探索木のイメージ（木をさかさまにした形状になっている）

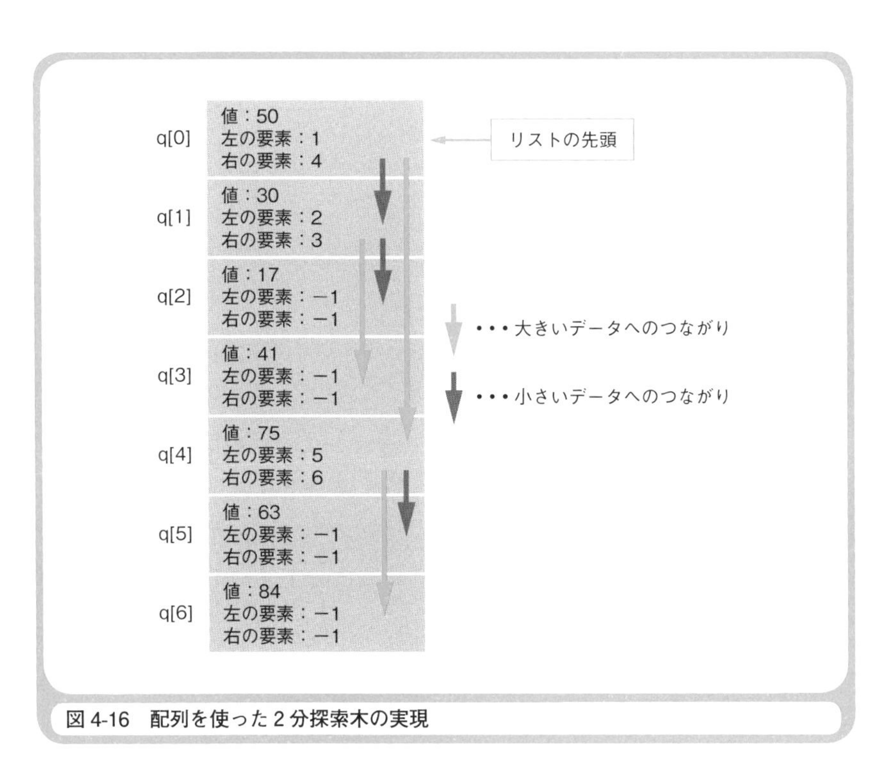

図 4-16　配列を使った2分探索木の実現

ろん要素の追加や削除も効率的に行えます。

2分探索木が便利なのは、データの探索がとても効率的に行えることです。通常の配列を使った場合には、配列の先頭からインデックスの順に要素を参照して目的のデータを見つけなければなりません。それに対して、2分探索木なら、目的のデータが現在読み出しているデータより小さければリストの左側を、大きければリストの右側をたどればよいので、目的のデータをより速く見つけられます。

プログラムを工夫することで、四角いメモリーを丸くしたり、干草の山にしたり、リストにしたり、木にしたりできることを理解していただけたでしょう。ただし、そうすることの目的もよく理解してください。配列が、基本となっていることも忘れないでください。

*　　　*　　　*

次の章は、メモリーと同様、データを格納するために使われるディスク（主にハード・ディスク）がテーマです。物理的にはセクター単位でしか読み書きできないディスクが、プログラムの工夫次第でさまざまな形態で使えます。ディスクをメモリーの代わりに使う仮想記憶や、メモリーをディスクとして使うSSDなども説明します。

第5章

メモリーとディスクの親密な関係

ウォーミングアップ

本題に入る前に、ウォーミングアップとしてクイズを出題させていただきます。きちんと説明できるかどうか試してみてください。

1. ストアド・プログラム方式とは何のことですか？
2. メモリーを使ってディスクのアクセス速度を向上させる仕組みを何と呼びますか？
3. ディスクの一部を仮想的にメモリーとして使う仕組みを何と呼びますか？
4. Windowsにおいて、プログラムの実行時に、動的に結合される関数やデータを格納したファイルを何と呼びますか？
5. プログラムのEXEファイルの中に、関数を静的に結合することを何と呼びますか？
6. Windowsパソコンにおいて、一般的なハード・ディスクの1セクターは、何バイトですか？

いかがだったでしょうか。改めて聞かれると、簡潔に答えられない問題もあったことでしょう。参考までに、筆者の答えと解説を以下に示しておきます。

答え

1. **記憶装置にプログラムを格納し、逐次実行する方式**
2. **ディスク・キャッシュ**
3. **仮想記憶（仮想メモリー）**
4. **DLL（DLLファイル）**
5. **スタティック・リンク**
6. **512バイト**

解説

1. 現在のコンピュータのほとんどは、ストアド・プログラム方式です。
2. ディスク・キャッシュは、一度ディスクから読み出されたデータをメモリーに保存しておき、再度同じデータが読み出されるときに、ディスクではなくメモリーから高速に読み出せるようにするものです。
3. 仮想記憶によって、メモリー容量の少ないコンピュータであっても、サイズの大きなプログラムを実行できます。
4. DLLは、Dynamic Link Libraryの略です。
5. 関数を結合する方式には、スタティック・リンクとダイナミック・リンクがあります。
6. セクターは、ディスクの物理的な記憶単位です。

この章のポイント

メモリーとディスクの機能は、プログラムの命令やデータを記憶するという点で、同じだと言えます。コンピュータの5大装置[*1]の中でも、メモリーとディスクは、どちらも記憶装置に分類されます。ただし、電気的な記憶を行うメモリーと、磁気的な記憶を行うディスクには、違いがあります。同じ記憶容量で比べれば、メモリーは高速ですが高価であり、ディスクは低速ですが安価です。

皆さんが普段お使いのパソコンには、少なくとも4GB程度のメモリーと1TB程度のディスクが装備されていることでしょう。パソコンというシステムの中で、高速・小容量のメモリーと、低速・大容量のディスクが、お互いの利点を生かし合い、お互いの欠点を補い合いながら、協調して動作しているのです。この章では、メモリーとディスクの親密な関係を見てみましょう。なお、これから先の説明では、メモリーはメイン・メモリー（CPUで実行されるプログラムの命令やデータを記憶するメモリー）を指し、ディスクは主にハード・ディスクを指します。

メモリーに読み出さないと実行できない

はじめに、メモリーとディスクの関係を考えるうえで、大前提となることを説明しておきましょう。

プログラムが記憶装置に格納されていて順次読み出されて実行される、ということをご存知でしょう。これは、だれでも当たり前のことと思っている仕組みですが、ストアド・プログラム方式（プログラム内蔵方式）と呼ばれ、それが考案された時代には実に画期的なことでした。なぜなら、それ以前のプログラムは、コンピュータの配線を変えることなどでプログラムを変更していたからです。

パソコンにおける主な記憶装置は、メモリーとディスクです。ディス

＊1　入力装置、出力装置、記憶装置、演算装置、制御装置の5つを、一般的に「コンピュータの5大装置」と呼びます。

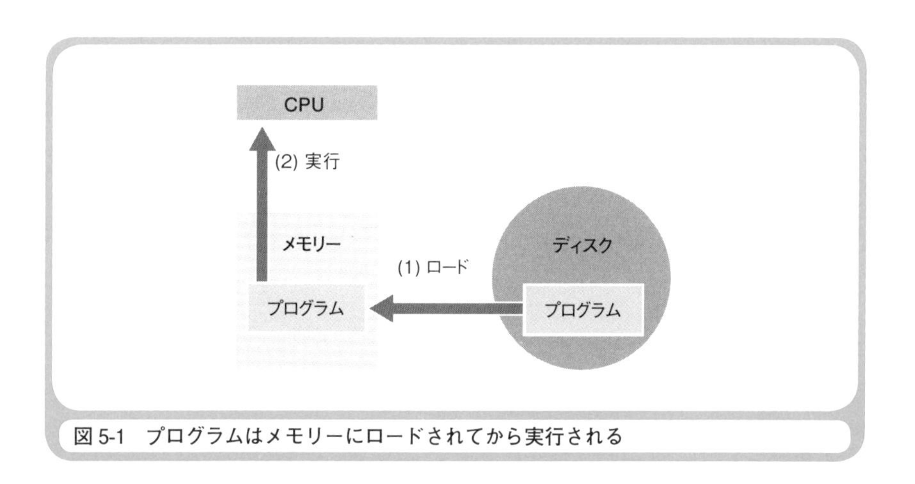

図 5-1　プログラムはメモリーにロードされてから実行される

クに記憶されたプログラムは、メモリーにロードされてから実行されます。ディスクに記憶されたままのプログラムを、そのまま実行することはできません。なぜなら、プログラムの内容を解釈して実行するCPUは、内部にあるプログラム・カウンタでメモリーのアドレスを指定し、そこからプログラムを読み出すようになっているからです[*2]。もしも、ディスクに格納されたプログラムを直接CPUが読み出して実行できたとしても、ディスクの読み出しは低速なので、プログラムの実行速度が低下してしまうでしょう。ディスクに格納されたプログラムは、メモリーにロードされてから実行されるということが、メモリーとディスクの関係を考えるうえで、大前提となります(**図5-1**)。

この大前提をベースとして、メモリーとディスクには、親密な関係がいくつかあります。それらをひとつずつ解き明かしていきましょう。

ディスク・アクセスを高速化する「ディスク・キャッシュ」

メモリーとディスクの親密な関係を示す最初の例は、「ディスク・

*2　詳細は、第1章を参照してください。

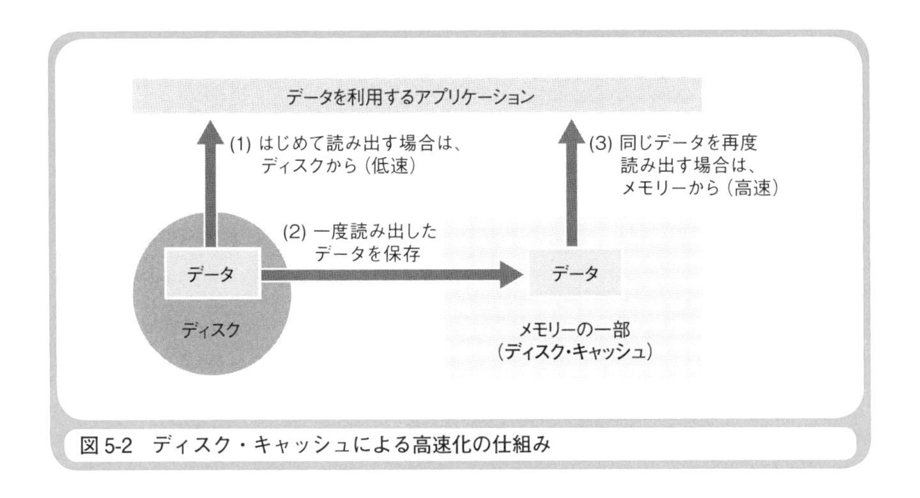

図5-2 ディスク・キャッシュによる高速化の仕組み

キャッシュ」です。ディスク・キャッシュ[*3]とは、一度ディスクから読み出されたデータを保存しておくメモリー内の領域のことです。次に同じデータが読み出されるときには、実際のディスクではなくディスク・キャッシュの内容を読み出します。ディスク・キャッシュによって、ディスクのデータのアクセス速度を向上させることができます（**図5-2**）。

Windowsは、OSとしてディスク・キャッシュの仕組みを提供しています。ただし、一般のユーザーにとってディスク・キャッシュが効果を上げていたのは、Windows 95/98の時代までです。現在では、ハード・ディスクのアクセス速度が向上したため、ディスク・キャッシュは、それほど大きな効果を上げなくなりました。

低速な装置のデータを高速な装置に保存しておいて、同じデータが必要とされる場合は高速な装置から読み出すキャッシュというアイデアは、別のところでも利用されています。一例として、Webブラウザがあります。Webブラウザは、遠く離れたWebサーバーからネットワークを経由

*3 ディスク・キャッシュのキャッシュ（cache）とは、「隠し場所」「貯蔵所」という意味です。「現金（cash）」という意味ではありません。両者は、発音は同じですが、スペルが違います。

してデータを入手して表示します。そのため、サイズの大きな画像ファイルなどを表示するには、かなり時間がかかります。そこで、Webブラウザは、一度入手したデータをディスクに保存しておいて、後から同じデータが必要となった場合には、ディスクにあるデータを表示しています。低速なネットワークのデータを、それよりは高速なディスクに保存するわけです。

ディスクをメモリーの一部として使う「仮想記憶」

メモリーとディスクの親密な関係を示す次の例は、「仮想記憶（仮想メモリー）」です。**仮想記憶**とは、ディスクの一部を仮想的にメモリーとして使うものです。ディスク・キャッシュが仮想的なディスク（実体はメモリー）であったのに対し、仮想記憶は仮想的なメモリー（実体はディスク）です。

仮想記憶によって、メモリーが不足している状態でもプログラムの実行が可能になります。たとえば、50MBのメモリー空間しか残っていない状態でも、100MBのサイズのプログラムを実行できます。ただし、冒頭でも述べたように、CPUはメモリーにロードされたプログラムだけしか実行できません。仮想記憶でディスクをメモリー代わりに使うとは言っても、実際に実行されるプログラムの部分は、その時点でメモリー上に存在しなければなりません。したがって、仮想記憶を実現するためには、実際のメモリー（**物理メモリー**または**実メモリー**と呼びます）の内容と、ディスク上の仮想メモリーの内容を部分的に置き換えながら（スワップしながら）プログラムを実行しなければならないのです。

Windowsは、OSとして仮想記憶の仕組みを提供しています。現在のWindowsでも、仮想記憶は大いに効果を上げています。仮想記憶の手法には、**ページング方式**と**セグメント方式**[*4]があります。Windowsが採用しているのは、ページング方式です。これは、実行されるプログラムを、

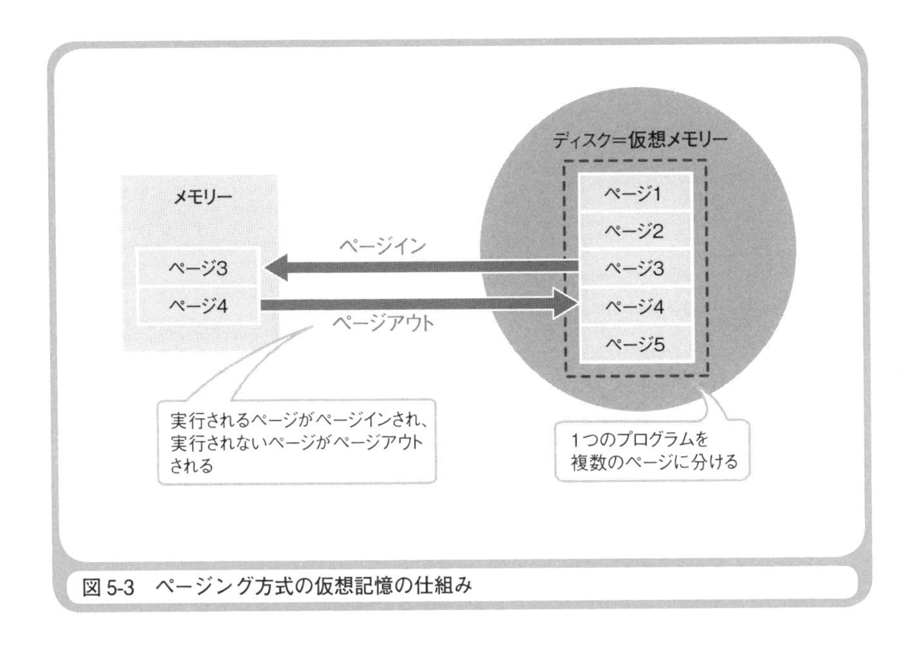

図 5-3　ページング方式の仮想記憶の仕組み

その構造に関係なく一定の大きさの「ページ」に分割し、ページ単位でメモリーとディスク間の置き換えを行う方式です。ページング方式では、ディスクの内容をメモリーに読み出すことをページインと呼び、メモリーの内容をディスクに書き込むことをページアウトと呼びます。一般的なWindowsパソコンのページ・サイズは、4KBになっています。大きなプログラムを4KBのページに切り分け、ページの単位でディスク（仮想記憶）に置いたり、メモリーに置いたりするのです（**図5-3**）。

Windowsでは、仮想記憶を実現するために、ディスク上に仮想メモリーとなるファイル（ページング・ファイル）を用意します。このファイルは、Windowsによって自動的に作成・管理されています。ファイルのサイズ

＊4　セグメント方式の仮想記憶では、実行されるプログラムを、処理やデータの集合など意味のある単位にまとめたセグメントに分割し、セグメント単位でメモリーとディスク間の置き換えを行います。

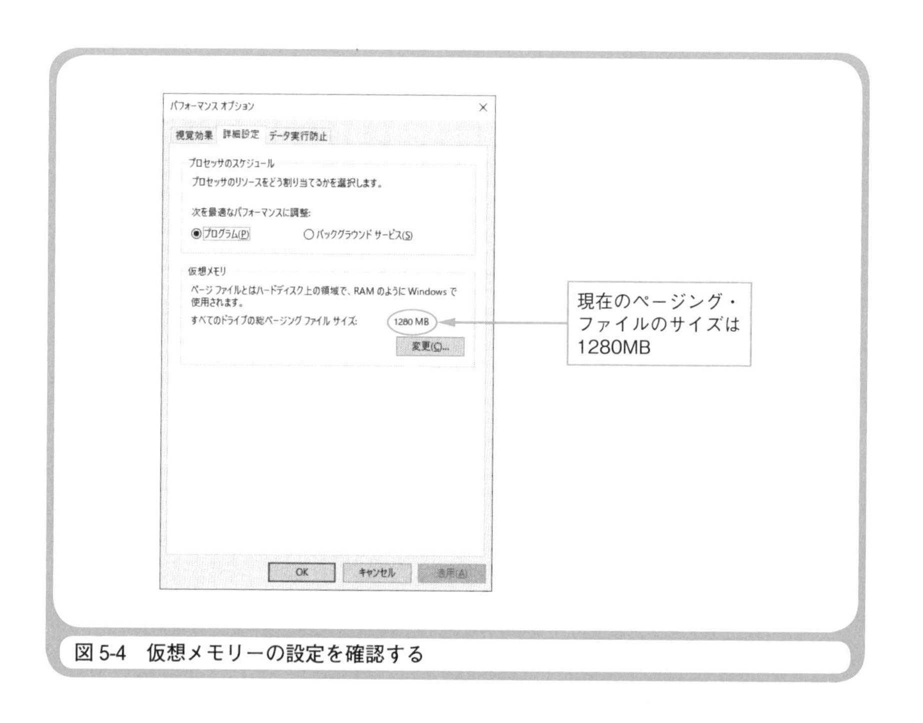

図 5-4 仮想メモリーの設定を確認する

すなわち仮想メモリーのサイズは、実メモリーと同程度～2倍程度にするのが一般的です。Windowsのコントロールパネルで、現在の仮想メモリーの設定を調べたり、設定を変更したりできます。

仮想メモリーの設定を確認してみましょう。「コントロールパネル」→「システムとセキュリティ」→「システム」→「システムの詳細設定」で表示される「システムのプロパティ」というタイトルのウインドウで、「詳細設定」タブページにある「パフォーマンス」項目の「設定」ボタンをクリックすると、「パフォーマンスオプション」というタイトルのウインドウが表示されます。このウインドウの「詳細設定」タブページに仮想メモリーとして使われているページング・ファイルのサイズが示されます。筆者のパソコンには、8GBのメモリーがあります。現在のページング・ファイルのサイズは、1280MB≒1.2GBになっています（**図5-4**）。

メモリーをディスクとして使う「SSD」

メモリーとディスクの親密な関係を示す最後の例は、SSD (Solid State Drive) です。これは、読み書きができて、かつ、電源を切っても内容が消去されない「フラッシュ・メモリー」をハード・ディスクとして使うものです。SSDの実体はメモリーなのですが、利用者からはハード・ディスクに見えます。フラッシュ・メモリーは、「USBメモリー」や「SDカード」でも使われています。

SSDには、機械的な動作をするハード・ディスクと比べて、速度が速く、消費電力が少なく、音が静かで、耐衝撃性に優れ、軽量である、というメリットがあります。ただし、SSDは、ハード・ディスクと比べて、容量あたりの価格が高価なので、大容量にできません。ノート・パソコンでは、ハード・ディスクを持たずにSSDだけを装備した機種もありますが、デスクトップ・パソコンで、SSDを使う場合は、SSDとハード・ディスクを併用するのが一般的です。

メモリーを節約するプログラミング手法

GUI (Graphical User Interface) ※5 ベースのWindowsは、巨大なOSだと言えます。Windowsの前身OSであるMS-DOSは、初期バージョンのものなら128KB程度のメモリーで動作しましたが、Windowsを快適に動作させるためには、少なくとも2GB以上のメモリーが必要でしょう。さらに、Windowsはマルチタスク機能によって、巨大なWindowsの中で、同時に複数のアプリケーションを実行できるようになっているので、2GBのメモリーでも快適な動作が望めない場合もあります。Windowsは、常にメモリー不足に悩まされるOSなのです。

※5 Windowsのように、ウインドウのメニューやアイコンを使ってビジュアルに操作できることを「GUI」と呼びます。Windowsの前身OSであるMS-DOSは、キーボードから文字で命令を入力して操作する「CUI (Character User Interface)」でした。

ディスクを使った仮想記憶によって、メモリー不足が解決されると思われるかもしれません。確かに、メモリー不足でアプリケーションが起動しない、ということは防げます。ただし、仮想記憶によって発生するページインやページアウトは、低速なディスクのアクセスを伴うので、その期間だけアプリケーションの動作が遅くなってしまいます。メモリーの容量が少ないと、アプリケーションの操作中にハード・ディスクのアクセス・ランプが点灯したままになり(この時に、頻繁にページインやページアウトが行われています)、しばらく操作できなくなってしまうことがあります。仮想記憶は、メモリー不足を解決する決定打にはならないのです。

メモリー不足を根本的に解決するためには、メモリーの容量を増やすか、実行するアプリケーションのサイズを小さくする工夫が必要になります。ここでは、アプリケーションのサイズを小さくするプログラミング手法を2つ紹介します。メモリーの容量を増やすという解決策をとるかどうかは、皆さんのお財布の中身と相談して決めてください。

(1) DLLファイルで関数を共有する

DLL (Dynamic Link Library) ファイル[*6]とは、その名前が示すとおり、プログラムの実行時にライブラリ(関数やデータの集まり)が動的(Dynamic)に結合されるものですが、それ以上に注目してほしいことがあります。それは、複数のアプリケーションが同じDLLファイルを共有できるということです。これによって、メモリーを節約できます。

たとえば、何らかの処理機能を持った関数MyFunc( )を作成したとします。この関数をアプリケーションAとアプリケーションBから利用します。それぞれのアプリケーションの実行ファイルの中に関数MyFunc( )

*6 DLLファイルについては、第8章で詳しく説明します。

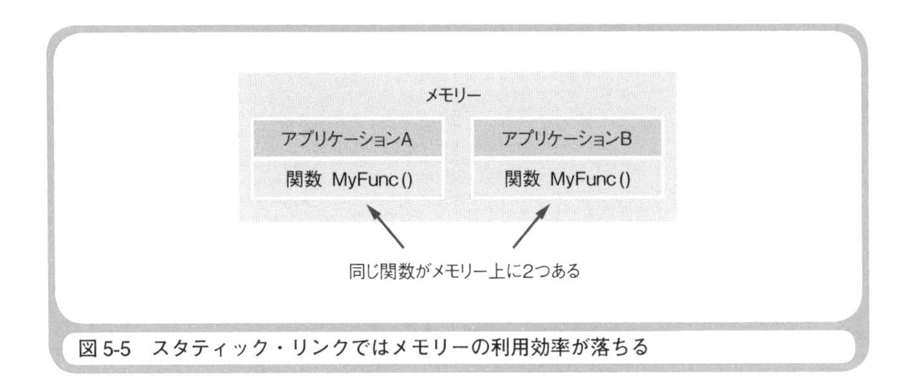

図5-5 スタティック・リンクではメモリーの利用効率が落ちる

を組み込み（これをスタティック・リンクと呼びます）、2つのアプリケーションを同時に実行すると、メモリー上に同じ関数MyFunc( )のプログラムが2つ存在することになります。これでは、メモリーの利用効率が低くなってしまいます。同じものが2つあるのは、無駄なことです（**図5-5**）。

関数MyFunc( )を、アプリケーションの実行ファイル（EXEファイル[*7]）ではなく、独立したDLLファイルとしてみましょう。同じDLLファイルの内容が、実行時に複数のアプリケーションから共有されるので、メモリー上に存在する関数MyFunc( )のプログラムは1つだけになります。これなら、メモリーの利用効率が高まります（次ページの**図5-6**）。

Windowsは、OS自体が複数のDLLファイルの集合体となっています。新しいアプリケーションをインストールする際に追加されるDLLファイルもあります。アプリケーションは、これらのDLLファイルの機能を利用して動作します。このように、多くのDLLファイルが利用されている理由のひとつは、メモリーを節約できるというメリットがあるからです。さらに、DLLファイルには、EXEファイルを変更せずにDLLファイル

*7 Windowsでは、実行可能なアプリケーションのファイル名の拡張子が「.exe」になり、これを「EXEファイル（エグゼ・ファイル）」と呼びます。exeは、executable（実行可能）の略です。一方、DLLファイルの拡張子は、「.dll」になります。

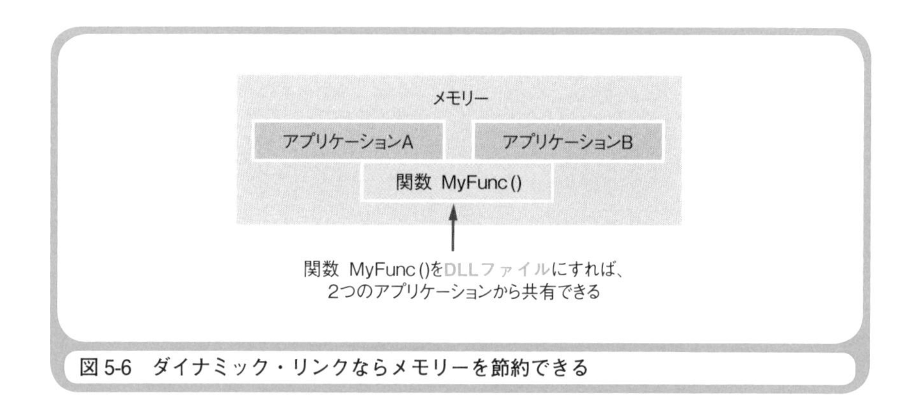

図5-6　ダイナミック・リンクならメモリーを節約できる

だけをバージョンアップできるというメリットもあります。

(2) _stdcall 呼び出しでプログラムのサイズを小さくする

_stdcall[*8]呼び出しでプログラムのサイズを小さくするという手法は、C言語でアプリケーションを作成する場合に利用できる高度な技法です。ただし、同様の考え方を他のプログラミング言語でも応用できるはずなので、覚えておいてください。

C言語では、関数を呼び出した後に、「スタックのクリーンアップ処理[*9]」を行う命令を実行する必要があります。**スタックのクリーンアップ処理**とは、関数の引数を受け渡すために使われるメモリー上のスタック領域の中から、不要となったデータを削除することです。この命令はプログラマが記述するのではなく、プログラムのコンパイル時に、コンパイラが

*8　_stdcallは、「standard call（標準呼び出し）」の略です。Windowsが提供するDLLファイル内の関数は、基本的にすべて_stdcallになっています。メモリーを節約するためです。一方、C言語で記述されたプログラム内の関数は、デフォルトで_stdcallになっていません。C言語ならではの呼び出しであり「C呼び出し」と言われます。その理由は、C言語が可変長引数（引数の個数を任意にできる）の関数に対応しているため、関数を呼び出す側でないと引数が何個かわからず、スタックのクリーンアップ処理ができないからです。ただし、C言語であっても、固定長引数（引数の個数が固定されている）の関数なら、_stdcallを指定しても問題ありません。
*9　スタックのクリーンアップ処理は第10章でも説明します。

自動的に付け加えてくれます。コンパイラのデフォルトの設定では、この処理は関数の呼び出し側に付け加えられます。

たとえば、**リスト5-1**では、関数main( )から関数MyFunc( )を呼び出しています。デフォルトの設定では、スタックのクリーンアップ処理が、関数main( )の側に付け加えられます。1つのプログラムの中では、同じ関数が何度か呼び出されることがよくあります。同じ関数なら、スタックのクリーンアップ処理の内容は同じです。その処理が、関数の呼び出し側にあるのですから、同じ処理が何度もあることになります。これは、メモリーの無駄使いです。

リスト5-1　関数呼び出しを行うC言語のプログラムの例

```
// 呼び出し側
int main()
{
    int a;
    a = MyFunc(123, 456);
}

// 呼び出される側
int MyFunc(int a, int b)
{
    . . .
}
```

スタックのクリーンアップ処理の内容は、コンパイラが生成したマシン語の実行ファイルの内容を調べればわかりますが、マシン語のままではわかりにくいので、アセンブリ言語のリストで示しましょう。リスト5-1で関数MyFunc( )を呼び出している部分をアセンブリ言語で示すと、次ページの**リスト5-2**のようになります。最後の1行の処理がスタックのクリーンアップ処理です。

リスト5-2　MyFunc()を呼び出している部分のプログラム（アセンブリ言語）

```
subl        $8, %esp            ←スタックに8バイトの領域を確保する
movl        $456, 4(%esp)       ←456という引数をスタックに格納する
movl        $123, (%esp)        ←123という引数をスタックに格納する
calll       _MyFunc             ←MyFunc()を呼び出す
addl        $8, %esp            ←スタックのクリーンアップ処理を行う
```

C言語では、スタック[*10]を使って関数の引数を渡します。subl $8, %espという命令で、espレジスタ[*11]から8を引き、int型(4バイト)の2つの引数を格納するための8バイトの領域を確保しています。その領域に、movl $456, 4(%esp)およびmovl $123, (%esp)という命令で、456および123という引数を格納しています。そして、calll _MyFuncという命令で、MyFunc関数を呼び出しています。MyFunc関数の処理が終わった後は、スタックに格納されたデータは不要です。そこで、addl $8, %espという命令で、スタックのデータ格納位置を指すespレジスタを8バイト進め(8バイト上位アドレスを指すように設定し)、データを削除します。スタックはさまざまな場面で再利用されるメモリー領域なので、使い終わったら元の状態に戻す処理が必要になります。これが、スタックのクリーンアップ処理です。なお、アセンブリ言語の構文は、第10章で詳しく説明しますので、ここでは雰囲気だけつかんでいただければOKです。

このスタックのクリーンアップ処理を、何度も呼び出される関数の側で行うようにすれば、呼び出す側で行う場合よりもプログラム全体のサイズを小さくできます。その際に使用するのが_stdcallというキーワードです。関数の前に_stdcallを置くことで、スタックのクリーンアップ処理を、呼び出された関数の側で行うように変更できます。リスト5-1のint

*10　CPUは、あらかじめスタックの仕組みを備えています。プログラムの実行時に、メモリー上にスタックとして使う領域が確保されます。

*11　CPUは、スタックに積み上げられた最上位のデータのアドレスをesp（espは32ビットのx86系CPUのスタック・ポインタの名前）に記憶しています。

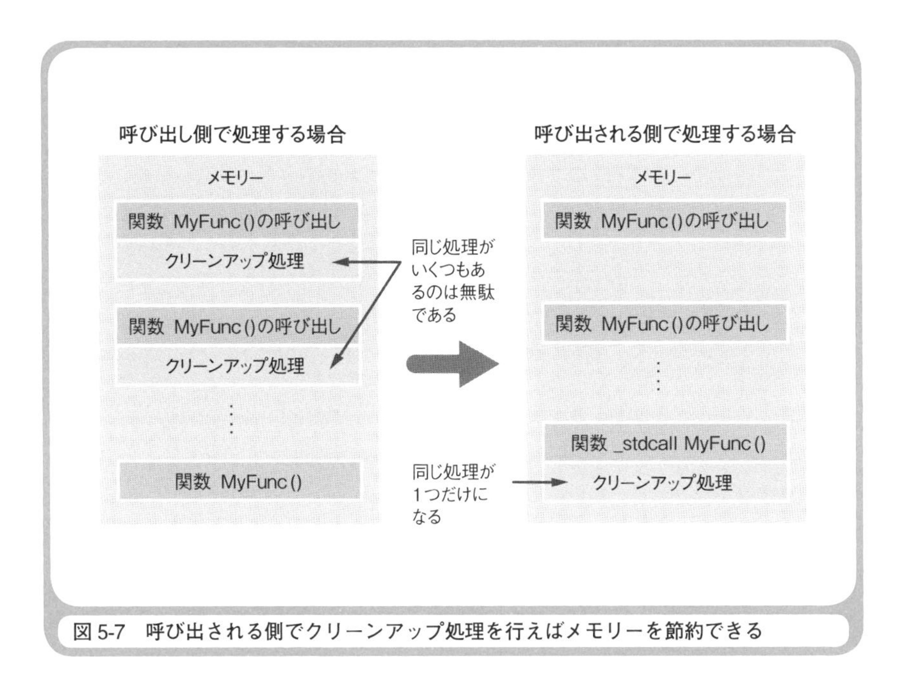

図 5-7 呼び出される側でクリーンアップ処理を行えばメモリーを節約できる

MyFunc(int a, int b)の部分を、int _stdcall MyFunc(int a,int b)として再コンパイルすると、リスト5-2のaddl $8, %espと同様の処理が、関数MyFunc( )の側で行われるようになります。これによって節約できるプログラムのサイズは、わずか3バイト(addl $8, %espは、マシン語で3バイトになります)ですが、同じ関数を何度も呼び出すプログラム全体なら効果があります(**図5-7**)。

ディスクの物理構造も見ておこう

第4章でメモリーの物理構造を説明したので、この章ではディスクの物理構造を説明しておきましょう。ディスクの物理構造とは、どのような形式でディスクにデータが記憶されているかということです。

ディスクは、その表面を物理的にいくつかの領域に区切って使います。その方法には、固定長の領域に区切るセクター方式と、可変長の領域に

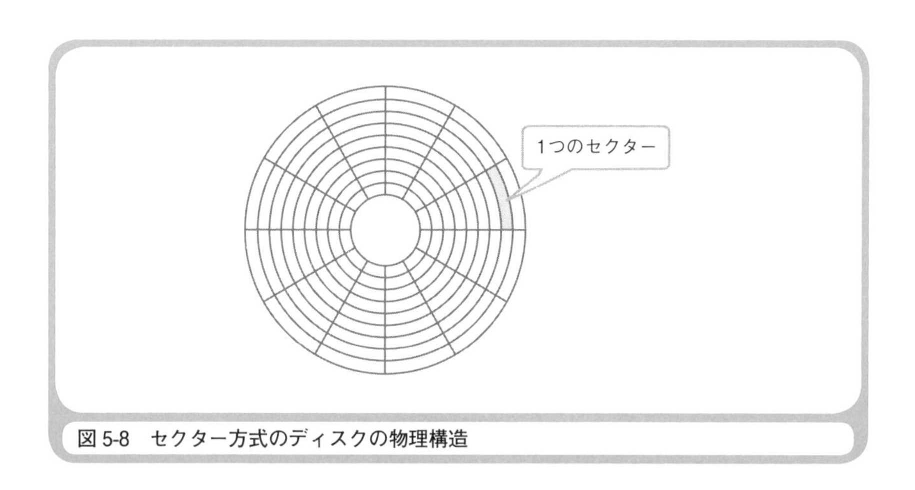

図5-8　セクター方式のディスクの物理構造

区切るバリアブル方式があります。一般的なWindowsパソコンが使っているハード・ディスクでは、セクター方式が採用されています。セクター方式では、ディスクの表面を同心円状に区切った領域をトラックと呼び、トラックを固定長サイズ（格納できるデータのサイズが同じ）に区切った領域をセクターと呼びます（**図5-8**）。

セクターが、ディスクを物理的に読み書きする最小単位となります。Windowsで使われるディスクは、1セクターを512バイトとするのが一般的です。ただし、Windowsが論理的に（ソフトウエア的に）ディスクを読み書きする単位は、セクターの整数倍のクラスタです。1クラスタのサイズは、ハード・ディスクの容量に応じて、512バイト（1クラスタ＝1セクター）、1KB（1クラスタ＝2セクター）、2KB、4KB、8KB、16KB、32KB（1クラスタ＝64セクター）まであります。ディスクの容量が大きいほど、クラスタのサイズが大きくなります。

同一のクラスタに、異なるファイルを詰めて格納することはできません。もしも、それができると、一方のファイルだけを削除できなくなってしまうからです。したがって、どんなに小さなファイルであっても1クラスタの領域を占有します。すべてのファイルは、1クラスタの整数倍のディスク領域を占有することになります。これを実験によって確かめてみましょう。

筆者のパソコンのハード・ディスクは、1クラスタ＝8セクター＝4Kバイト(4096バイト)に設定されています。したがって、どんなに小さなファイルであっても、ハード・ディスク上で4Kバイトの領域を占有するはずです。まず、メモ帳などのテキスト・エディタ[*12]を使って、半角文字の「a」を1000個入力し(コピペで入力してください)、それをsample.txtというファイル名でデスクトップに保存してください。デスクトップにあるsample.txtのアイコンを右クリックして、表示されたメニューから「プロパティ」を選択して、ファイルの情報を見てみましょう。ファイルの「サイズ」は、1000バイトなのに、「ディスク上のサイズ」が、4096バイトになっていることがわかります(**図5-9**)。

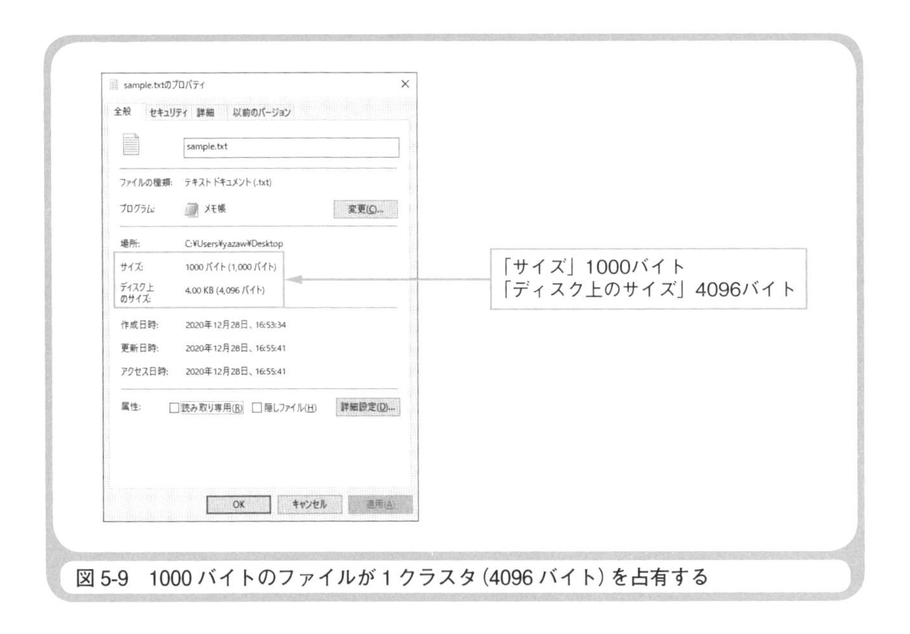

図5-9 1000バイトのファイルが1クラスタ(4096バイト)を占有する

*12 テキスト・エディタとは、文字だけを入力できる簡易ワープロのようなアプリケーションです。Windowsには、標準で「メモ帳(notepad.exe)」というテキスト・エディタが添付されています。

メモ帳で、sample.txtを開き、2000、3000、4000、4096、4097と文字数を増やし、それぞれ上書き保存して、ファイルのプロパティを見てください。半角4096文字(＝4096バイト)に達するまでは、「ディスク上のサイズ」は4096バイトのまま変わりません。4097文字になると、「ディスク上のサイズ」は一気に8192＝2クラスタ分になります(**図5-10**)。これで、ディスクへのデータの保存が、クラスタを単位としていることがおわかりいただけたでしょう。

クラスタ単位の読み書きでは、1クラスタに満たない領域が使われないままになっています。もったいないようですが、そういう仕組みになっているのだから仕方ありません。もしも、クラスタのサイズを小さくしたなら、ディスクのアクセス回数が増えることになり、結果としてファイルを読み書きする時間が遅くなってしまいます。ディスクの表面には、セクターの区切りを示す領域も必要なので、クラスタのサイズを小さく

図5-10　4097バイトになると一気に2クラスタ(8192バイト)分になる

しすぎると、ディスク全体の記憶容量が減ってしまいます。セクターやクラスタのサイズは、処理速度と記憶容量のバランスをとって決められているのです。

この章をお読みいただいたことで、メモリーとディスクの親密な関係を理解できたでしょう。最近のパソコンは、メモリーやディスクが、どんどん大容量になっていますが、それらを節約する気持ちを忘れてはいけません。優れたプログラムというものは、実行速度が速いだけでなく、そのサイズが小さいものです。プログラマはプログラムを小さくするよう、常に心掛けてください。

＊　＊　＊

次の章では、画像ファイルのデータ形式や、ファイルを圧縮する仕組みなどを説明します。

第6章

自分でデータを圧縮してみよう

ウォーミングアップ

本題に入る前に、ウォーミングアップとしてクイズを出題させていただきます。きちんと説明できるかどうか試してみてください。

1. ファイルにデータが記憶される基本単位は、何でしょうか？
2. doc、zip、txtの中で、圧縮ファイルの拡張子であるものは、どれでしょうか？
3. ファイルの内容を「データの値×繰り返し回数」で表すことで圧縮する技法は、ランレングス法とハフマン法のどちらでしょうか？
4. Windowsパソコンでよく使われるシフトJISコードという文字コードでは、半角英数の1文字を何バイトのデータで表すでしょうか？
5. BMP（ビットマップ）形式の画像ファイルは、圧縮されているでしょうか？
6. 可逆圧縮と非可逆圧縮の違いは、何でしょうか？

いかがだったでしょうか。改めて聞かれると、簡潔に答えられない問題もあったことでしょう。参考までに、筆者の答えと解説を以下に示しておきます。

答え

1. 1バイト(8ビット)
2. zip
3. ランレングス法
4. 1バイト(8ビット)
5. 圧縮されていない
6. 圧縮されたデータを元通りに戻せるのが可逆圧縮、元通りに戻せないのが非可逆圧縮

解説

1. ファイルは、バイト・データの集合体です。
2. zipは、Windowsが標準で対応している圧縮ファイルの拡張子です。
3. たとえば、「AAABB」というデータを「A3B2」に圧縮します。
4. 半角英数記号の文字を1バイトで表し、漢字などの全角文字を2バイトで表します。
5. BMP形式の画像ファイルは圧縮されていないので、PNG形式などの圧縮された画像ファイルに比べて、サイズが大きくなります。
6. 写真のように、人間の目で見て違和感がない程度に戻せればよいデータには、非可逆圧縮が使われることがあります。

これまで、ヘビーな話が続いてきましたので、この章で、ちょっとコーヒーブレイクにしましょう。どうぞ軽い気持ちでお読みください。テーマは、ファイルの圧縮です。

皆さんは、何らかの圧縮ファイルを使ったことがあるでしょう。Windowsでよく使われる圧縮ファイルの拡張子は、zip[*1]になっています。大きなファイルを電子メールに添付する場合に、ファイルを圧縮します。デジタルカメラで撮影した画像をコンピュータに保存する場合には、知らず知らずのうちにJPEGなどの圧縮形式が使われていることもあります。ところで、どうしてファイルを圧縮できるのでしょうか。よくよく考えてみれば、不思議なことですね。ファイルを圧縮する仕組みを見てみましょう。

ファイルにはバイト単位で記録する

ファイルを圧縮する仕組みを説明する前に、ファイルに格納されるデータの形式を知っておいてください。ファイルとは、ディスクなどの記憶媒体にデータを格納したものです。プログラムによってファイルに格納されるデータの単位は、バイトです。ファイルのサイズが、○○KBや○○MBなどで表されるのは、バイト(B＝Byte)を単位としているからです[*2]。

ファイルは、バイト・データの集まりということになります。1バイト(＝8ビット)で表せるバイト・データは、256種類あり、2進数で表現すると00000000～11111111の範囲になります。ファイルに格納された個々のデータが、文字を意味しているなら文書ファイルとなり、グラフィックスのパターンを意味しているなら画像ファイルとなります。いずれにしても、ファイルの中には、バイト・データが連続的に格納され

＊1　zipは、Windowsの標準機能や、7-Zipなどのツールで圧縮されたファイルを表す拡張子です。この圧縮形式をZIP形式と呼ぶこともあります。

＊2　第5章で説明したように、物理的にディスクを読み書きするサイズはセクター(512バイト)単位ですが、プログラムからは論理的にファイルの内容を1バイト単位で読み書きできます。

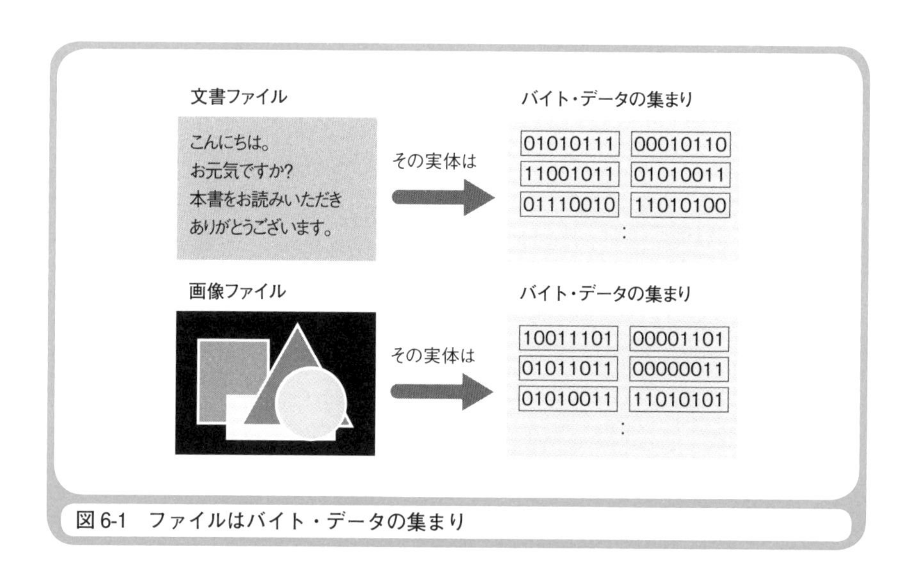

図6-1 ファイルはバイト・データの集まり

ているというイメージを持ってください(**図6-1**)。

ランレングス法の仕組み

それでは、いよいよファイルを圧縮する仕組みの説明を始めます。ここでは、「AAAAAABBCDDEEEEEF」という半角のアルファベット17文字を格納したファイル(文書ファイル)を圧縮してみることにします。意味不明な内容のファイルですが、圧縮の仕組みを説明するには好都合なので、お許しください。

半角のアルファベットは、1文字が1バイトのデータとしてファイルに格納されています。したがって、このファイルのサイズは17バイトです。どうやったらファイルを圧縮できるか、まずは皆さん自身でしばらく考えてみてください。どんな手法でもかまいません。とにかくファイルのサイズを17バイトより小さくできればよいのです。

たぶん、皆さんが考えついた方法は、ファイルの内容を「文字×繰り返し回数」とすることでしょう。「AAAAAABBCDDEEEEEF」というデー

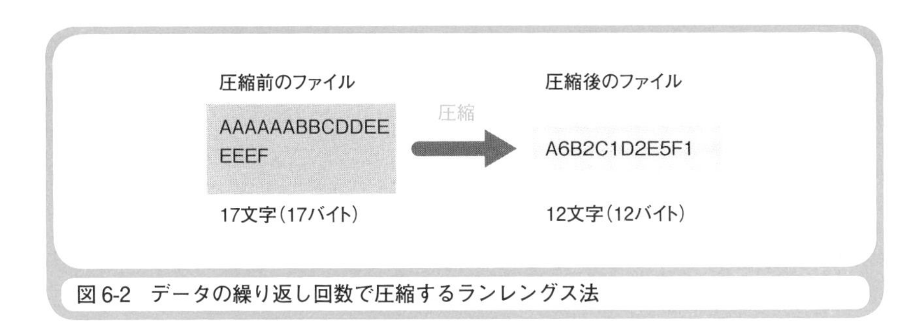

図6-2　データの繰り返し回数で圧縮するランレングス法

タを見ると、同じ文字が何度か続いている部分があることがわかりますね。文字の後ろに繰り返し回数を置けば、「AAAAAABBCDDEEEEEF」を「A6B2C1D2E5F1」と表せます。「A6B2C1D2E5F1」は、12文字すなわち12バイトですから、元のファイルを12バイト÷17バイト≒70％に圧縮できたことになります。圧縮成功です！

このように、ファイルの内容を「データ×繰り返し回数」で表すことにより圧縮する方法を**ランレングス法**（Run Length Encoding）と呼びます（**図6-2**）。ランレングス法は、立派な圧縮技法のひとつであり、FAX（ファクシミリ）の画像圧縮などに用いられています※3。

ランレングス法の欠点

ところが実際の文書ファイルでは、同じ文字が何度も続いている部分が滅多にありません。ランレングス法は、同じデータが続いている場合が多い画像ファイルで効果を発揮しますが、文書ファイルの圧縮には、向いていません。ただし、圧縮の仕組みがシンプルなので、ランレング

※3　ランレングス法は、FAXで利用されています。G3と呼ばれる規格のFAXでは、文字も図形もモノクロの画像として送られます。モノクロ画像のデータは、白と黒が交互に繰り返されたものなので、データの値（白か黒か）を送る必要がありません。繰り返し回数だけを送ればよいので、より一層効率的に圧縮できます。たとえば、白が5回、黒が7回、白が4回、黒が6回という画像の部分は、5746という繰り返し回数だけに圧縮できます。

表6-1　ランレングス法による各種のファイルの圧縮結果

ファイルの種類	圧縮前のサイズ	圧縮後のサイズ	圧縮率
文書ファイル	109,341バイト	214,692バイト	196%
画像ファイル	119,846バイト	16,532バイト	14%
EXEファイル	112,128バイト	193,866バイト	173%

ス法を使ったプログラムは容易に作成できます。筆者が独自に作成したランレングス法のプログラム[*4]で、手元にあるいろいろな種類のファイルを圧縮した結果を**表6-1**に示しておきます。

表6-1を見ると、文書ファイルでは、圧縮後のサイズが大きくなってしまったことがわかります。196%ですから、圧縮前のサイズの約2倍です。これは、同じ文字が何度も続いている部分がほとんどなかったからです。たとえば、「This is a pen.」という14文字を格納した文書ファイルをランレングス法で圧縮すると、「T1h1i1s1 1i1s1 1a1 1p1e1n1.1」の28文字すなわち圧縮前の2倍になります。一般的な文章には滅多に連続した文字がないのですから、ほとんどの文字の後ろに「1」が付き、ファイルのサイズが約2倍になるのは当然です。

文書ファイルとは異なり、画像ファイル（モノクロのBMPファイル）の圧縮率[*5]は、14%にも達しています。これは、白または黒を表すデータが何度も続いている部分が多いからです。プログラムのEXEファイルの圧縮率が、文書ファイルほどではありませんが、173%（1.73倍）になっているのは、プログラムの命令を表すバイト・データには、同じデータが何度も続いている部分が少ししかなかったからです。

*4　これは、ファイルの内容を1バイトずつ読み込み、それを「データの値」「繰り返し回数」という内容の圧縮ファイルにするプログラムです。
*5　圧縮後と圧縮前のファイル・サイズの比率を、「圧縮率」や「圧縮比」と呼びます。

モールス符号にハフマン法の基礎を見た

圧縮技法には、さまざまな種類があります。ここでは、2つ目の圧縮技法として、「ハフマン法」を紹介しましょう。ハフマン法は、1952年にハフマン（D. A. Huffman）によって考案されました。ZIP形式[※6]も、ハフマン法を応用して圧縮を実現しています。

ハフマン法を理解するためには、まず、「半角英数記号の1文字が、1バイト（8ビット）のデータである」という概念を捨て去ってください。文書ファイルは、さまざまな種類の文字から成り立っていますが、それぞれの文字が登場する回数は異なります。たとえば、1つの文書ファイルの中に、「A」は100回使われているけれど、「Q」は3回しか使われていない、というのが一般的です。「何回も使われているデータは8ビットより少ないビット数で表し、あまり使われていないデータを表すには8ビットを超えてもかまわない」という考え方が、ハフマン法による圧縮のポイントです。「A」と「Q」をどちらも8ビットで表せば、元のサイズは100回×8ビット＋3回×8ビット＝824ビットですが、仮に「A」を2ビット、「Q」を10ビットで表せば、圧縮後のサイズは100回×2ビット＋3回×10ビット＝230ビットになります。

ただし、8ビットに満たないデータや、8ビットを超えるデータがあっても、最終的には、8ビット単位にまとめてファイルに格納されることになります。ディスクが1バイトを単位として記憶することまで変えられないからです（次ページの**図6-3**）。この処理を実現するためには、圧縮プログラムの内容がかなり複雑になりますが、その見返りとして、かなり高い圧縮率が得られます。

話がちょっと横道にそれるように思われるかもしれませんが、ハフマン法を理解していただくために、モールス符号の説明をしておきます。

※6　ZIP形式は、ハフマン法と辞書（データ列の規則性を表現したもの）を使って実現されています。

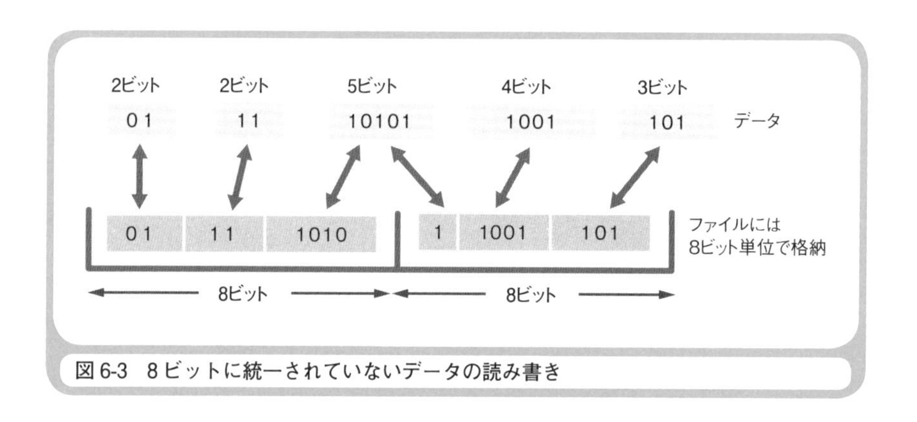

図6-3　8ビットに統一されていないデータの読み書き

モールス符号は、1837年にモールス（Samuel F.B. Morse）によって考案されました。モールス符号とは、言葉ではなく、「トン・ツー・トン・ツー」という短点と長点の組み合わせで文書の情報を伝えるものです。皆さんも、映画やTVドラマなどでモールス符号を送る装置を見たことがあるでしょう。

さて、ここからが肝心です。デジタルな世界に慣れ親しんでいる皆さんなら「モールス信号では、短点を0、長点を1として1文字を8ビットで表しているのだろう」などと考えるかもしれませんが、実際のモールス信号では、文字の種類によって符号の長さが異なるのです。**表6-2**に、モールス信号の例を示します。1が短点（トン）を、１１ が長点（ツー）を表していると考えてください。

アルファベットを表すモールス符号では、一般的な文書の中で出現頻度が多い文字ほど短い符号にしています。この出現頻度は、出版物などの文章を統計的に調べて求めたのではなく、印刷業者が使っている活字の本数から決めたものです。表6-2に示したように、短点を表すビット列を1、長点を11とすれば、E（トン）という文字のデータは「1」の1ビットで表され、C（ツー・トン・ツー・トン）という文字のデータは「110101101」の9ビットで表せます。ここでは、短点と長点の間に区切

表6-2 モールス符号とビット長

文字	ビット列の割り当て	ビット長
A	1 0 1 1	4ビット
B	1 1 0 1 0 1 0 1	8ビット
C	1 1 0 1 0 1 1 0 1	9ビット
D	1 1 0 1 0 1	6ビット
E	1	1ビット
F	1 0 1 0 1 1 0 1	8ビット
文字間	0 0	2ビット

1：短点、1 1：長点、0：短点と長点の区切り

り文字0を入れていますが、実際のモールス符号では、短点の長さを1とすると、長点の長さは3に、短点や長点の間隔は1になっています。この長さとは、音の長さのことです。モールス符号を使って、先ほどと同じ「AAAAAABBCDDEEEEEF」という17文字の文書を表してみましょう。モールス符号では、個々の文字の間に区切りを置きます。ここでは、文字の区切りを00で表すことにします。したがって、「AAAAAABBCDDEEEEEF」という文書は、A×6回＋B×2回＋C×1回＋D×2回＋E×5回＋F×1回＋文字の区切り×16回＝4ビット×6回＋8ビット×2回＋9ビット×1回＋6ビット×2回＋1ビット×5回＋8ビット×1回＋2ビット×16回＝106ビット≒14バイトとなります。ファイルにはバイト単位でしかデータを格納できないので、1バイトに満たない部分は切り上げます。すべての文字を1文字＝1バイト（8ビット）として表すと17文字＝17バイトになるので、モールス符号による圧縮率は、14÷17≒82％ということになります。まあまあの圧縮率でしょう。

ハフマン符号は木を用いて作る

モールス符号は、一般的な文書における出現頻度で、個々の文字を表

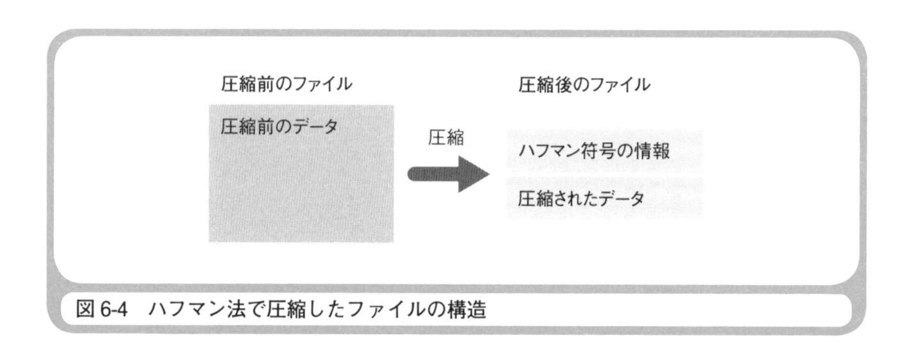

図6-4　ハフマン法で圧縮したファイルの構造

す符号のデータ長を決めています。ただし、この符号体系は、「AAAAAABBCDDEEEEEF」のような特殊な文書にとって最適なものではないはずです。モールス符号では、Eのデータ長が最も短くなっていましたが、「AAAAAABBCDDEEEEEF」という文書では、最も出現頻度の多い文字はAです。したがって、Aに最も短いデータ長の符号を割り当てるべきです。そのほうが、圧縮率が高くなるからです。

ここからが、ハフマン法の説明になります。ハフマン法では、圧縮対象となるファイルごとに最適な符号体系を構築し、それを基にして圧縮を行うのです。したがって、何というデータに何という符号(これを「ハフマン符号」と呼びます)を割り当てるのかは、ファイルごとに異なります。ハフマン法によって圧縮されたファイルには、ハフマン符号の情報と圧縮されたデータの両方が格納されます(**図6-4**)。

「AAAAAABBCDDEEEEEF」という文書の中で使われているA～Fの文字を「出現頻度の多いものを少ないビット数の符号で表現する」ことに挑戦してみましょう。出現頻度の多い順にこれらの文字を整理してみると、**表6-3**のようになります。ここでは、符号の案も示しています。

表6-3における符号(案)は、出現頻度が多いものから1ビット、2ビットと順にビット数を増やしていくというものです。ところが、この符号体系には問題があります。それは、たとえば「100」という3ビットの符

表6-3　出現頻度と符号（案）

文字	出現頻度	符号（案）	ビット数
A	6	0	1
E	5	1	1
B	2	10	2
D	2	11	2
C	1	100	3
F	1	101	3

号が、「1」「0」「0」の3つで「E」「A」「A」を表しているのか、「10」「0」の2つで「B」「A」を表しているのか、それとも「100」全体で「C」を表しているのか、区別できないということです。したがって、この符号（案）は文字を区切る符号を入れないと使いものになりません。

ハフマン法では、ハフマン木を使って符号体系を構築することで、文字を区切る符号なしで確実に区別できる符号体系を実現します。ハフマン木を使えば、個々の文字を表すビット数が異なっていても、区切りのわかる符号を作成できるのです。ハフマン木の作成方法を理解できれば、それをプログラムとして作成し、ハフマン法によるファイルの圧縮を実現できます。ただし、ランレングス法と比べて、プログラムの内容は、かなり複雑になります。

ハフマン木の作成方法を説明しましょう。自然界の木は根から枝や葉が生えるものですが、ハフマン木は、末端の葉から枝が生え、最後に根ができます。次ページの**図6-5**は、「AAAAAABBCDDEEEEEF」を符号化するためのハフマン木の作成手順を示したものです。皆さんも、紙の上で実際に試してみてください。1回やってみれば、作成手順を理解できるはずです。

手順1：データと出現頻度を並べます。
ここでは、( )の中に出現頻度を示しています。

出現頻度	(6)	(5)	(2)	(2)	(1)	(1)
データ	A	E	B	D	C	F

手順2：出現頻度の少ない方から2つを選び、枝を伸ばした上段に数値の合計を書きます。選択肢が複数ある場合は、どれを選んでもかまいません。

					(2)	
出現頻度	(6)	(5)	(2)	(2)	(1)	(1)
文字	A	E	B	D	C	F

手順3：手順2と同様の手順を繰り返します。どの位置にある数値を結んでもかまいません。

			(4)		(2)	
出現頻度	(6)	(5)	(2)	(2)	(1)	(1)
文字	A	E	B	D	C	F

手順4：最終的に根となる数値が1つになったら、ハフマン木の完成です。根から末端の葉に向かって、左にある枝に0を書き、右にある枝に1と書いていきます。根から枝をたどって目的の文字に到達したとき、通過した枝の0または1を順に上位桁から並べたものがハフマン符号となります。

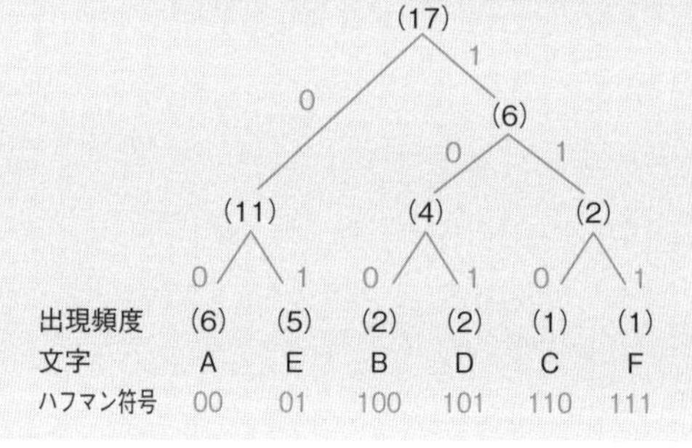

図6-5　ハフマン木による符号化手順

ハフマン法で圧縮率が大幅に向上

ハフマン木を使うと、出現頻度が多いデータほど少ないビット数で表され、データの区切りがわかる符号を確実に作成することができます。なぜだか、おわかりでしょうか。

「出現頻度の少ないデータから枝で結んでいく」という符号化の手順は、出現頻度の少ないデータが根にたどり着くまでの枝の数を多くすることを意味します。枝の数が多ければ、ビット数の多い符号になるというわけです。

ハフマン法で圧縮されたファイルから読み出したデータを先頭からビット単位で調べ、ハフマン木と比べながら目的の符号にたどり着けたら、そこがデータの区切りとなるわけです。たとえば、図6-5に示したハフマン符号を使った「10001」という5ビットのデータなら、「100」までデータをたどってBという文字を表していることがわかります。ここまでで1文字です。残りの「01」をハフマン木でたどると、Eという文字を表していることがわかります。

ハフマン法による圧縮率を見てみましょう。「AAAAAABBCDDEEEEEF」を図6-5で得られたハフマン符号で表すと「0000000000001001001101011010101010101111」の40ビット＝5バイトとなります（ハイフン符号の情報のサイズを含めない場合）。圧縮前のデータは17文字＝17バイトですから、驚くことに、5バイト÷17バイト≒29％という高い圧縮率が得られています。

参考までに、前出の表6-1に示したものと同じファイルを、ハフマン法を応用しているZIP形式で圧縮した結果を、次ページの**表6-4**に示しておきます。どの種類のファイルでも、素晴らしい圧縮率が得られていますね。

表 6-4　ZIP 形式による各種ファイルの圧縮結果

ファイルの種類	圧縮前のサイズ	圧縮後のサイズ	圧縮率
文書ファイル	109,341 バイト	31,371 バイト	29%
画像ファイル	119,846 バイト	5,425 バイト	5%
EXE ファイル	112,128 バイト	63,722 バイト	57%

可逆圧縮と非可逆圧縮

最後に、画像ファイルのデータ形式を説明しておきましょう。画像ファイルの使用目的は、画像データをディスプレイやプリンタなどに出力することです。Windowsの標準画像データ形式であるBMP[*7]形式では、まったく圧縮が行われていません。そもそも、ディスプレイやプリンタが出力するビット（点）に、そのままマッピング（mapping、対応付け）できるので、ビットマップ（BMP＝bitmap）と呼ばれるのです。

BMP形式以外にも、画像データにはさまざまな形式があります。JPEG[*8]形式、GIF[*9]形式、PNG[*10]形式などです。BMP形式以外の多くの画像データは、何らかの手法を使ってデータを圧縮しています。

画像ファイルの場合には、いままでに説明してきたランレングス法やハフマン法とは異なる圧縮技法を使うこともできます。その理由は、圧縮後の画像ファイルを圧縮前の品質に戻す必要がない場合が多いからです。プログラムのEXEファイルや、個々の文字、数値に意味がある文章ファイルなら、圧縮前と同じ内容に戻せなければなりませんが、画像ファイルでは圧縮前の鮮明な画像に戻せなくても、人間の目で見て違和感が

＊7　BMP（Bitmap）は、Windowsに付属した「ペイント」などを使って作成される画像データ形式です。
＊8　JPEG（Joint Photographic Experts Group）は、デジタルカメラでよく利用されている画像データ形式です。
＊9　GIF（Graphics Interchange Format）は、Webページのロゴやボタンなどでよく利用されている画像データ形式です。色数が最大256色という制限があります。
＊10　PNG（Portable Network Graphics）は、GIFに代わってWebページで使われることを目的に開発された画像データ形式です。GIFより多くの色を表現できます。

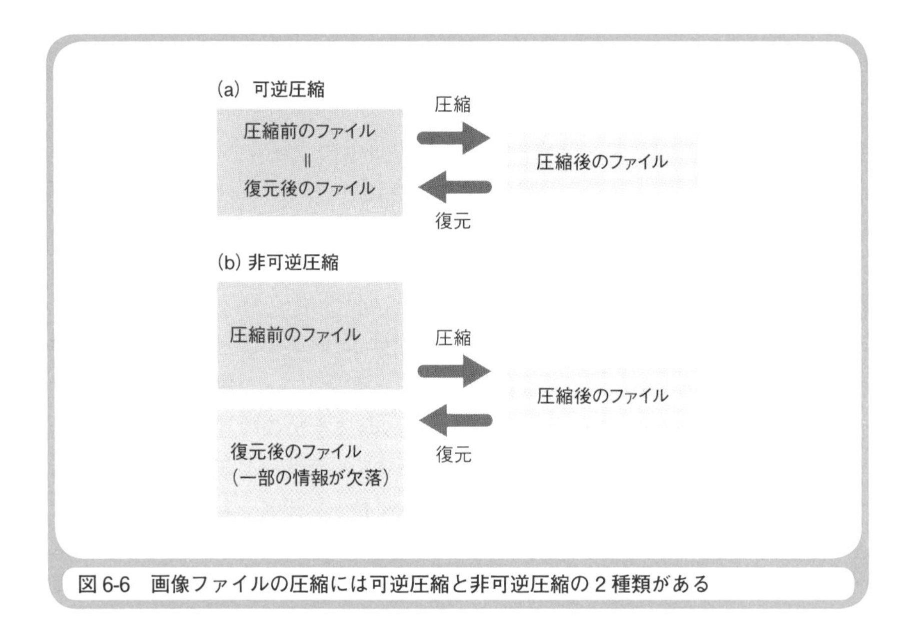

図6-6　画像ファイルの圧縮には可逆圧縮と非可逆圧縮の2種類がある

なければ、若干ぼやけていてもよいことがあります。圧縮前の状態に戻せることを可逆圧縮と呼び、圧縮前の状態に戻せないことを非可逆圧縮と呼ぶことを覚えておいてください（**図6-6**）。

次ページの**図6-7**に、さまざまな形式の画像ファイルのサンプルを示しておきます。オリジナルの画像ファイルは、BMP形式（24ビット・ビットマップ）で作成したものです。JPEG形式とGIF形式のファイルでは、オリジナルの画像と比べて、品質が低下していることがわかるでしょう。JPEG形式[*11]のファイルは、非可逆圧縮なので、情報が一部欠落して画像がぼやけます。GIF形式のファイルは、可逆圧縮ですが色数が最大256色という制限があるので、色情報が一部欠落して画像が荒くなることがあります。PNG形式のファイルは、可逆圧縮であり、BMP形式と同じ色数を表現できるので、画像がぼやけません。

圧縮技法の種類は、10や20はザラにあります。多くの圧縮技法が存在

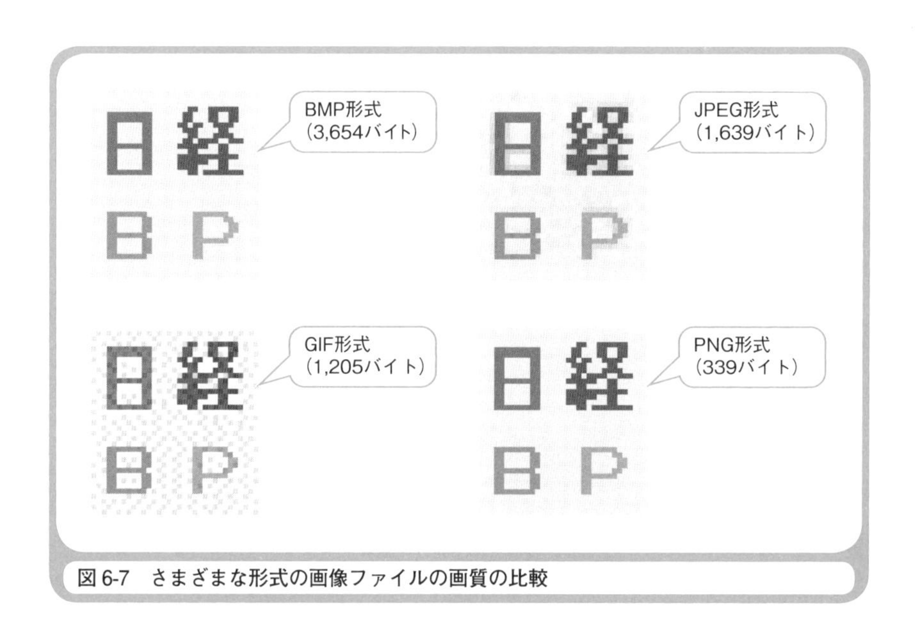

図 6-7　さまざまな形式の画像ファイルの画質の比較

する理由は、圧縮率だけでなく、圧縮に要する処理時間(プログラムの複雑さ)、どのようなファイルに向くかなどがさまざまだからです。「これが万能で最高の圧縮技法だ！」というものは、まだ考案されていません。皆さんにも、一攫千金のチャンスがあります。オリジナルの圧縮技法を

＊11　デジタルカメラでよく利用されるJPEGファイルでは、以下の3つの手順で圧縮を行います。
(1) 画像を構成するドットの色情報を、RGB(赤の濃度、緑の濃度、青の濃度)からYCbCr(輝度、青との差、赤との差)という表現に変えます。人間の目は、輝度の変化には敏感ですが、色の変化には鈍感です。したがって、輝度を表すYは重要でも、色を表すCbとCrはそれほど重要でありません。そこで、CbとCrの情報を1ドットごとに間引いてしまいます。これで、画像データが小さくなります。
(2) 個々のドットの色の変化を信号の変化、すなわち波のようなものだと考え、フーリエ変換します。フーリエ変換とは、波をいくつかの周波数成分に分解することです。写真の画像は、低周波成分(なだらかな色の変化)が多く、高周波成分(急激な色の変化)が少ないという特徴があります。そこで、高周波成分をカットしてしまいます。これで、さらに画像データが小さくなります。高周波成分をカットしても、人間の目にはほとんど変わらない写真に見えます。ただし、Windowsのペイントで作成したような単純な図形データでは、色が急激に変わる部分がぼやけます。Windowsのペイントを使って円や四角形の絵を描いて、JPEG形式で保存してみましょう。色が急激に変わる図形の輪郭部分がぼやけることがわかるはずです。
(3) すでに小さくなった画像データをハフマン法で圧縮します。これで、さらに画像データが小さくなります。

考えてみてはいかがでしょう。ただし、文書ファイルの非可逆圧縮なんていうのは、ダメですよ。理由はわかりますね！

＊　　　　＊　　　　＊

次の章では、テーマを本来の「プログラムはなぜ動くのか」に戻し、プログラムの動作環境について説明します。

ゲームに夢中な中学生にメモリーとディスクを説明する

筆者：いま欲しいものって何かな？

中学生：何たってゲームだね。

筆者：どんなゲーム機を持ってるの？

中学生：Nintendo Switchとプレステだよ。

筆者：（しめた！メモリーとディスクの説明ができるぞ）そうか、そうか。ところで、Nintendo Switchはゲームカードを使っていて、プレステは光ディスクを使っているよね。ゲームカードと光ディスクって何が違うかわかる？

中学生：光ディスクの方が、データがいっぱい入るので、絵とか音が凄いってことかな。

筆者：そのとおり！そのとおり！いいかい、Nintendo Switchもプレステもコンピュータの一種なんだ。パソコンは、ゲームだけでなく、ワープロやインターネットなんかもできちゃうコンピュータなんだけど、ゲーム専用のコンピュータが、Nintendo Switchやプレステというわけだ。

中学生：そんなこと知ってるよ。

筆者：コンピュータはソフトを動かす機械で、そのソフトがゲームカードや光ディスクに入っているのはわかるよね？

中学生：わかるよ。

筆者：光ディスクはレコードみたいなものだから、その表面のデコボコみたいなものでソフトを記憶しているのも何となくわかるよね。それじゃゲームカードの中がどうなっているか知ってるかな？

中学生：簡単じゃん。メモリーが入っているんだよ。

筆者：すご～い、正解！じゃメモリーには、どうやってソフトを記憶してるかわかる？

中学生：…

筆者：電気の有る無しで記憶しているんだよ。電気が有るがデコで、無しがボコだと思えばいい。

中学生：それじゃあ、なんで光ディスクの方にデータがいっぱい入るの？

筆者：（げっ、これは難問だ…何か上手い答え方は…そうだ！）ゲームカードだってメモリーをたくさん使えばデータがいっぱい入るよ。だけど、それじゃ、1つのゲームカードが数万円になっちゃうだろうね。
中学生：数万円じゃ、ちょっと買えないなぁ。
筆者：そうだろう。それだから、データの多いソフトは、安く作れる光ディスクに記憶されているんだよ。ただし、光ディスクに記憶されたソフトは、ゲーム機の中にあるメモリーにコピーされてから動くんだ。
中学生：それじゃ、結局メモリーを使っているじゃないか。
筆者：そうなんだけど、ゲーム機の中にあるメモリーには、少ししかデータが入んないんだ。それで、光ディスクに記憶されたソフトを部分的にメモリーにコピーしながらゲームを動かしているんだ。
中学生：それって、ロードするってことだよね。
筆者：そのとおり！つまり、君に説明したかったことは、コンピュータがデータを記憶する手段には、光ディスクやハード・ディスクなどのディスクと呼ばれるものと、メモリーの2種類があるってことなんだ。そして、現状では、ディスクの方がメモリーより安いってこと。
中学生：だったら、全部のゲームをディスクにしちゃえばいいじゃん。
筆者：それでもいいけど、ゲームをコンピュータで動かすには、結局メモリーにコピーしなくちゃならないんだ。さっき説明したよね。

中学生：ゲームカードの中のデータもメモリーにコピーされているの？
筆者：いいや。ゲームカードの場合は、ゲーム機本体のメモリーを部分的に入れ替えちゃうようなものだから、別のメモリーにデータをコピーする必要はないよ。データをメモリーにコピーする必要があるのは、ディスクの場合だけさ。
中学生：なるほどね。
筆者：本当にわかったのかい？
中学生：わかったよ。
筆者：本当かい？
中学生：本当だよ。さーてと、ゲームの続きをしなくちゃ。
筆者：ところで、前にゲームをしたときのデータが、どこに記憶されているかわかる？
中学生：その話は、もういいよ。
筆者：お〜い、待って！
中学生：バイバ〜イ。

第7章

プログラムはどんな環境で動くのか

ウォーミングアップ

本題に入る前に、ウォーミングアップとしてクイズを出題させていただきます。きちんと説明できるかどうか試してみてください。

1. アプリケーションの動作環境は、何で示されますか？
2. Windows用アプリケーションは、そのままmacOS上で動作するでしょうか？
3. Windowsパソコン（PC/AT互換機）に、Windows以外のOSをインストールできますか？
4. Java仮想マシンの役割は、何ですか？
5. クラウドの分類のSaaS、PaaS、IaaSの中で、仮想的なハードウエアを提供するものはどれですか？
6. ブート・ストラップ・ローダーの役割は何ですか？

いかがだったでしょうか。改めて聞かれると、簡潔に答えられない問題もあったことでしょう。参考までに、筆者の答えと解説を以下に示しておきます。

答え

1. OSとハードウエア
2. そのままでは動作しない
3. できる
4. バイトコードとなったJavaアプリケーションを実行すること
5. IaaS
6. OSを起動すること

解説

1. 一般的にアプリケーションの動作環境は、OSの種類と、ハードウエア（CPUやメモリーなど）のスペックで示されます。
2. アプリケーションは、特定のOS上で動作するように作られています。
3. Windowsパソコン（PC/AT互換機）には、UbuntuやRHEL（Red Hat Enterprise Linux）などのLinuxディストリビューションをインストールできます。
4. 環境ごとに専用のJava仮想マシンを用意すれば、同じバイトコードをさまざまな環境で動作させられます。
5. SaaSはアプリケーションを提供し、PaaSはOSを提供し、IaaSはハードウエアを提供します。
6. コンピュータ本体のROMに記憶されたBIOSというプログラムによってブート・ストラップ・ローダーが起動され、ブート・ストラップ・ローダーによってハード・ディスクなどに記憶されたOSが起動されます。

プログラムというものは、同じものが多くのユーザーに使われることによって、大きな価値を産み出します。たくさん売れればもうかりますし、フリーソフト[※1]であってもたくさん使ってもらえれば嬉しいものです。皆さんも、自分が作ったプログラムをできるだけ多くのユーザーに使ってほしいと思うでしょう。しかし、動作環境が異なれば、そうもいきません。たとえば、Windows用のプログラムをそのままMacで動作させることは、基本的にはできないのです。動作環境が違うからという理由は、皆さんもおわかりかと思います。では動作環境の違いとは何でしょうか？ そして動作環境が異なると、なぜアプリケーションは動かないのでしょうか？ この章では、その理由を説明し、いくつかの解決策を紹介しましょう。

動作環境 = OS + ハードウエア

プログラムには、動作環境というものがあります。たとえば、マイクロソフトのOffice Home & Business 2019（以下Office 2019）の動作環境[※2]は、**表7-1**のようになっています。プログラムが動作する環境として「OS（オペレーティング・システム）」と「ハードウエア（プロセッサやメモリー

表7-1　マイクロソフトのOffice 2019の動作環境（一部のみ示す）

オペレーティング・システム	Windows 10、Windows Server 2019
プロセッサ	1.6GHz以上、2コア
メモリー	4GB RAM（64ビット版）、2GB RAM（32ビット版）
ハードディスク	使用可能ディスク領域 4GB
ディスプレイ	画面解像度 1280 × 768

※1　フリーソフトとは、無料で利用できるプログラムのことです。「フリーウエア」とも呼ばれます。
※2　Office Home & Business 2019には、Mac用もありますが、ここではWindows用の動作環境だけを示しています。

など)」が示されていることがわかるでしょう。OSとハードウエアが、プログラムの動作環境を決定しているからです。

1台のコンピュータにインストールできるOSには、複数の選択肢があります。たとえば、同じWindowsパソコン(PC/AT互換機)[*3]に、WindowsだけでなくLinux[*4]というOSをインストールできます。だからこそ、Office 2019の動作環境にOSとハードウエアの種類の両方が示されているのです(**図7-1**)。ただし、ひと口にWindowsやLinuxと言っても、いくつかの種類とバージョンがあります。アプリケーションによっては、特定の種類とバージョンのOSでしか動かないものもあります。

プログラムの動作環境としてハードウエアを考える場合には、CPUの種類が特に重要です。Office 2019を動作させるためには、x86系CPU(プロセッサ)が必要です。表7-1には、CPUの種類が示されていませんが、Windowsパソコンであれば、x86系またはそれと互換性があるCPUが搭載されています。

CPUは、そのCPU固有のマシン語しか解釈できません。CPUの種類が異なれば、解釈できるマシン語の種類も異なります。たとえば、CPUの種類には、x86系の他にもMIPS、SPARC、PowerPC[*5]などがありますが、それぞれのマシン語はまったく違います。

マシン語になっているプログラムを、ネイティブ・コードと言います。

*3 かつて、PC/AT互換機やIBM PC互換機と呼ばれていたコンピュータを、ここではWindowsパソコンと呼んでいます。

*4 Linux(リナックス)は、1991年にフィンランドのヘルシンキ大学のLinus Torvaldsが開発を始めたUNIX系のOSです。その後、多くの有志によって機能が追加され、現在では世界中に広く普及しています。

*5 MIPS(ミップス)は、ミップス・テクノロジーズが開発したCPUです。かつてMIPSを採用したワークステーション向けのWindowsもありましたが、現在では販売されていません。SPARC(スパーク)は、サン・マイクロシステムズが開発したCPUです。ワークステーションやサーバーで採用されています。PowerPC(パワーピーシー)は、アップル・コンピュータ、IBM、モトローラが共同開発したCPUです。こちらもワークステーションやサーバーで採用されています。なお、現在のMacは、インテルのx86系CPUや独自CPUを採用しています。ワークステーションやサーバーとは、一般的なパソコンより高機能なコンピュータのことです。

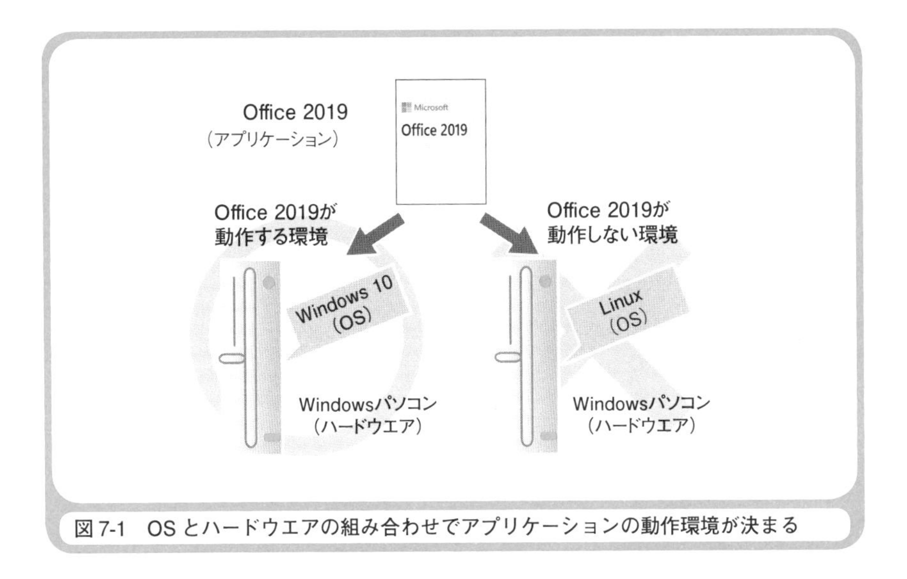

図7-1　OSとハードウエアの組み合わせでアプリケーションの動作環境が決まる

プログラマが、C言語などを使って作成したプログラムは、作成段階ではテキスト・ファイルでしかありません。テキスト・ファイルなら（文字コードの問題を除けば）どのような環境でも表示や編集ができます。これをソースコードと言います。ソースコードをコンパイルすることで、ネイティブ・コードが得られます。多くの場合に、アプリケーションは、ソースコードではなく、ネイティブ・コード[*6]の形で提供されます（次ページの**図7-2**）。

CPU以外のハードウエアの違いを乗り越えたWindows

コンピュータのハードウエアは、CPUだけで構成されているわけではありません。プログラムの命令やデータを記憶するためのメモリーがあり、I/O[*7]を介して接続されたキーボード、ディスプレイ、ハード・ディ

*6　Windows用のアプリケーションのネイティブ・コードは、EXEファイルやDLLファイルなどになっています。

*7　ここで、I/O（Input/Output、アイ・オー）とは、コンピュータ本体と周辺装置を接続する機能を持つICのことです。

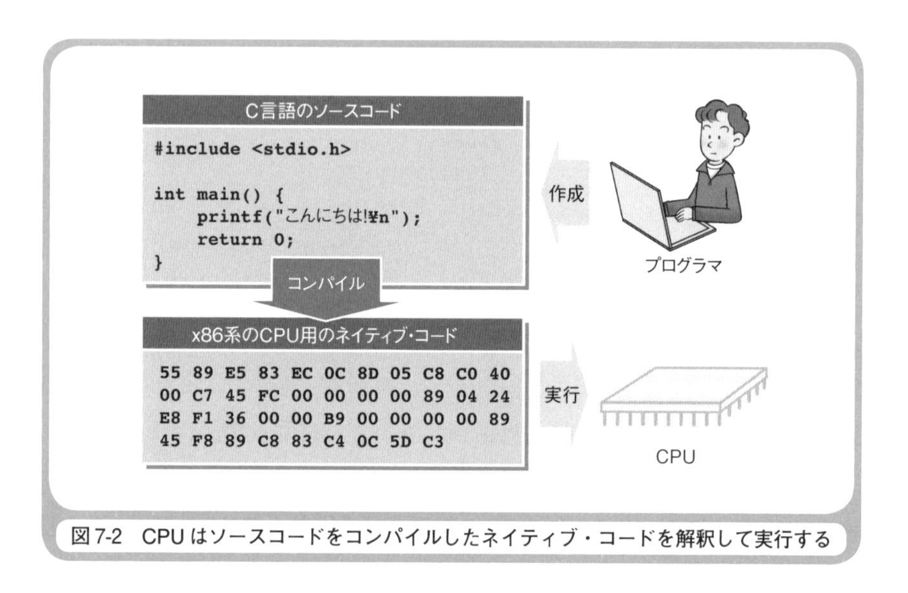

図7-2 CPUはソースコードをコンパイルしたネイティブ・コードを解釈して実行する

スク、プリンタなどの周辺装置もあります。それぞれの周辺装置をどのように制御するのかは、コンピュータの機種ごとに違います。

Windowsは、このようなハードウエア構成の違いを乗り越えることに大きく貢献したOSです。Windowsの説明をする前に、Windowsの前身OSであるMS-DOS[*8]が広く使われていた時代の思い出話をしておきましょう。今から30～40年ほど前のMS-DOSの時代には、NECのPC-9801、富士通のFMR、東芝のDynabookなど、国内にさまざまな機種のパソコンがありました。Windows 3.0や3.1が出てきたころには、PC/AT互換機（現在のWindowsパソコン）が普及し始め、PC-9801とシェアを競っていました。

これらの機種はいずれもx86系CPUを搭載していましたが、メモリーやI/Oの構成などが異なっていたので、MS-DOS用のアプリケーションは機種ごとに専用のものが必要でした。CPUは、周辺装置との入出力の

＊8 MS-DOS（Microsoft Disk Operating System、エムエス・ドス）は、1980年代に広く普及したパソコン用OSです。

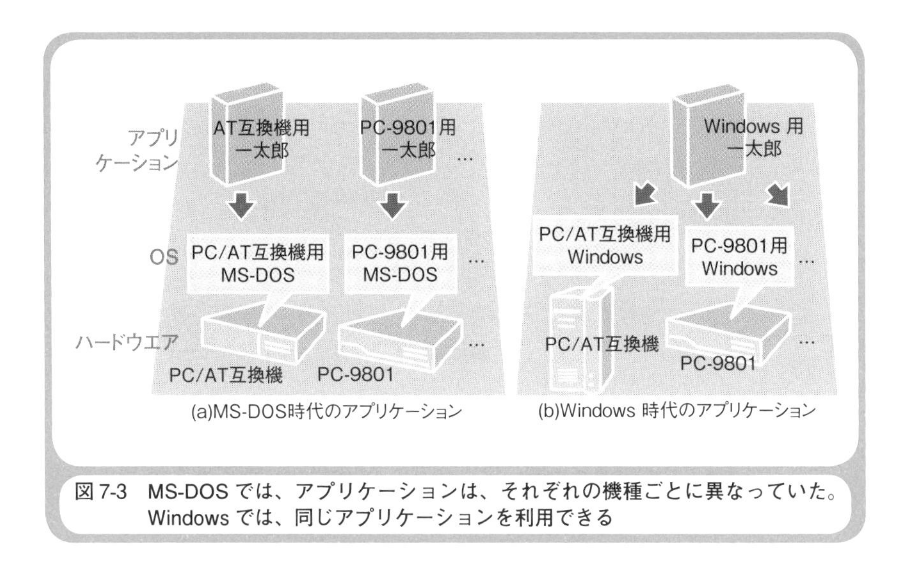

図7-3 MS-DOSでは、アプリケーションは、それぞれの機種ごとに異なっていた。Windowsでは、同じアプリケーションを利用できる

ために専用のI/Oアドレス空間（I/Oアドレスの割り当て）を備えています。どの周辺装置に何番地のアドレスを割り当てるかが、機種によって異なっていたのです。

たとえば、当時の売れ筋ワープロ・ソフトであるジャストシステムの「一太郎」を使いたいなら、それぞれの機種専用の一太郎を買わなければなりませんでした（**図7-3**（a））。なぜなら、アプリケーションの機能の中に、コンピュータのハードウエアを直接操作している部分があったからです。MS-DOSの機能が不十分だったこと、プログラムの実行速度を高める必要があったことなどがその理由です。

事態は、Windowsが広く使われるようになって大きく改善されました。Windowsが動いているなら、同じアプリケーション（ネイティブ・コード）がどの機種でも動作するからです（図7-3（b））。

Windows用アプリケーションでは、キー入力もディスプレイ出力も、ハードウエアではなくWindowsに命令を与えることで間接的に実現します。これによって、プログラマはメモリーやI/Oアドレスの構成の違い

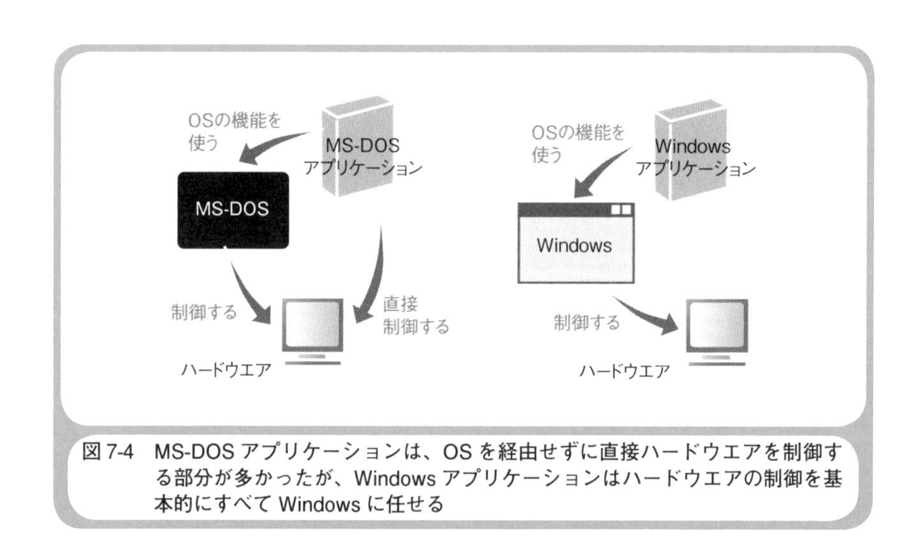

図7-4　MS-DOSアプリケーションは、OSを経由せずに直接ハードウエアを制御する部分が多かったが、Windowsアプリケーションはハードウエアの制御を基本的にすべてWindowsに任せる

を意識する必要がなくなったのです。それは、Windowsが機種ごとに異なる構成のハードウエアをアプリケーションの代わりに操作しているからです(**図7-4**)。ただし、Windows自体は、PC/AT互換機用やPC-9801用など、機種ごとに専用のものが必要でした。

Windowsであっても CPUの種類の違いまでは吸収できません。なぜなら、市販のWindowsアプリケーションは、特定のCPUのネイティブ・コードの形で提供されるからです。

APIはOSごとに違う

今度はOSの種類に目を向けてみましょう。同じ機種のパソコンでも、インストールできるOSの種類にいくつかの選択肢があります。たとえばWindowsパソコンなら、Windowsだけではなく、UbuntuやRHELなど、いくつかのLinuxディストリビューション[*9]を利用できます。もちろん、アプリケーションは、OSの種類ごとに専用のものを作らなければなりません。CPUの種類ごとにマシン語が違うように、OSの種類ごとにアプリケーションからOSへの命令の仕方が違うからです。

アプリケーションからOSへの命令のやり方を定めたものを、**API**(Application Programming Interface)[*10]と呼びます。WindowsやLinuxのAPIは、任意のアプリケーションから利用可能な関数のセットとして提供されています。OSごとにAPIが異なるので、同じアプリケーションを他のOS用に作り直す場合には、アプリケーションがAPIを利用している部分を書き換えなければなりません。APIとして提供されるのは、キー入力、マウス入力、ディスプレイ出力、ファイル入出力のように周辺装置と入出力を行う機能などです。

APIは、OSが同じなら、どのハードウエアでも基本的に同じです。したがって、特定のOSのAPIに合わせて作られたプログラムは、どのハードウエアでも動かすことができます。もちろん、CPUの種類が違えばマシン語が違いますから、ネイティブ・コードまで同じ、というわけにはいきません。この場合には、それぞれのCPUに合わせたネイティブ・コードを生成するコンパイラを使って、ソースコードをコンパイルし直す必要があります。

ここまでの説明で、プログラム(ネイティブ・コード)がどのような環境で動作するかは、OSとハードウエアが決めている、ということをご理解いただけたでしょう。

ソースコードを使ってインストールする

皆さんは、「CPUが違うことで、同じネイティブ・コードを再利用で

*9 Linuxディストリビューションとは、Linuxカーネル(OSの中核となる部分)とさまざまなソフトウエアを1つにまとめて、すぐに利用できるようにしたものです。Linuxディストリビューションには、UbuntuやRHEL(Red Hat Enterprise Linux)などがあります。

*10 APIのことを「システム·コール」とも呼びます。アプリケーションが、OSというシステムの機能を呼び出す(コールする)ための手段だからです。システム・コールについては、第9章で説明します。

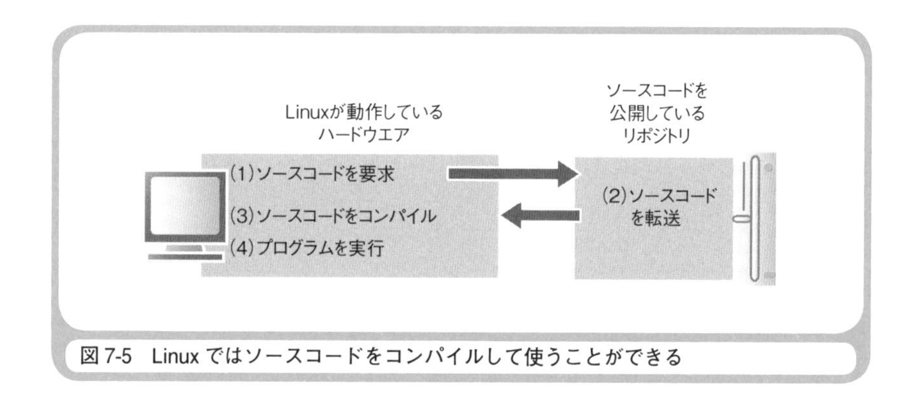

図7-5 Linuxではソースコードをコンパイルして使うことができる

きないのなら、いっそのことソースコードのままプログラムを配布してしまえばよいのではないか？」と思われたのではないでしょうか。確かに、それもひとつの方法であり、Linuxで使うことができます。

Linuxに新たなプログラムをインストールするときには、必要なプログラムがまとめられたパッケージを使う方法と、自分で任意に選んだプログラムのソースコードを使う方法があります。後者の場合は、ソースコードをコンパイルして使います。

Linuxのプログラムのソースコードは、多くの場合に、C言語で記述されています。これらのソースコードは、インターネット上に数多くあるLinuxのリポジトリ[*11]から入手できます。Linuxには、標準でCコンパイラが装備されています。このCコンパイラを使えば、Linuxを動作させている環境に合ったネイティブ・コードを生成できます(**図7-5**)。

どこでも同じ実行環境を提供するJava仮想マシン

コンパイル結果をネイティブ・コードにしないということで、特定のOSやハードウエアに依存しない実行環境を提供する方法もあります。こ

＊**11** リポジトリ(repository＝倉庫)とは、プログラムやプログラムのソースコードが保存された場所のことです。Linuxでは、インターネット上にあるサーバーが、リポジトリを公開しています。

の方法を使っているのは、「Java」です。Javaには、2つの側面があります。ひとつはプログラミング言語としてのJavaであり、もうひとつはプログラムの実行環境としてのJavaです。

Javaは、他のプログラミング言語と同様に、Javaの文法で記述されたソースコードをコンパイルしたものを実行します。ただし、コンパイル後に生成されるのは、特定のCPU用のネイティブ・コードではなく、バイトコードと呼ばれるものです。バイトコードの実行環境を**Java仮想マシン**（Java VM＝Java Virtual Machine）と呼びます。Java仮想マシンは、Javaバイトコードを逐次ネイティブ・コードに変換しながら実行します。

たとえば、Windowsパソコン用のJavaコンパイラとJava仮想マシンを使った場合は、プログラマが作成したソースコードをコンパイラがバイトコードに変換します。Java仮想マシンがバイトコードをx86系CPU用のネイティブ・コードとWindows用のAPI呼び出しに変換し、x86系CPUとWindowsが実際の処理を行います。

コンパイル後のバイトコードを、実行時にネイティブ・コードに変換するという、回りくどいような手法は、同じバイトコードを異なる実行環境で動作させるための手段です。さまざまな種類のOSやハードウエアに合わせてJava仮想マシンを用意しておけば、同じバイトコードのアプリケーションがどの環境でも動作します。このようなJavaの特徴は「Write once, run anywhere（一度プログラムを書けば、どこでも動作する）」と呼ばれます（次ページの**図7-6**）。

WindowsにはWindows用のJava仮想マシンが提供され、MacにはMac用のJava仮想マシンが提供されています。OSから見ればJava仮想マシンは一種のアプリケーションですが、Javaアプリケーションから見ればJava仮想マシンは動作環境 ＝ OS＋ハードウエアです。

ただし、いいことずくめのように見えるJava仮想マシンにも課題はあります。ひとつは、異なるJava仮想マシンの間で、完全には互換性がと

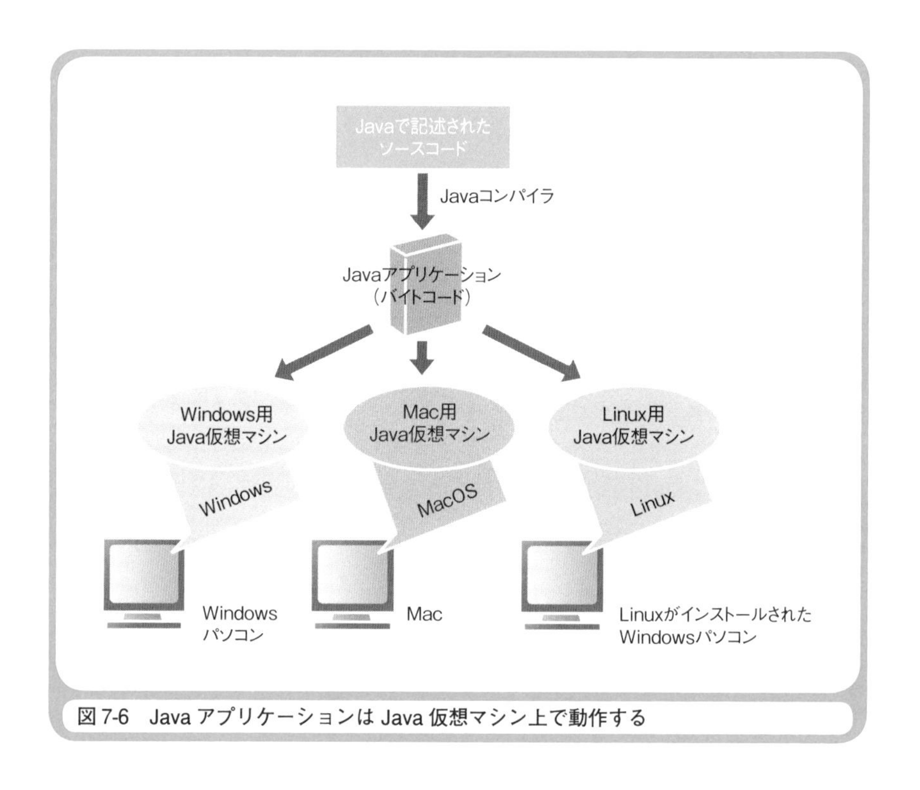

図7-6　Java アプリケーションは Java 仮想マシン上で動作する

れていないことです。どのJava仮想マシンでも、あらゆるバイトコードを動作可能にするのはなかなかむずかしいからです。もうひとつは、実行速度の問題です。実行時にバイトコードをネイティブ・コードに変換するJavaのプログラムは、コンパイル結果をネイティブ・コードするC言語のプログラムよりも遅くなります。

クラウドとして提供される仮想的な実行環境

インターネットを使ってコンピュータの資源であるハードウエア、OS、アプリケーションを利用することを「クラウド(クラウドコンピューティング)」と呼びます。クラウドは、提供されるサービスによって、SaaS(Software as a Service、サース)、PaaS(Platform as a Service、パース)、IaaS (Infrastructure as a Service、イアース)[*12]に分類されます。大雑把に説明すると、SaaSはアプリケーションを提供し、PaaSはOSを提供し、IaaSはハードウエアを提供します。

SaaS、PaaS、IaaSの中で、PaaSとIaaSは、プログラムの実行環境です。PaaSは、OSを提供するので、その上で、私たちが作ったプログラムを実行できます。IaaSは、ハードウエアを提供するので、その上にWindowsやLinuxなどの任意のOSをインストールして、さらにその上で、私たちが作ったプログラムを実行できます。

PaaSとIaaSの例として、マイクロソフトが提供しているMicrosoft Azure (アジュール、「空色」や「青空」という意味) を紹介しましょう。Microsoft Azureの実体は、マイクロソフトが持つ強大なサーバー群です。これらのサーバー群の機能を、インターネット経由で部分的に借りて利用するのです。Microsoft Azureの料金計算ツールのWebページ[*13]を見ると、PaaSとIaaSの具体的なイメージがつかめるでしょう (次ページの**図7-7**)。

このWebページで仮想マシン[*14]の料金を計算するときには、OSの種類としてWindowsまたはLinuxが選択でき、ハードウエアのスペックとしてCPUの数、メモリーの容量、ハード・ディスクの容量を選択できます。これらの選択に合わせて、マイクロソフトの強大なサーバー群の中に、仮想的な実行環境が作られるのです。

BIOSとブート・ストラップ

最後に補足説明をさせてください。非常に低レベル (ハードウエアに近

＊12　IaaSのことをHaaS (Hardware as a Service、ハース) と呼ぶこともあります。
＊13　https://azure.microsoft.com/ja-jp/pricing/calculator/
＊14　この仮想マシンは、任意のOSと任意のスペックのハードウエアから構成されたものです。実際にコンピュータが作られるわけではなく、仮想的な実行環境が作られるだけなので、仮想マシンなのです。

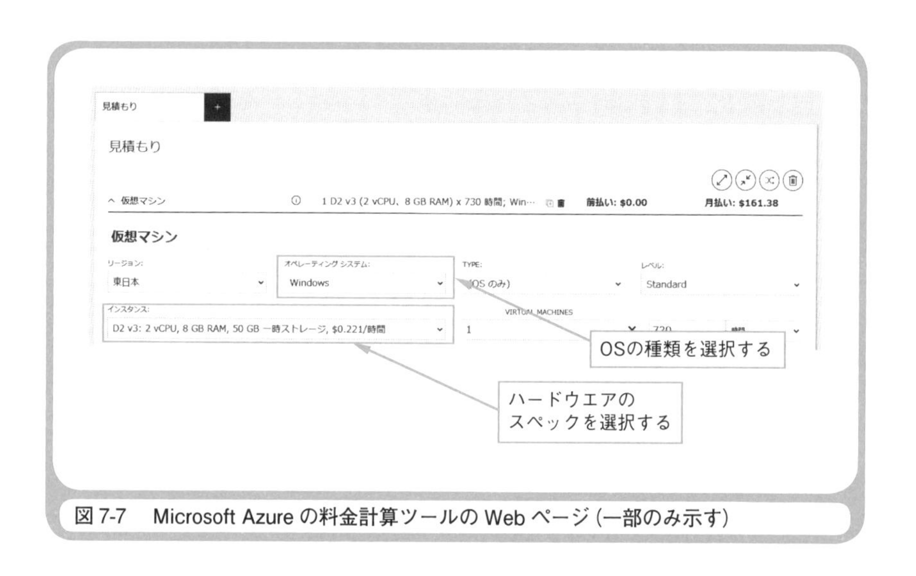

図 7-7　Microsoft Azure の料金計算ツールの Web ページ（一部のみ示す）

い部分）のお話です。プログラムの動作環境には、「BIOS（Basic Input/Output System、バイオス）」というものもあります。BIOSは、ROMに記憶され、あらかじめコンピュータ本体に内蔵されているプログラムです。BIOSは、キーボードやディスク装置などの基本制御プログラムのほか、「ブート・ストラップ・ローダー」を起動する機能を持っています。ブート・ストラップ・ローダーは、起動ドライブの先頭領域に記憶された小さなプログラムです。起動ドライブは、一般的にハード・ディスクですが、光ディスクやUSBメモリーにすることもできます。

コンピュータの電源を入れると、BIOSがハードウエアの正常動作を確認し、問題なければブート・ストラップ・ローダーを起動します。ブート・ストラップ・ローダーの役割は、ハード・ディスクなどに記録されたOSをメモリーにロードして実行することです。アプリケーションを起動するのはOSの役割ですが、そのOSも自分自身は起動できません。OSは、ブート・ストラップ・ローダーによって起動されるのです。

ブート・ストラップ（boot strap）とは、ブーツの上部に付いている「つ

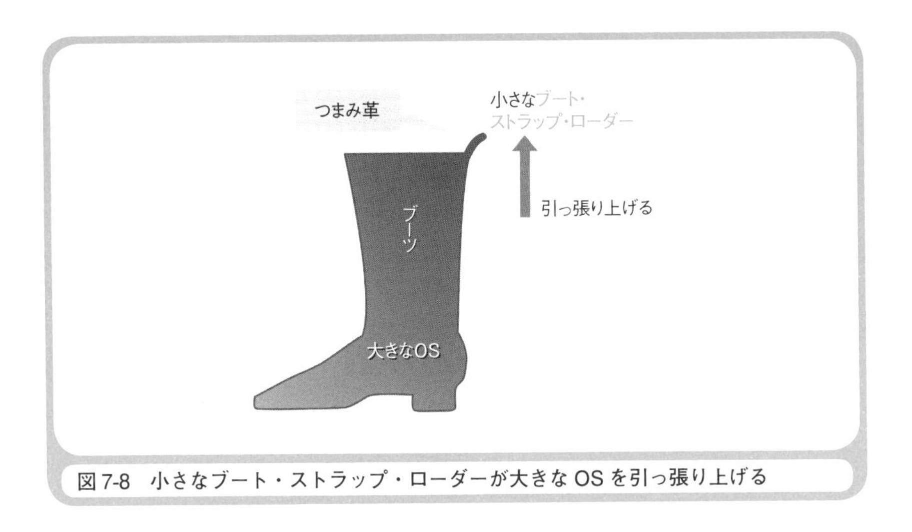

図7-8 小さなブート・ストラップ・ローダーが大きなOSを引っ張り上げる

まみ革」という意味です。BIOSという小さなプログラム(つまみ革)が、OSという大きなプログラム(ブーツ)を引き上げる(起動する)ことから、この名前が付けられたといわれています(**図7-8**)。OSが動作した状態になっていれば、プログラマがBIOSやブート・ストラップ・ローダーのことを意識する必要はありませんが、それらが存在することを覚えておいてください。

* * *

この章では、アプリケーションやOSが動作する環境に注目しました。ただし、ソースコードとネイティブ・コードに関しては、簡単にしか説明しませんでした。次の章では、ソースコードからネイティブ・コードに変換する作業、すなわち「コンパイル」について詳しく説明しましょう。

第8章

ソース・ファイルから実行可能ファイルができるまで

ウォーミングアップ

本題に入る前に、ウォーミングアップとしてクイズを出題させていただきます。きちんと説明できるかどうか試してみてください（Windows環境でC言語を使うことを想定した問題です）。

1. CPUが解釈・実行できる形式のプログラムを何コードと呼びますか？
2. 複数のオブジェクト・ファイルを結合してEXEファイルを生成するツールを何と呼びますか
3. 拡張子が.objとなったオブジェクト・ファイルの内容は、ソースコードとネイティブ・コードのどちらですか？
4. 複数のオブジェクト・ファイルをまとめて収録したファイルを何と呼びますか？
5. DLLファイルに格納された関数を呼び出すための情報を持つファイルを何と呼びますか？
6. プログラムの実行時に、動的に確保されるメモリー領域を何と呼びますか？

いかがだったでしょうか。改めて聞かれると、簡潔に答えられない問題もあったことでしょう。参考までに、筆者の答えと解説を以下に示しておきます。

答え

1. ネイティブ・コード(マシン語コード)
2. リンカー
3. ネイティブ・コード
4. ライブラリ・ファイル
5. インポート・ライブラリ
6. ヒープ

解説

1. ソースコードをコンパイルすることでネイティブ・コードが得られます。
2. コンパイルとリンクを行うことで、EXEファイルが得られます。
3. ソース・ファイルをコンパイルすることで、オブジェクト・ファイルが得られます。たとえば、sample.cというソース・ファイルをコンパイルすることで、sample.objというオブジェクト・ファイルが得られます。オブジェクト・ファイルの内容は、ネイティブ・コードになっています。
4. リンカーは、ライブラリ・ファイルの中から必要なオブジェクト・ファイルだけを抽出してEXEファイルに結合します。プログラムの実行時に結合されるDLLという形式のライブラリ・ファイルもあります。
5. インポート・ライブラリの情報がEXEファイルに結合されることで、プログラムの実行時にDLL内の関数の利用が可能になります。
6. ヒープは、プログラムの命令によって確保と解放が行われるメモリー領域です。

この章のポイント

ソース・ファイルを記述したら、コンパイルとリンクを行って実行可能ファイルを作成します。それを行ってくれるのがコンパイラとリンカーです。この章では、コンパイラとリンカーの役割に注目して、プログラムの作成から実行までの流れを説明します。最初に、ソース・ファイルが実行可能ファイルになる仕組みを見て、次に、実行可能ファイルがメモリーにロードされて実行される仕組みを見ていきます。プログラムの実行時にメモリー上に作成されるスタックやヒープが何であるかも説明しましょう。ここでは、C言語のコンパイラ[※1]を使ってWindows用の実行可能ファイル（EXEファイル）を作成する例を示しますが、他の環境やプログラミング言語でも、基本的な仕組みは同様です。なお、C言語の知識はほとんど必要ありませんから、安心してください。

コンピュータはネイティブ・コードしか実行できない

まず、次ページに示す**リスト8-1**をご覧ください。これは、C言語で記述したWindows用のプログラムです。このプログラムを実行すると、123と456の平均値である289.5がメッセージ・ボックス[※2]に表示されます。

※1　本書では、BCC32コンパイラを使っています。コマンドライン版のBCC32コンパイラは、エンバカデロ・テクノロジーズのWebページ（https://www.embarcadero.com/jp/free-tools/ccompiler/free-download）から無料でダウンロードできます（2021年3月現在）。以下に、インストール方法を示します。

(1) ダウンロードしたBCC102.zipを任意のフォルダに展開します。これ以降では、C:¥に展開したことを想定して説明します。

(2) Windowsのスタート・メニューの右側にある「ここに入力して検索」に「環境変数を編集」と入力し、検索された「環境変数を編集 コントロールパネル」を起動します。

(3)「環境変数」というタイトルのウインドウが開いたら、「ユーザー環境変数」の中にある「Path」をクリックして選択し、「編集」ボタンをクリックします。

(4)「環境変数名の編集」というタイトルのウインドウが開いたら、「新規」ボタンをクリックし、表示された入力欄に「C:¥BCC102¥bin」と入力し、「OK」ボタンをクリックします。

(5)「環境変数」というタイトルのウインドウに戻ったら、「OK」ボタンをクリックします。

(6) 任意のテキストエディタ（Windowsのメモ帳など）を使って、以下の内容のilink32.cfgというファイルを作成し、C:¥BCC102¥binに保存します。

-L"C:¥BCC102¥lib¥win32c¥release;C:¥BCC102¥lib¥win32c¥release¥psdk"

※2　メッセージ・ボックスとは、短い文書（メッセージ）を示すために開く小さなウインドウのことです。

リスト8-1　平均値を表示するプログラム

```
#include <windows.h>
#include <stdio.h>

// メッセージ・ボックスのタイトル
char* title = "サンプルプログラム";

// 2つの引数の平均値を返す関数                              (1)
double Average(double a, double b) {
    return (a + b) / 2;
}

// プログラムの実行開始位置となる関数                        (2)
int WINAPI WinMain(HINSTANCE h, HINSTANCE d, LPSTR s, int m) {
    double ave;        // 平均値を代入する変数
    char buff[80];     // 文字列を代入する変数

    // 123と456の平均値を求める
    ave = Average(123, 456);

    // メッセージ・ボックスに表示する文字列を作成する
    sprintf(buff, "平均値 = %f", ave);          (3)

    // メッセージ・ボックスを開く
    MessageBox(NULL, buff, title, MB_OK);       (4)

    return 0;
}
```

リスト8-1の実行結果として表示されるメッセージ・ボックスを**図8-1**に示します。プログラムの内容には、特に意味はありません。あくまでもサンプルです。

リスト8-1のように、何らかのプログラミング言語で記述したプログラムのことをソースコード[*3]と呼び、ソースコードをファイルとして保存

*3　ソース（source）には、「源（みなもと）」という意味があります。したがって、ソースコードとは、「源のコード」という意味になります。ソースコードのことを「原始プログラム」と呼ぶ場合もあります。

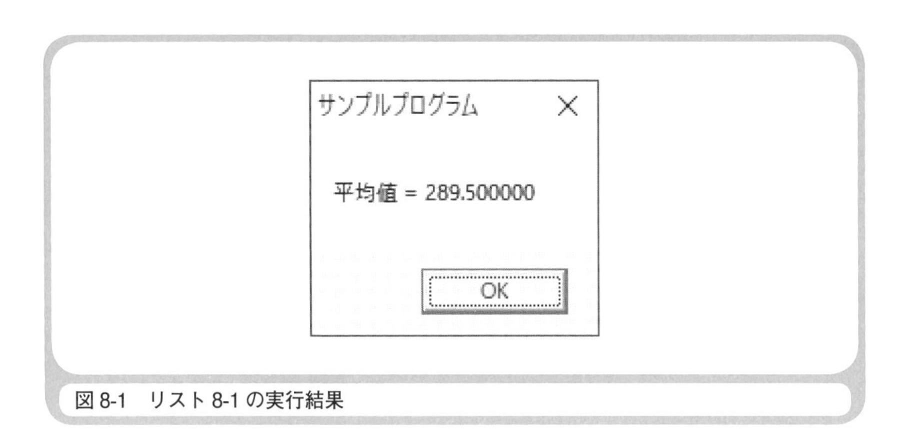

図8-1　リスト8-1の実行結果

したものをソース・ファイルと呼びます。C言語で記述されたソース・ファイルの拡張子は「.c」とする約束があるため、リスト8-1のファイル名はsample.cとしました。ソース・ファイルは、単なるテキスト・ファイルなので、Windowsに付属している「メモ帳」などのテキスト・エディタで作成できます。

リスト8-1のソースコードをそのまま実行することはできません。なぜなら、CPUが直接、解釈・実行できるのは、ソースコードではなくネイティブ・コードのプログラムだけだからです。コンピュータの頭脳であるCPUは、ネイティブ・コードとなったプログラムの内容だけを理解できるようになっています。

ネイティブ（native）という言葉には「母国語の」という意味があります。CPUにとっての母国語であるマシン語となったプログラムがネイティブ・コードです。何らかのプログラミング言語で記述されたソースコードは、ネイティブ・コードに翻訳されなければCPUに理解してもらえません（次ページの**図8-2**）。逆に言えば、異なるプログラミング言語で記述されたソースコードであっても、ネイティブ・コードに翻訳してしまえば同じ言語（マシン語）で表現されたものになるということです。

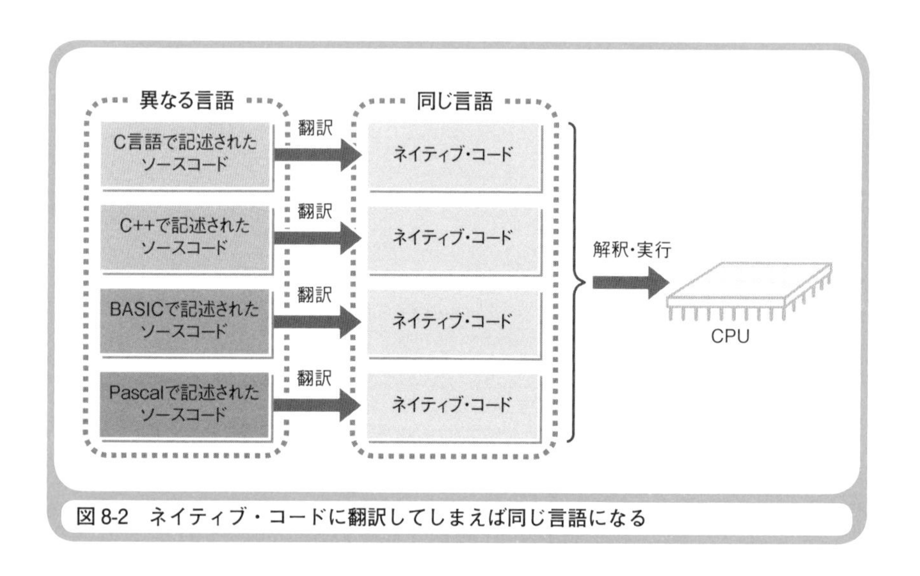

図8-2　ネイティブ・コードに翻訳してしまえば同じ言語になる

ネイティブ・コードの内容を見てみよう

WindowsのEXEファイルとなったプログラムの内容は、ネイティブ・コードになっています。「百聞は一見にしかず」ですから、ネイティブ・コードの内容を見てみましょう。

図8-3は、リスト8-1をネイティブ・コードに翻訳したEXEファイル(sample.exe)の内容をメモ帳に読み込んだところです。ネイティブ・コードの内容は、人間に理解できるものではないことがわかるでしょう。だからこそ、人間の目で見て簡単に理解できるC言語などのプログラミング言語を使ってソースコードを記述し、それをネイティブ・コードに翻訳するという手法が使われているのです。

今度は、同じEXEファイルの内容をダンプしてみましょう。ダンプとは、ファイルの内容を1バイトずつ2桁の16進数で表示することです。ネイティブ・コードの内容が、さまざまな数値の羅列となっていることがわかるでしょう。これが、ネイティブ・コードの正体です。それぞれの数値は、何らかの命令またはデータを表しています(**図8-4**)。ここでは、

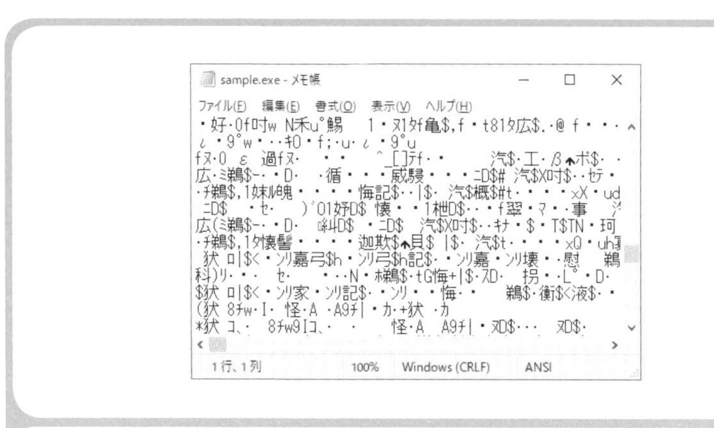

図 8-3　メモ帳で EXE ファイルを表示すると意味不明の文字が現れる

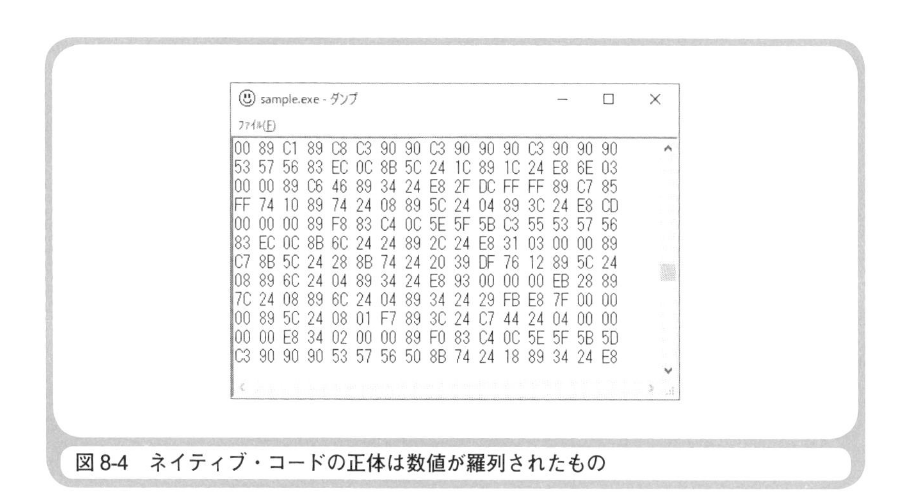

図 8-4　ネイティブ・コードの正体は数値が羅列されたもの

筆者オリジナルのダンプ・プログラムを使っています。

　コンピュータは、すべての情報を数値の集まりとして取り扱います。たとえば、「A」という文字データは16進数の「41」という数値で表されます。これと同様に、コンピュータへの命令も、数値の羅列となっています。これが、ネイティブ・コードです。

ソースコードを翻訳するのがコンパイラ

C言語などの高水準言語で記述されたソースコードをネイティブ・コードに翻訳する機能を持ったプログラムのことをコンパイラと呼びます。コンパイラは、ソースコードを記述するプログラミング言語の種類に応じて、専用のものが必要になります。C言語で記述されたソースコードをネイティブ・コードに翻訳するコンパイラをCコンパイラと呼びます[*4]。

コンパイラは、ソースコードの内容を読み込み、それをネイティブ・コードに翻訳してくれます。コンパイラの中に、ソースコードとネイティブ・コードの対応表があるようなイメージを持ってください。ただし、実際には、対応表だけではネイティブ・コードを生成できません。読み込んだソースコードの字句解析、構文解析、意味解析などを経て、ネイティブ・コードを生成するのです。

CPUの種類が異なれば、ネイティブ・コードの種類も異なります。したがって、コンパイラはプログラミング言語の種類だけではなく、CPUの種類に応じて専用のものが必要になります。たとえば、x86系CPU用のCコンパイラと、PowerPCというCPU用のCコンパイラは別のものです。これは、ある意味で便利です。同じソースコードを異なるCPU用のネイティブ・コードに翻訳することもできるからです(**図8-5**)。

コンパイラ自体もプログラムの一種なので、動作環境というものがあります。たとえば、Windows用のCコンパイラや、Linux用のCコンパイラなどがあります。さらに、動作環境で使われるCPUとは異なるCPU用のネイティブ・コードを生成するクロスコンパイラというものもあります。たとえば、x86系CPUを搭載したWindowsパソコンの環境で、PowerPCを搭載したコンピュータ用のプログラムを作成する場合には、

*4　C#とVisual Basicでは、コンパイルした結果を中間コード(プログラムの実行時にネイティブ・コードに変換されるコード)にすることと、ネイティブ・コードにすることの両方ができます。

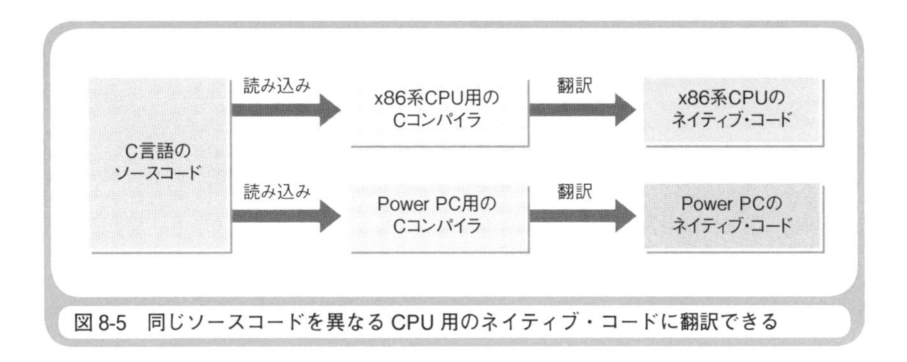

図8-5 同じソースコードを異なるCPU用のネイティブ・コードに翻訳できる

図8-6 コンパイラの種類を特定する3つのキーワード

クロスコンパイラを使います。

ちょっと混乱してしまったかもしれませんので、整理しておきましょう。これは、たとえ話ですが、もしも、皆さんがパソコン・ショップでコンパイラを購入するとしたら、3つのことを店員さんに告げる必要があるということです(**図8-6**)。「何というプログラミング言語で記述されたソースコードをコンパイルしたいのか？（答えの例：C言語）」「そのコンパイラが生成するネイティブ・コードは、何というCPU用のものなのか？(同：x86系CPU)」、そして「そのコンパイラをどのような環境で使うのか？（同：Windows）」です。実際には、製品名とバージョンを告げるだけですむ場合がほとんどですが…。

コンパイルだけでは実行可能ファイルが得られない

ソースコードの翻訳結果としてコンパイラが生成するのは、ネイティブ・コードのファイルです。ただし、このファイルは、そのままでは実行できません。実行可能なEXEファイルを得るためには、コンパイルに続けて「リンク」という処理が必要になります。BCC32を使って実際にコンパイルとリンクを行ってみましょう。

BCC32のコンパイラは、bcc32c.exeというコマンドライン・ツール[*5]になっています。Windowsのコマンドプロンプトで、以下のコマンドを実行すると、C言語で記述されたsample.cというソース・ファイルがコンパイルされます。

```
bcc32c -W -c sample.c
```

「-W」は、Windows用のプログラムとしてコンパイルすることを指定するオプションです。「-c」は、コンパイルだけを行うことを指定するオプションです。**オプション**とは、コンパイラに対する指示のことです。オプションのことを「スイッチ」とも呼びます。

コンパイル後に生成されるのは、EXEファイルではありません。拡張子が、「.obj」となった**オブジェクト・ファイル**[*6]です。sample.cをコンパイルすると、sample.objというオブジェクト・ファイルが生成されます。オブジェクト・ファイルの内容はネイティブ・コードになっているので

*5　コマンドライン・ツールとは、Windowsのコマンドプロンプトで使用するプログラムのことです。
*6　オブジェクト・ファイルの「オブジェクト（object）」は、コンパイラの「目的」や「目標」という意味です。

すが、そのままでは実行できません。なぜでしょうか？ それは、プログラムが未完成の状態だからです。

もう一度リスト8-1に示したソースコードを見てください。(1)で囲んだ関数Average( )と(2)で囲んだ関数WinMain( )はプログラマが自ら作成したものであり、処理内容がソースコードに記述されています。Average ( )は、引数に与えられた2つの値の平均値を返す関数で、WinMain( )は、プログラムの実行開始位置となる関数です。このほかにも、(3)で示したsprintf( )と(4)で示したMessageBox( )という関数が使われています。sprintf( )は、書式を指定して数値を文字列に変換する関数で、MessageBox( )は、メッセージ・ボックスを表示する関数ですが、ソースコードの中に処理内容が記述されていません。そのため、sprintf( )とMessageBox( )の処理内容が格納されたオブジェクト・ファイルをsample.objと結合しなければ、処理がそろわず、EXEファイルが完成しないのです。

複数のオブジェクト・ファイルを結合して1つのEXEファイルを生成する処理がリンクであり、リンクを行うプログラムのことをリンカー（「リンケージ・エディタ」や「結合プログラム」とも呼ばれます）と呼びます。BCC32のリンカーは、ilink32.exeというコマンドライン・ツールです。Windowsのコマンドプロンプトで以下のコマンドを実行すると、必要なオブジェクト・ファイルがすべてリンクされてsample.exeというEXEファイルが生成されます。

```
ilink32 -Tpe -c -x -aa c0w32.obj sample.obj, sample.exe,,
import32.lib cw32.lib
```

※コマンドが長いので改行していますが、改行せずに入力してください。

スタートアップとライブラリ・ファイル

リンク時のオプション「-Tpe -c -x -aa」は、Windows用のEXEファイルを生成することを指定するオプションです。これらのオプションに続けて、結合するオブジェクト・ファイルを指定します。c0w32.objおよびsample.objという2つのオブジェクト・ファイルが指定されていることがわかりますね。sample.objはsample.cをコンパイルして得られたオブジェクト・ファイルです。「c0w32.obj」は、すべてのプログラムの先頭に結合する共通的な処理が記述されたオブジェクト・ファイルで、スタートアップと呼ばれます。したがって、たとえ他のオブジェクト・ファイルに存在する関数を呼び出していないプログラムであっても、必ずリンクを行って、スタートアップと結合します。c0w32.objは、BCC32によって提供されています。C:¥にBCC32を展開しているなら、C:¥BCC102¥lib¥win32c¥releaseというフォルダの中に、c0w32.objがあります。

「リンク時にsprintf( )とMessageBox( )のオブジェクト・ファイルを指定しなくてよいのだろうか？」と思われるかもしれませが、その心配は無用です。リンカーのコマンドラインの末尾には、拡張子が「.lib」となった2つのファイルimport32.libとcw32.libが指定されています。sprintf( )のオブジェクト・ファイルはcw32.libの中にあり、MessageBox( )のオブジェクト・ファイルはimport32.libの中にあるのです(実際には、MessageBox( )のオブジェクト・ファイルは、user32.dllというDLLファイルの中にあります。これに関しては、後で説明します)。

import32.libやcw32.libのようなファイルのことを「ライブラリ・ファイル」と呼びます。ライブラリ・ファイルは、複数のオブジェクト・ファイルをまとめて1つのファイルに格納したものです。リンカーにライブラリ・ファイルを指定すると、その中から必要なオブジェクト・ファイルだけを抽出し、それを他のオブジェクト・ファイルと結合してEXEファイルを生成してくれます。

```
Error: Unresolved external '_sprintf' referenced from C:¥NIKKEIBP¥SAMPLE.OBJ
Error: Unresolved external 'MessageBoxA' referenced from C:¥NIKKEIBP¥SAMPLE.OBJ
```

図8-7　リンカーのエラー・メッセージ（一部のみ示す）

sample.objは、未完成のネイティブ・コードだと説明しました。それは、sample.objの中に「リンク時にsprintf( )やMessageBox( )を結合してください」という情報があるからです。これは、他の関数がないとプログラムが動作できないという情報です。試しに、2つのライブラリ・ファイルを指定しないでリンクを行ってみましょう。

```
ilink32 -Tpe -c -x -aa c0w32.obj sample.obj, sample.exe
```

コマンドプロンプトで上記のコマンドを実行すると、リンカーが**図8-7**に示すエラー・メッセージを表示します（実際には、もっと多くのエラー・メッセージが表示されますが、ここでは省略しています）。

このエラー・メッセージは、sample.objが参照している外部シンボルが未解決であることを示しています。**外部シンボル**とは、他のオブジェクト・ファイルの中にある変数や関数のことです。_sprintfやMessageBoxAは、オブジェクト・ファイルにおけるsprintf( )、MessageBox( )の名前です。ソースコードに記述された関数名とオブジェクト・ファイルの中にある関数名が若干異なるのは、Cコンパイラの仕様だと考えてください。エラー・メッセージの中にある「シンボルの未解決」とは、目的の変数や関数が記述されたオブジェクト・ファイルが見つからなかったのでリンクできなかったという意味です。

sprintf( )などの関数は、ソースコードではなくライブラリ・ファイルの形でコンパイラと一緒に提供されます。このような関数のことを標準関数と呼びます。ライブラリ・ファイルを使うのは、リンカーのパラメータにいくつものオブジェクト・ファイルを指定する手間を省くためです。もしも、数百個の標準関数を呼び出しているプログラムをリンクするときに、リンカーのコマンドラインにオブジェクト・ファイルを数百個指定するとしたら、あまりにも面倒でしょう。それに対して、複数のオブジェクト・ファイルを格納したライブラリ・ファイルを使えば、リンカーのコマンドラインに指定するのは、数個のライブラリ・ファイルで済みます。

オブジェクト・ファイルやそれをまとめたライブラリ・ファイルの形で関数を提供することで、標準関数のソースコードの内容を秘密にできるというメリットもあります。標準関数のソースコードは、コンパイラ・メーカーのノウハウが詰まった貴重な財産です。他社にソースコードを流用されたら、何らかの損害を受けることになるかもしれません。

DLLファイルとインポート・ライブラリ

Windowsは、アプリケーションから利用できるさまざまな機能を関数の形で提供しています。このような関数のことをWindows API(Application Programming Interface)と呼びます。たとえば、sample.cの中で呼び出されていたMessageBox( )は、C言語の仕様として定められている標準関数ではなく、Windowsが提供するAPIの一種です。MessageBox( )は、メッセージ・ボックスを表示する機能を提供します。

Windowsでは、APIのオブジェクト・ファイルが、通常のライブラリ・ファイルではなく、DLL(Dynamic Link Library)ファイルと呼ばれる特殊なライブラリ・ファイルに格納されています。DLLファイルは、ダイナミックという名前が示すとおり、プログラムの実行時に結合されるものです。先ほどの説明では、MessageBox( )のオブジェクト・ファイルが

import32.libの中に格納されていると説明しましたが、実際には、import32.libの中には、MessageBox( )がuser32.dllというDLLファイルの中にあるという情報と、DLLファイルが格納されているフォルダを参照する情報だけが記憶されていて、MessageBox( )のオブジェクト・ファイルの実体は存在しません。import32.libのようなライブラリ・ファイルのことをインポート・ライブラリと呼びます。

それに対してオブジェクト・ファイルの実体を格納し、EXEファイルに直接結合してしまう形式のライブラリ・ファイルのことをスタティック・リンク・ライブラリと呼びます。スタティック（static＝静的）とは、ダイナミック（dynamic＝動的）と反対の意味の言葉です。sprintf( )のオブジェクト・ファイルが格納されたcw32.libは、スタティック・リンク・ライブラリです。sprintf( )は、数値を書式指定して文字列に変換する機能を提供します。

インポート・ライブラリを結合することで、MessageBox( )という関数を実行時にDLLファイルの中から呼び出す情報がEXEファイルに結合されます。したがって、リンカーがリンク時にエラー・メッセージを表示せず、無事にEXEファイルが完成します。

以上のことから、Windowsにおけるコンパイルとリンクの仕組みをまとめると次ページの**図8-8**のようになります。

実行可能ファイルの実行に必要なことは？

プログラムをコンパイルおよびリンクすることでEXEファイルが生成される仕組みがわかったところで、今度はEXEファイルが実行される仕組みを説明しましょう。EXEファイルは単独のファイルとしてハード・ディスクに記憶されています。エクスプローラでEXEファイルをダブルクリックすれば、EXEファイルの内容がメモリーにロードされて実行されます。

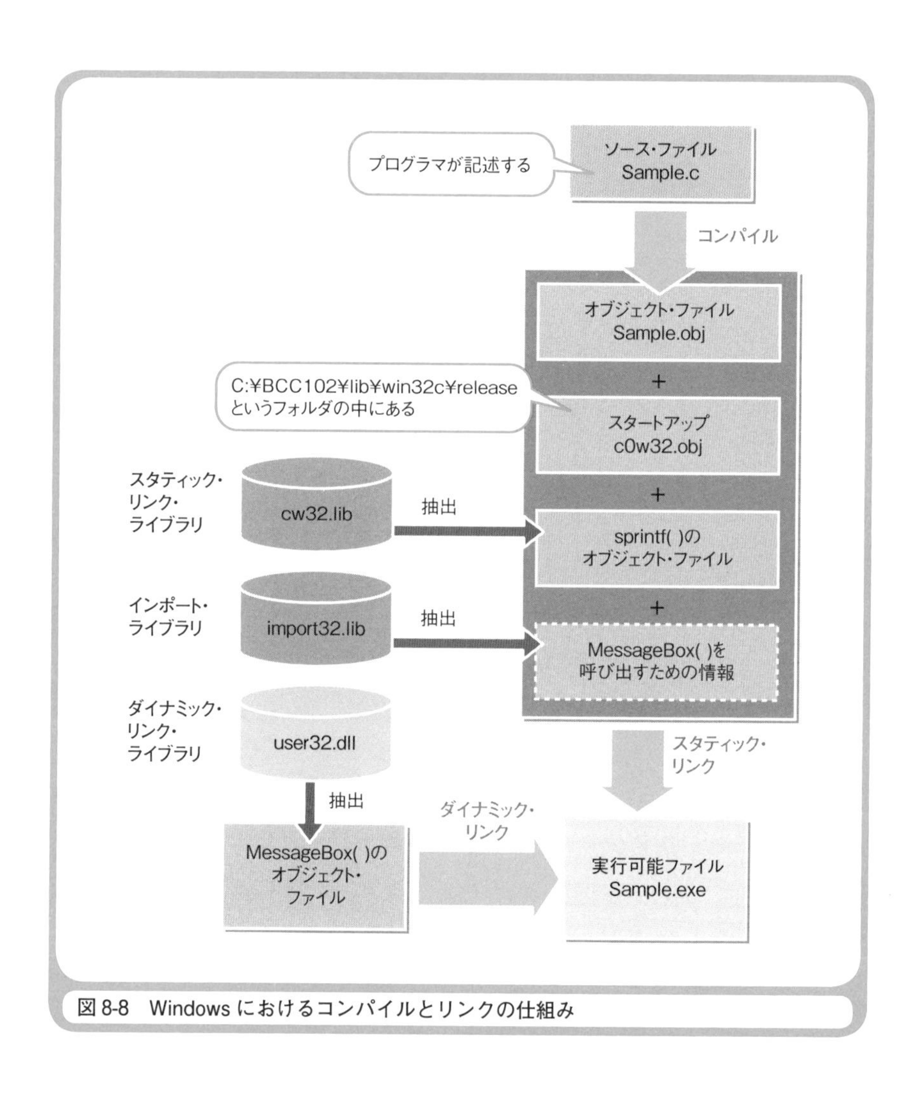

図 8-8　Windows におけるコンパイルとリンクの仕組み

ここで、ちょっと疑問に思ってほしいことがあります。ネイティブ・コードでは、プログラムの中に記述された変数を読み書きする際に、データが格納されたメモリー・アドレスを参照する命令を実行します。関数を呼び出す際に、関数の処理内容が格納されたメモリー・アドレスにプログラムの流れを移す命令を実行します。EXE ファイルは、ネイティブ・

コードのプログラムとして完成されたものですが、変数や関数が実際に何番地のメモリー・アドレスに格納されるかまでは決定していません。Windowsのように OSが複数の実行可能プログラムをロードできる環境では、プログラム内の変数や関数が何番地のメモリー・アドレスに配置されるかは、実行するたびに異なります。そうなると、EXEファイルの中で、変数や関数のメモリー・アドレスの値は、どうやって示されているのでしょうか？

答えをお教えしましょう。EXEファイルの中では、変数や関数に仮のメモリー・アドレスが与えられているのです。プログラムの実行時に、仮のメモリー・アドレスが実際のメモリー・アドレスに変換されます。リンカーは、EXEファイルの先頭に、メモリー・アドレスの変換が必要な部分を示す情報を付加します。この情報のことを**再配置情報**と呼びます。

EXEファイルの持つ再配置情報は、変数や関数の相対アドレスになっています。相対アドレスとは、基点となるアドレスからのオフセットすなわち相対距離を示すものです。相対アドレスを使うためには、それなりの工夫もなされています。ソースコードの中では、変数と関数がさまざまな位置にバラバラに記述されていたとしても、リンク後のEXEファイルの中では、変数と関数がそれぞれ連続して並んだグループにまとめられるようになっているのです。したがって、個々の変数のメモリー・アドレスは変数のグループの先頭を基点としたオフセットで表すことができ、個々の関数のメモリー・アドレスは関数のグループの先頭を基点としたオフセットで表すことができます。それぞれのグループの基点のメモリー・アドレスはプログラムの実行時に決定されます（次ページの**図8-9**）。

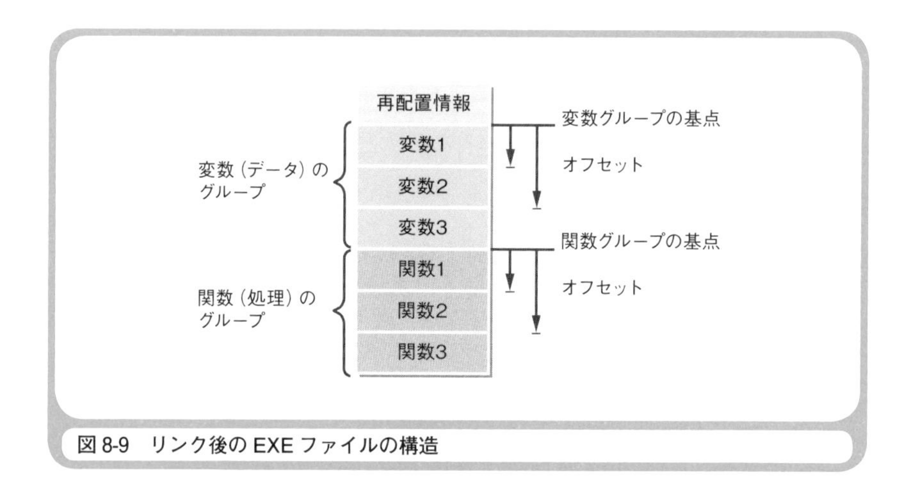

図8-9　リンク後のEXEファイルの構造

ロード時に作られるスタックとヒープ

EXEファイルの内容は、再配置情報、変数のグループ、関数のグループに分けられていることがわかりました。ただし、プログラムがロードされたメモリー領域には、これら以外にも2つのグループが作られます。それは、「スタック」と「ヒープ」です。スタックは、関数の内部で一時的に使用される変数（ローカル変数[*7]）や、関数を呼び出すときの引数などを格納するためのメモリー領域です。ヒープは、プログラムの実行時に任意のデータを格納するためのメモリー領域です。

EXEファイルの中にスタックやヒープのためのグループが存在するわけではありません。EXEファイルをメモリーにロードして実行した時点で、スタックとヒープのためのメモリー領域が確保されるのです。したがって、メモリー上のプログラムは、変数のための領域、関数のための

*7　ローカル変数とは、関数が呼び出されたときにだけメモリー上に存在する変数のことです。たとえば、リスト8-1では、WinMain関数の処理の中にあるaveとbuffがローカル変数です。グローバル変数とは、プログラムの実行時に常にメモリー上に存在する変数のことです。リスト8-1では、関数の処理の外にあるtitleがグローバル変数です。titleをグローバル変数にする必要はないのですが、説明の都合で、わざとグローバル変数にしています。

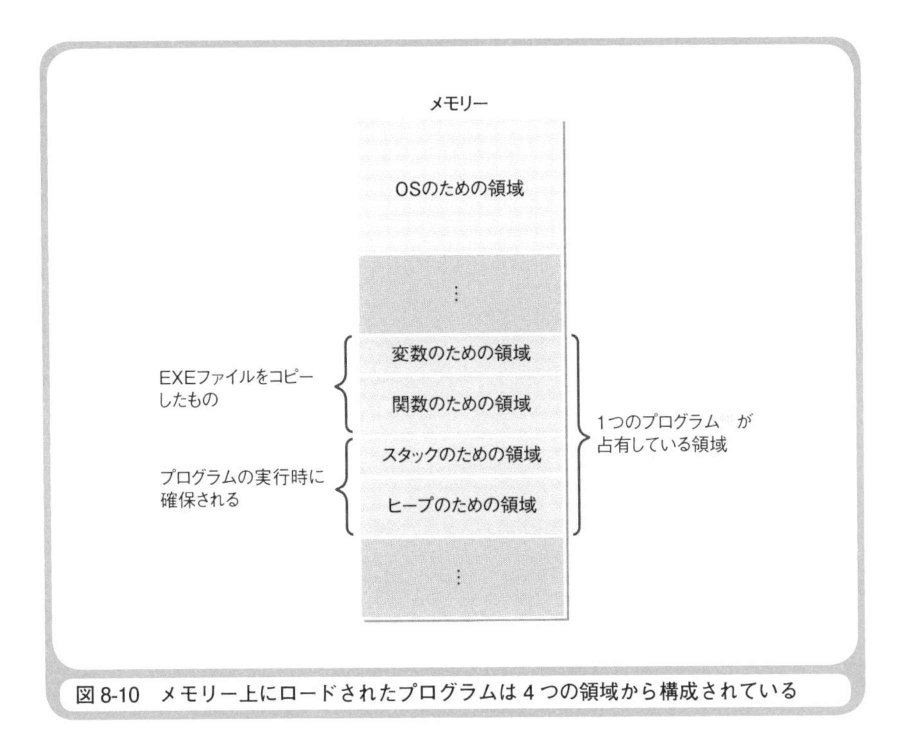

図8-10　メモリー上にロードされたプログラムは4つの領域から構成されている

領域、スタックのための領域、ヒープのための領域という4つのグループから構成されていることになります。もちろん、メモリー上には、OSであるWindowsがロードされている領域も別にあります（**図8-10**）。

スタックとヒープは、プログラムの実行時に、それらの領域が確保されるという点で似ています[*9]。ただし、メモリーの使い方には、少し違いがあります。スタックにデータの格納と破棄（クリーンアップ処理）を行うコードは、コンパイラによって自動的に生成されるので、プログラ

＊8　どのようなプログラムであっても、その内容は処理とデータから構成されています。多くのプログラミング言語では、処理を関数で表し、データを変数で表します。

＊9　スタックやヒープのサイズは、プログラマが任意に指定できます。高水準言語でプログラムを記述した場合には、これらのサイズを指定するコードをコンパイラが自動的に生成し、プログラムに付加してくれます。

マが意識する必要はありません。スタックを使うデータのためのメモリー領域は、1つの関数が呼び出されると確保され、関数の処理が終わると自動的に解放されます。それに対して、ヒープのためのメモリー領域は、プログラマが記述したプログラムによって明示的に確保と解放を行います。

ヒープの確保と解法を行うプログラムの記述方法は、プログラミング言語の種類によってさまざまです。C言語では、malloc( )関数でヒープのメモリー領域を確保し、free( )関数で解放します。C++では、new演算子でヒープのメモリー領域を確保し、delete演算子で解放します。C言語やC++では、プログラムで明示的にヒープを解放しないと、処理の終了後もメモリー領域が確保されたままになります。この現象は、**メモリー・リーク**(memory leak、メモリーの漏れ)と呼ばれ、C言語やC++のプログラマの間で恐れられているバグ(プログラムの不具合)の一種です。メモリー・リークが蓄積されると、いずれメモリーが不足してコンピュータがダウンしてしまうからです。これは、水道の蛇口からポタポタと漏れた水滴が、一晩かけてゆっくりバケツをあふれさせることに似ています。

ちょっと高度なQ&A

Q:コンパイラとインタプリタの違いは何ですか?

A:コンパイラは、実行前にソースコード全体を解釈して処理します。インタプリタは、実行時にソースコードの内容を1行ずつ解釈して処理します。一般的に、C言語やC++は、コンパイラです。第12章で取り上げるPythonは、インタプリタです。

Q:「分割コンパイル」って何ですか?

A: **分割コンパイル**とは、プログラム全体を複数のソースコードに分けて記述し、それらを別々にコンパイルして、最後に1つのEXEファイルにリンクすることです。一つひとつのソースコードが短くなるので、プログラムを管理しやすくなります。

Q：「ビルド」とは、何のことですか？

A：開発ツールの種類によっては、「ビルド」メニューを選択することで、EXEファイルが得られるものがあります。この場合のビルドは、コンパイルとリンクを続けて行うという意味です。

Q：DLLファイルを使うメリットは何ですか？

A：DLLファイルの中にある関数は、複数のプログラムから共有されます。これによって、メモリーとディスクを節約できます。関数の内容を修正しても、それを利用しているプログラムをリンク（スタティック・リンク）し直さなくてよいというメリット[*10]もあります。

Q：インポート・ライブラリをリンクしないとDLLファイルの中にある関数を呼び出せないのですか？

A：LoadLibrary( )やGetProcAddress( )というAPIを使えば、インポート・ライブラリをリンクしなくても、プログラムの実行時にDLLファイルの中にある関数を呼び出せます。ただし、インポート・ライブラリを使ったほうが簡単です。

Q：「オーバーレイ・リンク」という言葉を聞いたことがあるのですが、何のことでしょうか？

A：同時に実行されることのない関数を、同じアドレスに交替でロードし

*10　DLLファイルを複数プログラムで共有するメリットについて、第5章に説明があります。

て実行するものです。「オーバーレイ・リンカー」という特殊なリンカーを使うことで実現できます。仮想記憶の仕組みを持たないMS-DOS時代に使われていました。

Q：メモリー管理に関係したことだと思うのですが、「ガベージ・コレクション」とは何ですか？

A： ガベージ・コレクション（Garbage Collection、ごみ集め）とは、処理が終わって不要となったヒープ領域のデータを破棄し、そのために使われていたメモリー領域を解放することです。不要なデータをごみにたとえているわけです。JavaやC#などのプログラミング言語では、プログラムの実行環境がガベージ・コレクションを自動的に行ってくれます。プログラマのうっかりミス（メモリーを解放する処理を書き忘れること）でメモリー・リークとなることを防ぐためです。

第9章

OSとアプリケーションの関係

ウォーミングアップ

本題に入る前に、ウォーミングアップとしてクイズを出題させていただきます。きちんと説明できるかどうか試してみてください。

1. モニター・プログラムの主な機能は、何ですか？
2. OSの上で動作するプログラムのことを何と呼びますか？
3. OSが提供する機能を呼び出すことを何と呼びますか？
4. Windows 10は、何ビットOSですか？
5. GUIとは、何の略語ですか？
6. WYSIWYGとは、何の略語ですか？

いかがだったでしょうか。改めて聞かれると、簡潔に答えられない問題もあったことでしょう。参考までに、筆者の答えと解説を以下に示しておきます。

答え

1. プログラムのロードと実行
2. アプリケーション(応用プログラム)
3. システム・コール
4. 32ビットおよび64ビット
5. Graphical User Interface
6. What You See Is What You Get

解説

1. モニター・プログラムは、OSの原型であると言えます。
2. ワープロ・ソフトや表計算ソフトなどは、アプリケーションです。
3. アプリケーションは、システム・コールを利用して、ハードウエアを間接的に制御します。
4. Window 10には、32ビット版と64ビット版があります。
5. ディスプレイに表示されたウインドウやアイコンなどをマウスでクリックしてビジュアルに操作できるユーザー・インタフェースのことです。
6. WYSIWYGは、ディスプレイに表示されたものを、そのままプリンタで印刷できることを意味します。Windowsの特徴のひとつです。

この章のポイント

プログラムを実行してコンピュータを使う目的の多くは、業務の効率化です。たとえば、Microsoft Wordのようなワープロ・ソフトは、文書の作成という業務を効率化するためのプログラムであり、Microsoft Excelなどの表計算ソフトは、帳簿の計算という業務を効率化するためのプログラムです。ワープロ・ソフトや表計算ソフトなどのように、特定の業務を効率化してくれるプログラムのことを「アプリケーション」と総称します。

一般的なプログラマの仕事は、さまざまな業務を効率化するためのアプリケーションを作成することです。アプリケーションの実行環境となるOSは、市販されているものをそのまま使うことになります。ただし、OSを無視してアプリケーションを作成することはできません。プログラマは、OSが提供する機能を利用してアプリケーションを作成するからです。この章では、OSの役割と、アプリケーションからOSの機能を利用する方法を説明します。OSの種類としては、多くの皆さんが利用しているWindowsを取り上げます。

歴史に見るOSの機能

まず、OS[*1]の歴史を簡単に振り返りながら、OSとは、どのようなソフトウエアなのかを説明しましょう。

まだOSが存在していなかった大昔のコンピュータでは、まったくプログラムのない状態から、プログラマがあらゆる処理を行うプログラムをすべて作成していました。これでは、あまりにも面倒です。そこで、OSの原型が開発されました。それは、プログラムをロードする機能と実行する機能だけを備えた**モニター・プログラム**です。あらかじめモニター・プログラムを起動させておけば、必要に応じてさまざまなプログラムをメ

*1 OS (Operating System)は、「基本ソフトウエア」とも呼ばれます。OSとは、コンピュータを動作させるための制御プログラムと、ユーザーに基本的な操作環境を提供するソフトウエアの総称です。なお、OSの上で動作するアプリケーションのことを「応用プログラム」と呼ぶこともあります。

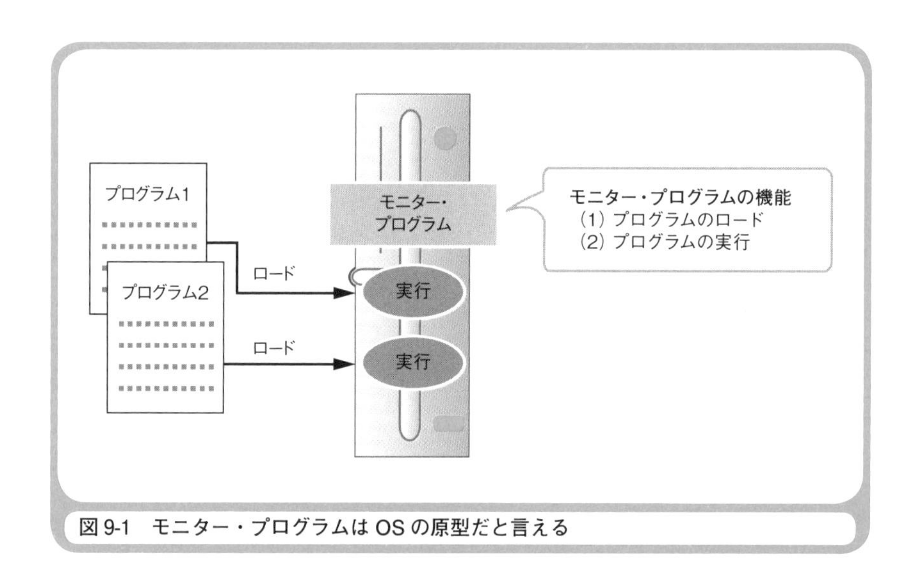

図 9-1　モニター・プログラムは OS の原型だと言える

モリーにロードして実行できます。まったくプログラムのない状態から開発することと比べれば、だいぶ楽になったわけです(**図9-1**)。

時代は進み、モニター・プログラムを利用するプログラムを何種類か作成しているうちに、多くのプログラムに共通した部分があることがわかってきました。たとえば、キーボードから文字データを入力したり、ディスプレイに文字データを出力したりする部分などです。これらの処理は、プログラムの種類が異なっても共通しています。新しいプログラムを作成するたびに、同じ処理を記述するのは無駄なことです。そこで、基本的な入出力を行う機能を持ったプログラムがモニター・プログラムに追加されました。初期のOSの誕生です(**図9-2**)。

さらに時代は進み、プログラマの便宜を図るためのハードウエア制御プログラム、言語プロセッサ(アセンブラ、コンパイラ、インタプリタ)、さまざまなユーティリティ[*2]などの機能が追加され、結果として現在の

*2　ユーティリティとは、「役に立つプログラム」という意味です。

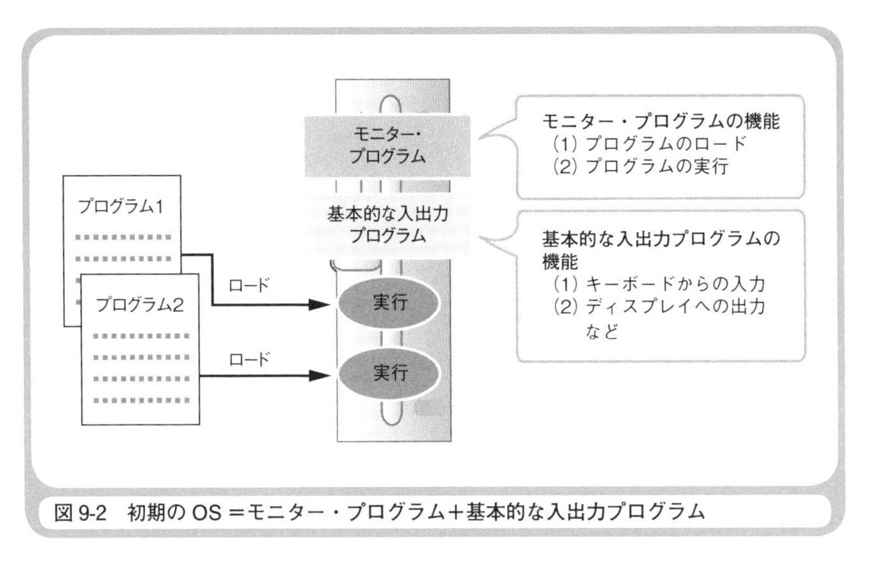

図9-2 初期のOS＝モニター・プログラム＋基本的な入出力プログラム

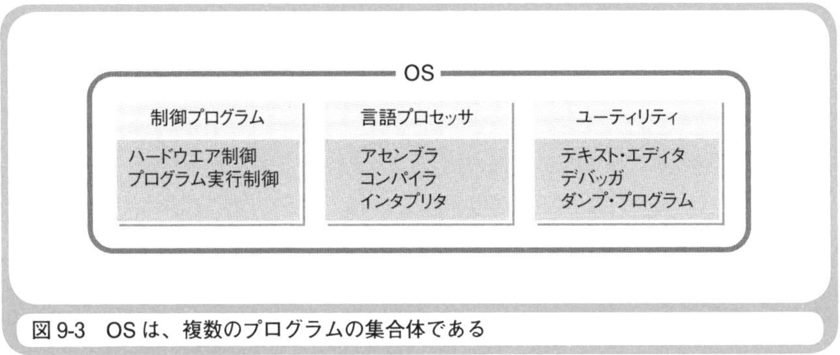

図9-3 OSは、複数のプログラムの集合体である

OSとほぼ同様の形態となりました。OSとは、単独のプログラムではなく、複数のプログラムの集合体なのです（**図9-3**）。

OSの存在を意識しよう

アプリケーションを作成するプログラマに意識してほしいのは、ハードウエアの機能ではなく、OSの機能を利用するアプリケーションを作成しているということです。プログラマには、ハードウエアの基本的な知識を持つことが必要ですが、OSが存在する以上、ハードウエアを直接制御するプログラムを記述することはありません。

OSによってプログラマがハードウエアを意識しなくてすむようになったので、プログラマの人口も増えました。「私は技術オンチなのでハードウエアのことはよくわかりません」という人であっても、それなりにアプリケーションを作成できます。ただし、一人前のプログラマになるためには、基本的なハードウエアのことがわかっていて、それがOSによって抽象化されているため、効率的にプログラミングできるという事実を知っておくべきです。そうでないと、何らかのトラブルに遭遇したときに、解決するすべが見つからないでしょう。OSのおかげでプログラマは楽ができます。ただし、楽をするだけではダメです。なぜ楽ができるかを知ってから、楽をしてください。

OSの存在によって、どのように楽ができるかを説明しましょう。**リスト9-1**は、WindowsというOS上で、現在時刻を表示する機能を持ったアプリケーションをC言語で作成したものです。time( )は現在の日付と時

リスト9-1　現在時刻を表示するアプリケーション

```
#include <stdio.h>
#include <time.h>

int main() {
    // 日付と時刻の情報を格納する変数
    time_t tm;

    // 現在の日付と時刻を取得する
    time(&tm);

    // ディスプレイに日付と時刻を表示する
    printf("%s¥n", ctime(&tm));

    return 0;
}
```

刻を取得する関数で、printf( )はディスプレイに文字列を表示する関数です。プログラムの実行結果を**図9-4**に示します。

リスト9-1のアプリケーションの実行によってハードウエアが制御される手順は、次のようになります。

(1) time_t tm;によって、time_t型の変数のためのメモリー領域が確保される。
(2) time(&tm);によって、現在の日付と時刻のデータが変数のメモリー領域に格納される。
(3) printf("%s¥n", ctime(&tm));によって、変数のメモリー領域の内容がディスプレイに出力される。

アプリケーションの実行可能ファイルは、パソコンのCPUが直接解釈・実行できるネイティブ・コードになっています。ただしそれは、パソコンに装備された時計用のICやディスプレイ用のI/Oなどのハードウエアを直接制御するネイティブ・コードにはなっていないのです。それでは、どうしてリスト9-1のアプリケーションは、ハードウエアを制御できるのでしょうか？

OSが動作している環境で実行されるアプリケーションは、ハードウエアを直接制御せずに、OSを介して間接的にハードウエアを制御していま

図9-4　リスト9-1の実行結果

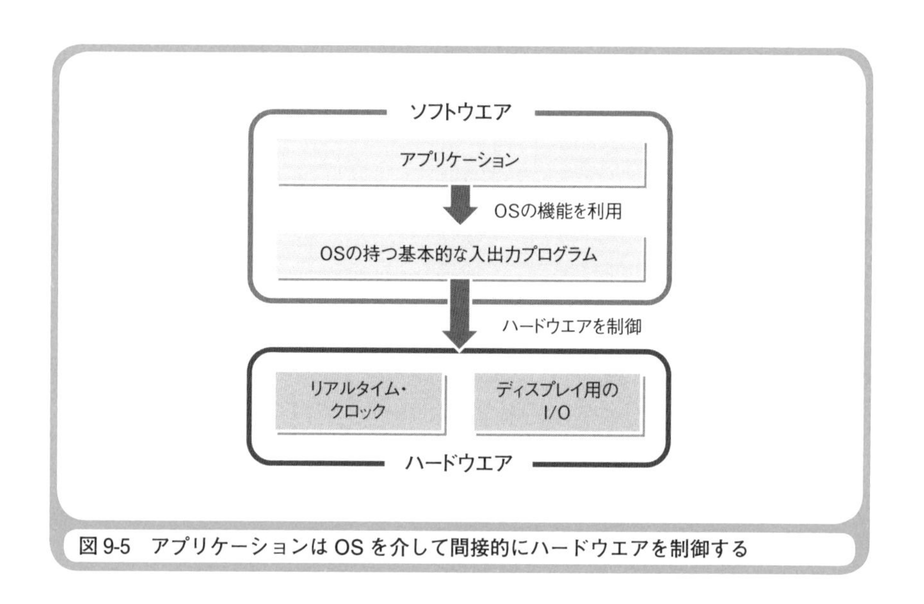

図9-5　アプリケーションはOSを介して間接的にハードウエアを制御する

す。変数の宣言に対するメモリー領域の確保や、time( )やprintf( )という関数の実行結果は、ハードウエアではなくOSに対して作用します。アプリケーションから命令を受けたOSが、その命令を解釈し、時計用のIC（リアルタイム・クロック*3）やディスプレイ用のI/Oを制御するのです（**図9-5**）。

システム・コールと高水準言語の移植性

OSのハードウエア制御機能は、小さな関数の集合体として提供されているのが一般的です。これらの関数、および関数を呼び出す行為のことをシステム・コール（system call）と呼びます*4。アプリケーションが、OS（システム）の機能を呼び出す（コールする）という意味です。先ほど

*3　パソコンの中には、日付と時刻を保持する「リアルタイム・クロック」と呼ばれるICが装備されています。本文で時計用のICと呼んでいるのは、リアルタイム・クロックのことです。
*4　Windowsでは、OSが提供する関数をAPIと呼び、APIを呼び出す行為のことをAPIコールと呼ぶこともあります。

のプログラムの中で使われていたtime( )やprintf( )などの関数も、内部的にシステム・コールを使っています。ここで、あえて「内部的」と断っているのは、WindowsというOSにおいて、現在の日付と時刻を返す機能や、ディスプレイに文字列を表示する機能を提供するシステム・コールの関数名は、time( )やprintf( )ではないからです。time( )やprintf( )の内部で、システム・コールが行われているのです。回りくどい手法のように思われますが、これには理由があります。

C言語などの高水準言語は、特定のOSに依存しないものです。WindowsでもLinuxでも、基本的に同じソースコードが使えます。それを実現するために、高水準言語では独自の関数名を使い、それがコンパイルされるときに該当するOSのシステム・コール(もしくは、複数のシステム・コールの組み合わせ)に変換されるという仕組みになっています。すなわち、高水準言語で記述されたアプリケーションをコンパイルすると、システム・コールを利用するネイティブ・コードになるのです(**図9-6**)。

高水準言語の中には、直接システム・コールを呼び出すことが可能な言語も存在します。しかし、そのようなスタイルで作成されたアプリケーションは、移植性[*5]の悪いものとなってしまいます。たとえば、Windows

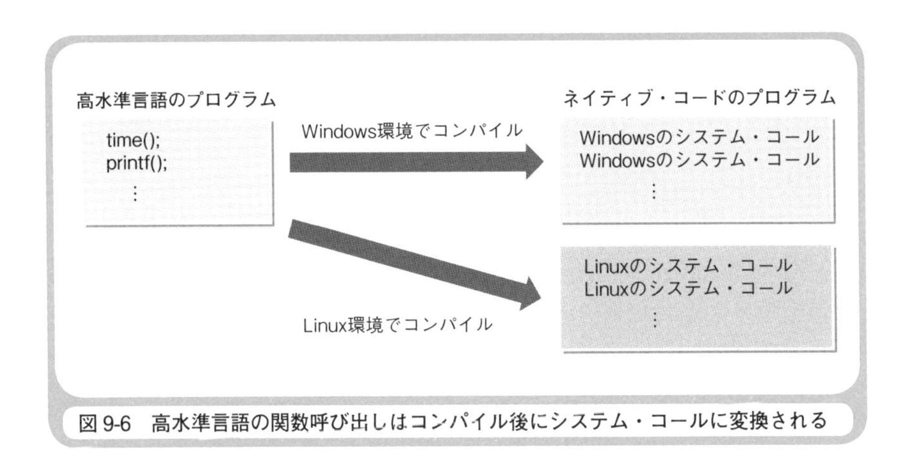

図9-6　高水準言語の関数呼び出しはコンパイル後にシステム・コールに変換される

のシステム・コールを直接呼び出しているアプリケーションは、当然のことながらLinuxでは動作しません。

OSと高水準言語がハードウエアを抽象化してくれる

OSが提供するシステム・コールによって、プログラマは、ハードウエアを直接制御するプログラムを記述する必要がありません。さらに、高水準言語を使うことによってシステム・コールの存在を意識する必要もなくなります。OSと高水準言語によって、ハードウエアを抽象化できるのです。これは、本当に素晴らしいことです。

ハードウエアが抽象化される具体例を示しましょう。**リスト9-2**は、ファイルに文字列を書き込むアプリケーションをC言語で記述したものです。fopen( )はファイルをオープンする関数、fputs( )はファイルに文

リスト9-2　ファイルに文字列を書き込むアプリケーション

```
#include <stdio.h>

int main() {
    // ファイルをオープンする
    FILE *fp = fopen("MyFile.txt", "w");

    // ファイルに文字列を書き込む
    fputs(" こんにちは ", fp);

    // ファイルをクローズする
    fclose(fp);

    return 0;
}
```

＊5　移植性とは、同じプログラムを異なるOSで動かすための手間が、どれだけかからないか、ということです。

字列を書き込む関数、fclose( )はファイルをクローズする関数です[*6]。

このアプリケーションをコンパイルして実行すると、MyFile.txtという名前のファイルに「こんにちは」という文字列が書き込まれます。ファイルとは、OSがディスク媒体の領域を抽象化したものにほかなりません。第5章で説明したように、ハードウエアとしてのディスク媒体は、木の年輪を切り分けたようなセクターに区切られ、セクター単位でデータを読み書きするものです。ハードウエアを直接操作するなら、ディスク用のI/Oにセクターの位置を指定してデータを読み書きすることになるでしょう。

ところが、リスト9-2のプログラムには、セクターなどみじんも登場しません。fopen( )に与える引数は、ファイル名"MyFile.txt"、ファイルを書き込むことを指定する"w"だけです。fputs( )に与える引数は、ファイルに書き込む文字列"こんにちは"とfpだけです。fcloseに与える引数は、fpだけです。ディスク媒体の読み書きにファイルという概念を採用し、ファイルを開いてfopen( )、書き込んでfputs( )、最後に閉じるfclose( )という手順に抽象化しているのです(**図9-7**)。

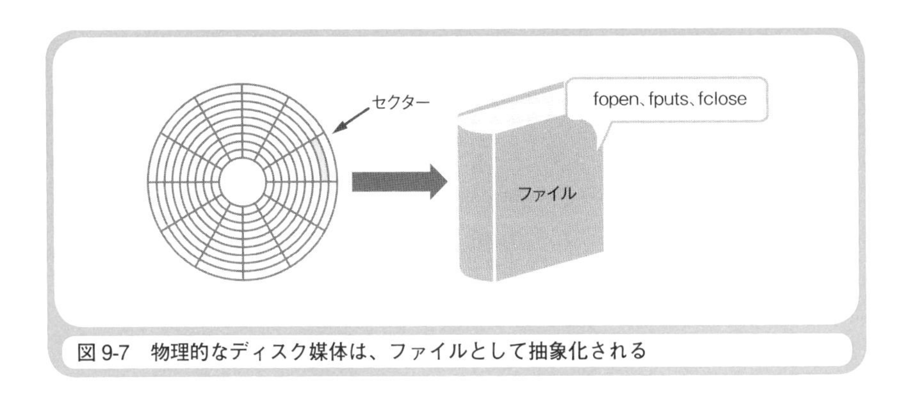

図9-7 物理的なディスク媒体は、ファイルとして抽象化される

*6 fopen( )、fputs( )、fclose( )という関数名は、それぞれfile open、file put string、file closeを略したものです。stringは、「文字列」という意味です。

リスト9-2の中で使われている変数fpの役割を説明しておきましょう。変数fpには、fopen( )関数の戻り値が代入されています。この値をファイル・ポインタと呼びます。アプリケーションによってファイルがオープンされると、ファイルの読み書きを管理するためのメモリー領域が、OSによって自動的に確保されます。そのメモリー領域のアドレスがfopen( )関数の戻り値として得られるのです。fopen( )でファイルがオープンされた後は、ファイル・ポインタを指定してファイルを操作します。そのため、fputs( )やfclose( )の引数にファイル・ポインタ(変数fp)が指定されているのです。

ただし、ファイルの読み書きを管理するためのメモリー領域の内容や、その実体がどこにあるのかを、プログラマが意識する必要はありません。「ディスク媒体を操作するための何らかの情報がどこかに格納されているのだろう」とだけ思っていれば、アプリケーションを作成できます。

Windows という OS の特徴

皆さんの中には、OSとしてWindowsを使っている人が多いことでしょう。そこで、Windowsを例として、OSが備える機能をもう少し詳しく見てみましょう。WindowsのOSとしての主な特徴を挙げると、以下のようになります。

(1) 32ビット版と64ビット版がある
(2) APIという関数セットでシステム・コールを提供する
(3) GUIを採用したユーザー・インタフェースを提供する
(4) WYSIWYG[*7]によるプリンタ出力ができる
(5) マルチタスク機能を提供する
(6) ネットワーク機能やデータベース機能を提供する
(7) プラグ&プレイによるデバイス・ドライバの自動設定ができる

これらは、プログラマにとって意味のあることだけを示したものです。ここから先では、WindowsというOSの特徴と、それがプログラミングにどのように影響するかを順番に説明していきます。

(1) 32ビット版と64ビット版がある

Windowsには、32ビット版と64ビット版があり、どちらかを選択できます。これらの32ビットと64ビットは、最も効率的に処理できるデータのサイズを意味しています。Windowsがデータを処理する基本単位が、32ビット版なら32ビットで､64ビット版なら64ビットなのです。ただし、64ビット版のWindowsには、32ビット版のWindowsのアプリケーションを動作させる機能があるので、現状の多くのアプリケーションは、互換性を持たせるために32ビット版になっています。多くのCコンパイラも、32ビットのCPU用のネイティブ・コードを生成するようになっています。多くの人が、64ビット版のWindowsを使っているでしょう。そうであっても、アプリケーションは32ビット版を作っていることを意識してください。

(2) APIという関数セットでシステム・コールを提供する

Windowsは、APIと呼ばれる関数セットでシステム・コールを提供します。APIは、アプリケーションを作るプログラマとOSをつなぐ窓口となるものです。だからAPI (Application Programming Interface＝アプリケーションを作成する窓口) と呼ぶのです。

32ビット版のWindowsのAPIを**Win32 API**と呼び、64ビット版のWindowsのAPIを**Win64 API**と呼びます。32ビット版のアプリケーショ

※7　WYSIWYGは、What You See Is What You Getの略で「ウィズィウィグ」と読みます。文書やグラフィックスなどが、ディスプレイに表示 (What You See) されたとおりに (Is) プリンタで印刷 (What You Get) できることを意味します。

ンを作る場合は、Win32 APIを使います。Win32 APIでは、個々の関数の引数や戻り値となるデータのサイズが、基本的に32ビットとなっています。

APIは、いくつかのDLLファイルとして提供されます。個々のAPIの実体は、C言語で記述された関数です。したがって、C言語のプログラムからは、容易にAPIを利用することができます。ここまで本書のサンプル・プログラムの中で紹介したAPIには、MessageBox( )があります。MessageBox( )は、Windowsが提供するuser32.dllというDLLファイルの中に格納されています。user32.dllは、32という言葉が示すとおり、Win32 APIを収録しています。

(3) GUIを採用したユーザー・インタフェースを提供する

GUI (Graphical User Interface)とは、ディスプレイに表示されたウインドウやアイコンなどをマウスでクリックすることでビジュアルに操作できるユーザー・インタフェースのことです。ユーザーにとって、GUIは絵でありマウスであるわけですが、プログラマにとっては、それだけではありません。GUIを実現するアプリケーションの作成は、とてもむずかしいものだからです。「GUIは、使って極楽、作って地獄」という川柳があるくらいです。

このむずかしさの原因は、GUIではユーザーがどのような順序でアプリケーションを操作するかが特定できないことにあります。たとえば、**図9-8**は、ワープロ (Microsoft Word) でフォントの設定を行うウインドウです。さまざまな項目を設定できるようになっています。ワープロのユーザーから見た使い勝手はよく、操作そのものも簡単ですが、これを作るプログラマの身になれば、決して簡単なものではありません。

GUIを採用したOSで動作するアプリケーションでは、ユーザーが処理の流れを決めます。したがって、プログラマは、どのような順序で操

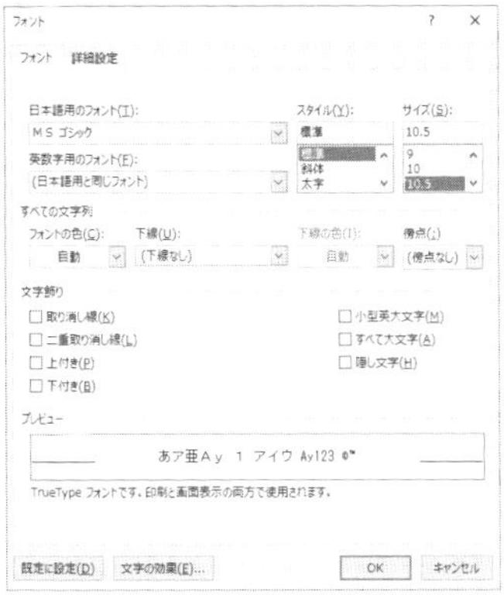

図9-8 ユーザーはウインドウ内をどのような順序で操作してもかまわない

作されても問題ないようにアプリケーションを作成しなければなりません。CUI[※8]のアプリケーションの経験しかないプログラマには、大きな意識改革が必要であり、ここにGUIのむずかしさがあります。

(4) WYSIWYGによるプリンタ出力ができる

WYSIWYG(ウィズィウィグ)とは、ディスプレイに表示されたものを、そのままプリンタで印刷できるということです。Windowsには、ディスプレイとプリンタを、グラフィックスを出力する同等の装置として取り扱う機能があり、それによってWYSIWYGが実現されています。

WYSIWYGのおかげで、プログラマは楽ができます。かつては、ディスプレイの表示とプリンタの印刷のために、それぞれ別々のプログラムを記述する必要がありました。それに対してWindowsでは、WYSIWYGによりほとんど同じプログラムで表示と印刷の両方が実現できます(もち

※8 CUI(Character User Interface)とは、キーボードから入力された文字列によるコマンドだけでコンピュータを操作することです。Windowsのコマンドプロンプトの操作は、CUIです。

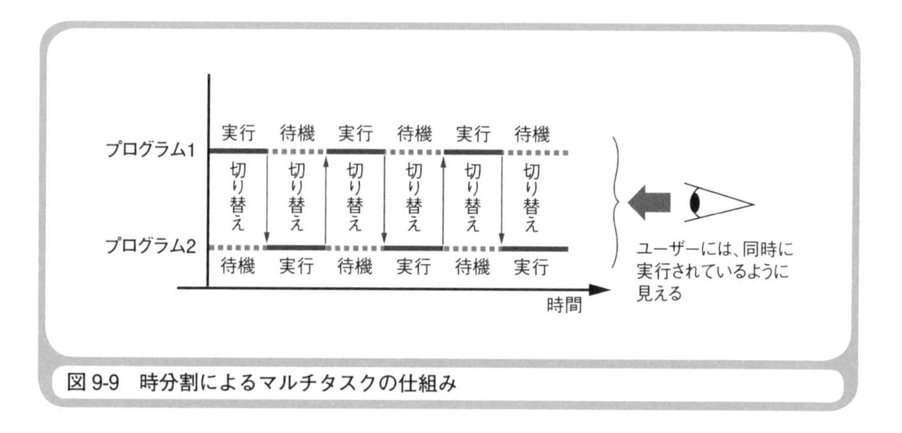

図 9-9　時分割によるマルチタスクの仕組み

ろん、表示と印刷の内容を異なるプログラムにすることも可能です)。

(5) マルチタスク機能を提供する

マルチタスクとは、複数のプログラムを同時に実行する機能のことです。Windowsは、時分割という技法で、マルチタスクを実現しています。時分割とは、短い時間間隔で、複数のプログラムを切り替えながら実行することです。ユーザーの目には、複数のプログラムが同時に実行されているように見えます。Windowsが複数のプログラムの実行を切り替えてくれるのです(**図9-9**)。Windowsには、プログラムの中にある関数の単位で時分割を行うマルチスレッド[*9]と呼ばれる機能もあります。

(6) ネットワーク機能やデータベース機能を提供する

Windowsには、ネットワーク機能が標準で装備されています。サーバー版のWindowsには、データベース(データベース・サーバー)機能を後か

*9 「スレッド」とは、OSがCPUに割り当てる最小の実行単位です。ソースコードの1つの関数が、1つのスレッドに相当します。マルチスレッド処理では、1つのプログラムの中にある複数の関数を同時に実行することができます。

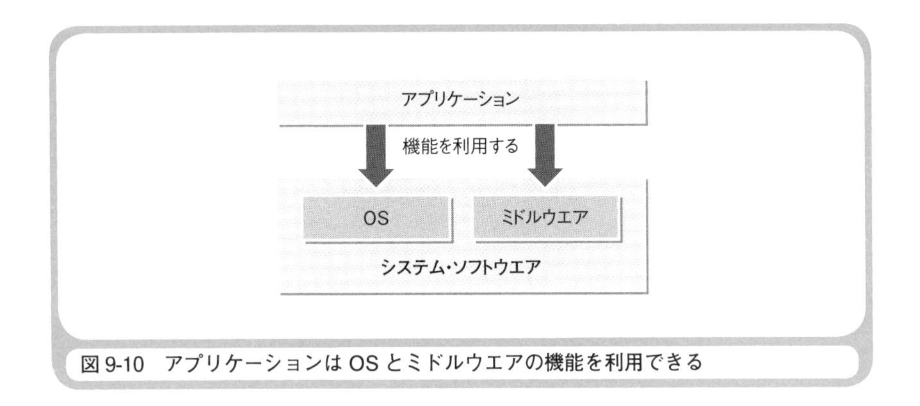

図9-10 アプリケーションはOSとミドルウエアの機能を利用できる

ら追加することもできます。データベース機能は、OS本体に不可欠な機能ではありませんが、OSに近い存在なので、アプリケーションではなくミドルウエアと呼ばれます。OSとアプリケーションの中間(middle)にあるという意味です。OSとミドルウエアをまとめて、システム・ソフトウエアと呼ぶこともあります。アプリケーションは、OSだけではなく、ミドルウエアの機能を利用することもできます(**図9-10**)。

OSは、一度インストールしてしまうと簡単には交換できませんが、ミドルウエアは必要に応じて任意に交換できます。ただし、ミドルウエアの変更に応じてアプリケーションにも変更が必要になる場合が多いので、ミドルウエアの変更が容易というわけではありません。

(7) プラグ&プレイによるデバイス・ドライバの自動設定ができる

プラグ&プレイは、新しい装置を接続(プラグ)すると、すぐに使える(プレイ)仕組みのことです。新しい装置をパソコンに接続すると、その装置を制御するためのデバイス・ドライバと呼ばれるプログラムのインストールと設定が自動的に行われます。

デバイス・ドライバは、OSの一部であり、ハードウエアとの基本的な入出力を行う機能を提供するものです。キーボード、マウス、ディスプレイ、ディスク装置、ネットワークなど、一般的なパソコンに必ず装備されているハードウエアのためのデバイス・ドライバは、OSと一緒にインストールされます。後からプリンタや無線LAN（Wi-Fi）[*10]などのハードウエアを追加した場合には、それぞれ専用のデバイス・ドライバをOSに追加することになります。新たなハードウエアを購入すると、光ディスクが同梱されていることがありますが、その中にデバイス・ドライバが収録されています。インターネットでダウンロードして、デバイス・ドライバを入手する場合もあります。

デバイス・ドライバ本体のファイルと一緒に、DLLファイルがインストールされることがあります。このようなDLLファイルの中には、新たに追加されたハードウエアを利用するためのAPI（関数セット）が格納されています。このAPIを利用することで、新たに追加されたハードウエアを利用するアプリケーションを作成できます。

デバイス・ドライバとAPIを任意に追加できるという仕組みが、WindowsというOSを柔軟にしています。柔軟とは、新しいハードウエアに後から対応できるという意味です。

この章では、アプリケーションとOSを明確に区別するために、「このプログラムが…」と言いたいところをあえて「このアプリケーションが…」のように説明してきました。プログラムとは、OS、ミドルウエア、アプリケーションなど、あらゆるソフトウエアの総称だからです。一般的なプログラマが作成するプログラムはアプリケーションであり、OSではないでしょう。アプリケーションである以上は、何らかの形でOSの機能を利用することになります。プログラマはそのことを常に意識する必要が

＊10　多くの場合、無線LANは、ノート・パソコンには標準で装備されていますが、デスクトップ・パソコンには装備されていない場合があります。このようなデスクトップ・パソコンで無線LANを使う場合には、ハードウエアの追加と、デバイス・ドライバのインストールが必要になります。

あります。たとえば、もしもアプリケーションが思いどおりに動作しなかったなら、ハードウエアの使い方ではなく、OSの使い方が間違っている場合が多いものです。ミドルウエアとデバイス・ドライバもOSの一部だと考えてください。

＊　＊　＊

本書の説明の中では、これまでに何度もネイティブ・コードという言葉が登場してきました。もしも、ネイティブ・コードで直接プログラムを作成できたら、プログラムの動作する仕組みが手に取るようにわかるでしょう。しかし、そんなことができる人は、滅多にいるものではありません。ネイティブ・コードの代わりにアセンブリ言語を使うことが一般的です。そこで次の章では、アセンブリ言語のプログラムから、プログラムが動作する生の仕組みを見てみます。

スマホが大好きな女子高生に OSの役割を説明する

筆者：スマホかタブレットを持ってる？

女子高生：スマホを持ってま～す。

筆者：何ていう機種？

女子高生：Google Pixelで～す。

筆者：そりゃ、すごいなぁ！　ところで、何に使ってるの？

女子高生：もちろん友達とLINEですよ。それと、動画を見たり、ゲームをしたり、天気予報を確認したりすることもありますよ。

筆者：そうか、そうか。ところで、スマホって電話だよね。電話なのになんで動画を見たり、ゲームをしたり、天気予報を確認したりできるか、わかるかな。つまり電話でインターネットできる仕組みがわかる？

女子高生：電話だからインターネットにつながるんでしょう…

筆者：そりゃそうなんだけど、スマホは単なる電話じゃなくて、電話付きコンピュータなんだ。

女子高生：なんか、むりやりオジサンの得意分野に話を持っていかれそう。

筆者：まあ、いいじゃないか。コンピュータは、プログラムを動作させるための機械だってことは、わかるよね？

女子高生：わかりますよ。パソコンとか使ったことありますから。

筆者：スマホの中にも、プログラムが入っているんだよ。そのプログラムがあるからこそ、インターネットができるんだ。文字や絵が表示されるのもプログラムのおかげなんだ。

女子高生：当ったり前で、つまんな～い話。

筆者：（しまった…話題を変えよう）ところで、スマホには、さまざまなアプリがあるけど、アプリってどういう意味かわかる？

女子高生：アプリは、アプリでしょ。

筆者：（よしよし、ここからが本題だ）実は、アプリというのは、略語であって、正式には、アプリケーションと呼ぶんだ。

女子高生：それじゃあ、アプリケーションって何ですか？

筆者：とってもいい質問だね。アプリケーションは、プログラムを分類する言葉だよ。一口にプログラムと言っても、その役割からOSとアプリケーションに分類できるんだ。

女子高生：OSとアプリケーションですか…。

筆者：スマホには、いろんなアプリがあるよね。それぞれのアプリには、アプリの目的に応じた機能、タップやフリックなどの操作に反応する機能、そして文字や絵を表示する機能が必要だよね。

女子高生：？？？

筆者：アプリの種類が違えば、アプリの目的に応じた機能は違うけど、タップやフリックなどの操作に反応する機能と文字や絵を表示する機能は、同じだよね。

女子高生：同じじゃないと思いますけど…

筆者：プログラムを作る人にしてみれば、同じなの！ 同じ機能を、アプリごとに作るのは、無駄なことでしょう。そこで、どんなアプリにでも共通する機能をまとめて独立したプログラムにしたものが、OSと呼ばれるものなんだ。それぞれのアプリの目的に応じた機能を実現するプログラムが、アプリケーションだ。

女子高生：プログラムが2つに分かれているってことですか？

筆者：そのとおり！ スマホの中には、

あらかじめOSが入っている。Pixelなら Android か Chrome OSという名前のOSだよ。新しいアプリを使いたかったら、アプリのプログラムだけをダウンロードして追加する。必要なくなったら、アプリを消しちゃうこともできる。だけどOSは消さない。

女子高生：なんとなく、わかったような、わからないような…

筆者：それじゃ、スマホじゃなくて、パソコンを例にしてみよう。パソコンでも、プログラムがOSとアプリケーションに分かれているんだ。Windowsって知っているだろ。Windowsは、OSだ。あとから買ってきてインストールするワープロ・ソフトやゲームなんかはアプリケーションだ。

女子高生：Windowsにも、最初からトランプのゲームとか付いてますよ。

筆者：あれは、Windowsのオマケに付いてくるアプリケーションであって、OS自体じゃないんだよ。

女子高生：ふ〜ん。

筆者：「ふ〜ん」って、わかってくれたのかな？

女子高生：なんとなくね。

第10章

アセンブリ言語からプログラムの本当の姿を知る

ウォーミングアップ

本題に入る前に、ウォーミングアップとしてクイズを出題させていただきます。きちんと説明できるかどうか試してみてください。

1. アセンブリ言語において、ネイティブ・コードの命令に、その機能を表す英語の略称を付けたものを何と呼びますか？
2. アセンブリ言語のソースコードをネイティブ・コードに変換することを何と呼びますか？
3. ネイティブ・コードをアセンブリ言語のソースコードに逆変換することを何と呼びますか？
4. アセンブリ言語のソース・ファイルの拡張子は、何ですか？
5. アセンブリ言語のプログラムにおけるセクション（セグメント）とは何ですか？
6. アセンブリ言語のジャンプ命令は、何のために使われますか？

いかがだったでしょうか。改めて聞かれると、簡潔に答えられない問題もあったことでしょう。参考までに、筆者の答えと解説を以下に示しておきます。

答え

1. ニーモニック
2. アセンブルする
3. 逆アセンブルする
4. .asmや.sなど
5. プログラムを構成する命令やデータをまとめたグループのこと
6. プログラムの流れを任意のアドレスに移す

解説

1. アセンブリ言語では、ニーモニックを使ってプログラムを記述します。
2. アセンブルするには、アセンブラというツールを使います。
3. 逆アセンブルすることで、人間が理解できるソースコードが得られます。
4. アセンブリ言語のソース・ファイルの拡張子は、Windowsでは主に.asmであり、Linuxでは主に.sです。ただし、この章で使用するWindows環境用のC言語のコンパイラであるBCC32では、.sが使われます。
5. 高水準言語のソースコードで、バラバラに記述された命令やデータであっても、コンパイル後には、それぞれのセクション（セグメントとも呼びます）にまとめられます。
6. アセンブリ言語では、ジャンプ命令によって、繰り返しや条件分岐が実現されます。

この章のポイント

学生時代に筆者は、C言語のソースコードとアセンブリ言語のソースコードを比較したレポートを書いたことがあります。これは、C言語のさまざまな構文をアセンブリ言語に変換し、その内容を調べたものです。この経験によって、プログラムが動作する仕組みが手に取るように見えてきました。

この章では、皆さんにも同じ経験をしていただきたいと思います。C言語で記述した関数呼び出し、ローカル変数とグローバル変数、条件分岐や繰り返しなどを、アセンブリ言語に変換して、それぞれの仕組みを調べてみます。ここでは、32ビットのx86系CPU用のアセンブリ言語を対象として、これまでと同様にC言語のコンパイラとしてBCC32を使います。この章の内容は、他の章よりも、かなりヘビーだと思いますが、がんばってお付き合いください。

アセンブリ言語はネイティブ・コードと1対1に対応

これまで何度も説明してきたように、コンピュータのCPUが直接解釈・実行できるのは、ネイティブ・コード（マシン語）のプログラムだけです。C言語などで記述されたソースコードは、それぞれのプログラミング言語用のコンパイラでコンパイルすることで、ネイティブ・コードに変換されます。

ネイティブ・コードの内容を調べれば、プログラムが最終的にどのような姿になって実行されているのかがわかります。ただし、人間の目から見ると、ネイティブ・コードはただの数値の羅列です。直接この数値を使ってプログラムを作成したのでは、わかりづらいでしょう。そこで、個々のネイティブ・コードに、機能を表す英語の略語を付けるという手法が考案されました。たとえば、32ビットのデータで、加算を行うネイティブ・コードにはaddl（addition longの略）、比較を行うネイティブ・コードにはcmpl（compare longの略）という略語を付けます。この略語のことをニーモニック[*1]と呼び、ニーモニックを使うプログラミング言語

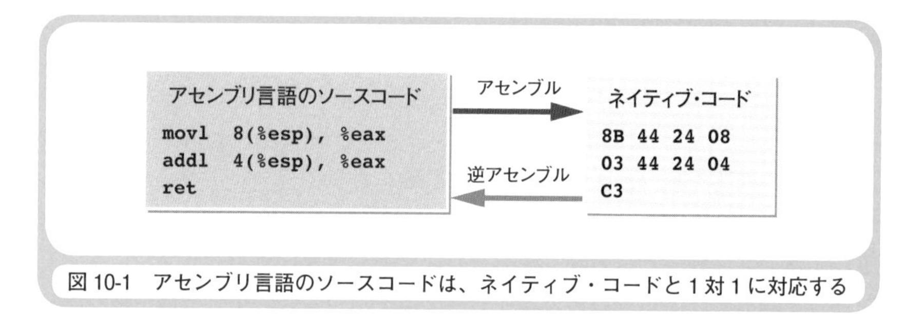

図10-1 アセンブリ言語のソースコードは、ネイティブ・コードと1対1に対応する

のことをアセンブリ言語と呼びます。アセンブリ言語で記述されたソースコードを見れば、プログラムの本当の姿がわかります。ネイティブ・コードのソースコードを見るのと、同じレベルのものだからです。

アセンブリ言語で記述されたソースコードであっても、最終的にはネイティブ・コードに変換しなければ実行できません。そのための変換プログラムのことをアセンブラと呼び、変換することをアセンブルすると言います。ソースコードをネイティブ・コードに変換するという機能において、アセンブラとコンパイラは同様のものだと言えます。

アセンブリ言語で記述されたソースコードと、ネイティブ・コードは1対1に対応します。したがって、ネイティブ・コードからアセンブリ言語のソースコードに逆変換することも可能です。このような機能を持った逆変換プログラムのことを逆アセンブラと呼び、逆変換することを逆アセンブルすると呼びます（**図10-1**）。

C言語を使って記述されたソースコードであっても、コンパイル後には、特定のCPU用のネイティブ・コードになります。それを逆アセンブルすれば、アセンブリ言語のソースコードが得られ、その内容を調べることができます。ただし、ネイティブ・コードをC言語のソースコードに逆コンパイルすることは、逆アセンブルと比べて困難です。なぜなら、C言

＊1 ニーモニック（mnemonic）は、「記憶を助ける短い語句」という意味です。

語のソースコードは、ネイティブ・コードと1対1に対応していないので、必ず元通りのソースコードが得られるわけではないからです[※2]。

C コンパイラでアセンブリ言語のソースコードを出力

ネイティブ・コードを逆アセンブルする方法以外にも、アセンブリ言語のソースコードを得る方法があります。C言語のコンパイラ(Cコンパイラ)の多くは、C言語で記述されたソースコードを、ネイティブ・コードではなくアセンブリ言語のソースコードに変換できるようになっています。この機能を使えば、C言語のソースコードとアセンブリ言語のソースコードを比較して調べることができます。学生時代に筆者が作成したレポートでも、この機能を使いました。BCC32では、コンパイラのオプションに「-S」を指定することで、アセンブリ言語のソースコードが生成されます。実際に試してみましょう。

Windowsのメモ帳などのテキスト・エディタを使って、次ページの**リスト10-1**に示すC言語のソースコードを作成し、list10_1.cというファイル名で任意のディレクトリ(フォルダ)に保存してください。C言語のソース・ファイルの拡張子は、一般的に「.c」とします。このプログラムは、引数に与えられた2つの整数値の加算結果を返すAddNum関数[※3]と、AddNum関数を呼び出すMyFunc関数から構成されています。プログラムの実行開始位置[※4]となる部分(main関数)がないので、このままではコン

※2 実行可能ファイルからソースコードを生成させることを、「逆アセンブル」や「逆コンパイル」のほか、「リバース・エンジニアリング」と呼ぶこともあります。市販のプログラムでは、使用許諾書の中で、実行可能ファイルをリバース・エンジニアリングすることを禁止している場合があります。

※3 AddNum関数は、2つの引数の加算結果を戻り値として返すだけのものであり、MyFunc関数は、AddNum関数を呼び出すだけのものです。実際のプログラミングで、このように単純な機能の関数が必要とされることはありませんが、関数の呼び出しの仕組みを説明するために、あえて単純な機能の関数を例にしました。

※4 コマンドプロンプト上で実行するCUIのプログラムでは、mainという名前の関数が実行開始位置になります。Windows上で実行するGUIのプログラムでは、WinMainという名前の関数が実行開始位置になります。

パイルできても実行できません。アセンブリ言語を学習するためのサンプルだと考えてください。

リスト 10-1　2つの関数から構成されたC言語のソースコード

```
// 2つの引数の加算結果を返す関数
int AddNum(int a, int b)
{
    return a + b;
}

// AddNum関数を呼び出す関数
int MyFunc()
{
    return AddNum(123, 456);
}
```

Windowsのスタート・メニューからWindowsシステムツールのコマンドプロンプトを起動し、カレント・ディレクトリをlist10_1.cが保存されたディレクトリに変更[*5]した後、以下のコマンドを入力して［Enter］キーを押してください。

```
bcc32c -c -O1 -S list10_1.c
```

bcc32cは、BCC32のコンパイラを起動する命令です。「-c」というオプションは、コンパイルだけを行い、リンク[*6]を行わないこと、つまり

＊5　カレント・ディレクトリは、現在作業対象となっているディレクトリ（フォルダ）のことです。コマンドプロンプトで、C言語のソース・ファイルをコンパイルするには、そのファイルがあるディレクトリをカレント・ディレクトリにしなければなりません。そのためには、コマンドプロンプトで「cd」に続けて半角スペースを1つ置き、カレント・ディレクトリとしたいディレクトリ名を指定し、最後に［Enter］キーを押します。たとえば、¥NikkeiBPというディレクトリをカレント・ディレクトリにする場合は、cd ¥NikkeiBPと入力してから［Enter］キーを押します。cdは、change directoryという意味のコマンドです。

＊6　リンクとは、複数のオブジェクト・ファイルを結合して1つの実行可能ファイルを作成することです。詳細は、第8章を参照してください。

EXEファイルを作らないことを指定します。「-O1（大文字のオーとイチ)」というオプションは、冗長なコード[*7]を生成しないことを指定します。「-S」というオプションは、アセンブリ言語のソースコードを生成することを指定します。

コンパイルの結果として、同じフォルダにlist10_1.sというアセンブリ言語のソースコード[*8]が生成されます。アセンブリ言語のソース・ファイルの拡張子は、一般的に「.s」や「.asm」になります。メモ帳を使って、list10_1.sの内容を見てみましょう（次ページの**リスト10-2**)。

擬似命令とコメント

アセンブリ言語のソースコードを初めて見たという人もいるでしょう。とてつもなくむずかしく感じられるかもしれませんが、実際にはシンプルなものです。C言語よりアセンブリ言語のほうが簡単だと言っても過言ではないでしょう。ソースコードの内容に細かく触れる前に、擬似命令とコメントの説明をしておきましょう。

アセンブリ言語のソースコードは、ネイティブ・コードに変換される通常の命令と、アセンブラに対する命令である擬似命令から構成されています。**擬似命令**は、プログラムの構造やアセンブルの方法をアセンブ

---

*7 BCC32では、「-O1」というオプションを指定しないと、レジスタ・スピル（処理に使えるレジスタの数が足りなくなることの対処として、現在のレジスタの値をスタックに退避し、レジスタを他の用途に使えるようにすること）のためのコードが生成される場合があります。レジスタ・スピルがあると、プログラムが長くてわかりにくくなるので、ここでは生成されないようにしました。

*8 アセンブリ言語の構文には、AT&T記法とインテル記法があります。BCC32が生成するアセンブリ言語のソースコードでは、AT&T記法が使われます。AT&T記法とインテル記法では、%や$の有無、オペランドの順序、コメントの書き方、などに違いがあります。たとえば、以下は、eaxレジスタに123という数値データを格納するプログラムを、それぞれの記法で示したものです。

```
# AT&T記法
movl    $123, %eax  # 前にある123が後にあるeaxに格納される
; インテル記法
mov     eax, 123    ; 後にある123が前にあるeaxに格納される
```

リスト 10-2　コンパイラが生成したアセンブリ言語のソースコード

```
	.file	"list10_1.c"
	.def	_AddNum;
	.scl	2;
	.type	32;
	.endef
	.section	_TEXT,"xr"
	.globl	_AddNum
	.align	16, 0x90
_AddNum:                                    # @AddNum
# BB#0:
	movl	8(%esp), %eax
	addl	4(%esp), %eax
	ret

	.def	_MyFunc;
	.scl	2;
	.type	32;
	.endef
	.globl	_MyFunc
	.align	16, 0x90
_MyFunc:                                    # @MyFunc
# BB#0:
	subl	$8, %esp
	movl	$456, 4(%esp)               # imm = 0x1C8
	movl	$123, (%esp)
	calll	_AddNum
	addl	$8, %esp
	ret
```

ラ（変換プログラム）に指示するものであり、アセンブラ命令やアセンブラ・ディレクティブとも呼びます。

リスト10-2では、先頭にドット（．）が付いた.fileや.defなどが擬似命令です。ここでは、すべての擬似命令の意味を知る必要はありませんが、.sectionだけを覚えておいてください。.sectionは、それ以降のプログラムが、どのようなセクションであるかを示します。セクションとは、命令やデータの「まとまり」という意味であり、セグメントとも呼びます。

セクションは、「.section セクション名, "属性"」という構文で指定します。属性の部分は、実行可能を意味する"x"、読み出し専用を意味する"r"、および読み書き可能を意味する"w"を並べて示します[*9]。リスト10-2では、.section _TEXT,"xr" となっているので、それ以降のプログラムが、_TEXTというセクション名で、実行可能で、読み出し専用であることを示しています。

アセンブリ言語のソースコードの中で、#以降の部分は、コメントです。リスト10-2には、いくつかのコメントがありますが、これらはBCC32によって自動的につけられたものです。それぞれの関数の入り口に「# @AddNum」および「# @MyFunc」というコメントがあるので、これらで区切ってプログラムを見るとわかりやすいでしょう。

アセンブリ言語の構文は「オペコード オペランド」

アセンブリ言語では、1行でCPUに対する1つの命令を表します。アセンブリ言語の命令は、「オペコード オペランド」[*10]という構文になっています(オペコードだけで、オペランドがない命令もあります)。オペコードは命令の動作を表し、オペランドは命令の対象となるものを表します。この構文は、オペコードを動詞、オペランドを目的語、と考えれば、英語の命令文と同様です。

どのようなオペコードが使えるのかは、CPUの種類によって決まっています。リスト10-2の中で使われているオペコードの機能を次ページの**表10-1**にまとめておきます。これらは、32ビットのx86系CPU用のオペコードです。オペランドには、データの値、メモリー・アドレス、レ

*9 セクションの属性の、"x"はexecute(実行)、"r"はread(読み出し)、"w"はwrite(書き込み)を意味しています。

*10 アセンブリ言語では、movlやaddlなどの命令を「オペコード(opcode)」と呼び、命令の対象となるデータの値、メモリー・アドレス、レジスタ名などを「オペランド(operand)」と呼びます。オペコードとオペランドを、CPUが直接解釈・実行できる2進数に変換したものが、ネイティブ・コードです。

表10-1　リスト10-2で使われているオペコードの機能

オペコード（意味）	オペランド	機能
movl (move)	A, B	Aの値をBに格納する
addl (add)	A, B	Aの値とBの値を加算した結果をBに格納する
subl (subtract)	A, B	Aの値をBの値から減算した結果をBに格納する
calll (call)	L	Lというアドレスにある関数を呼び出す
ret (return)	（なし）	処理を関数の呼び出し元に戻す

※オペコードの末尾にあるl＝longは、対象となるデータやアドレスが32ビットであることを意味しています。

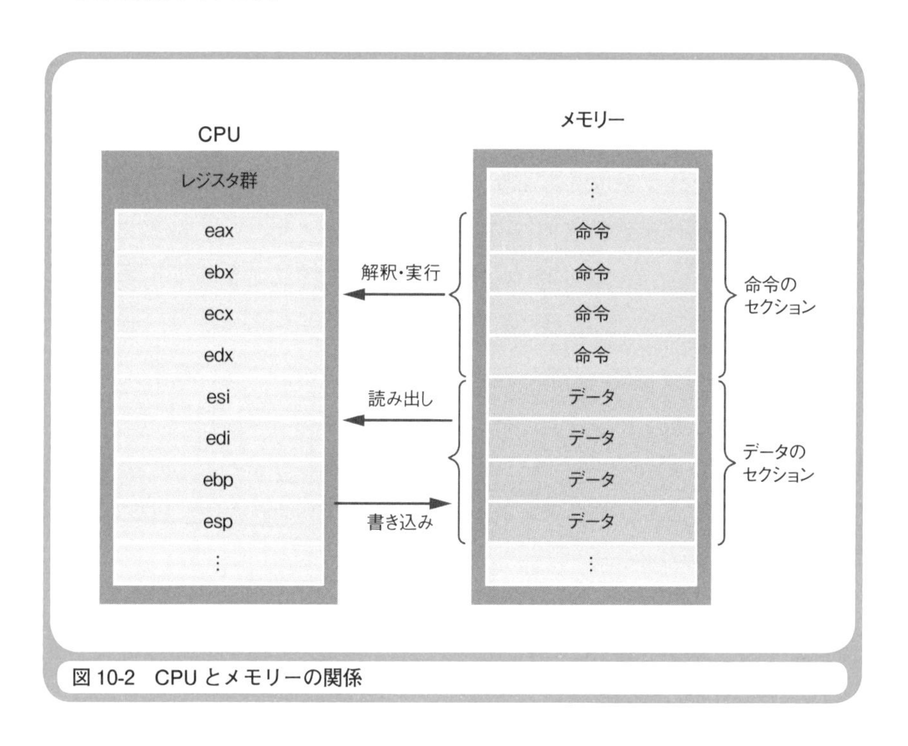

図10-2　CPUとメモリーの関係

ジスタ名などを指定します。表10-1では、それらをA、B、Lで表しています。movl、addl、subl、callの末尾にあるlは、longという意味であり、対象となるデータやアドレスが32ビットであることを意味しています[※11]。オペランドが2つある場合には、前のオペランドから後のオペランドに向

表10-2　32ビットのx86系CPUが持つ主なレジスタ

レジスタ名[*15]	呼び名	主な役割
eax	アキュムレータ	演算に使う
ebx	ベース・レジスタ	メモリー・アドレスを格納する
ecx	カウント・レジスタ	ループ回数をカウントする
edx	データ・レジスタ	データを格納する
esi	ソース・インデックス	データ転送元のメモリー・アドレスを格納する
edi	ディスティネーション・インデックス	データ転送先のメモリー・アドレスを格納する
ebp	ベース・ポインタ	データの格納領域の基点のメモリー・アドレスを格納する
esp	スタック・ポインタ	スタックの最上位に積まれているデータのメモリー・アドレスを格納する

かって処理が行われます[*12]。

ネイティブ・コードは、メモリーにロードされてから実行されます。メモリーの中には、ネイティブ・コードとなった命令とデータが格納されます。プログラムの実行時に、CPUは、メモリーから命令やデータを読み出し、それをCPUの内部にあるレジスタに格納して処理し、その結果をメモリーに書き込みます（**図10-2**）。

レジスタは、CPUの中にある記憶領域です。ただし、レジスタには、単に命令やデータを記憶するだけでなく、演算を行う機能もあります。32ビットの**x86系CPUが持つ主なレジスタ**の種類と役割[*13]を**表10-2**に示しておきます。アセンブリ言語のソースコードでは、%eaxや%ebxのように先頭に%を付けたレジスタ名[*14]を、オペランドに指定します。メ

*11　インテル記法では、末尾にlを付けず、movやaddなどのオペコードが使われます。

*12　インテル記法では、オペランドが2つある場合には、後のオペランドから前のオペランドに向かって処理が行われます。

*13　表10-2に示したレジスタの名称は、32ビットのx86系CPUのものです。第1章の表1-1で示したレジスタの名称は、一般的な用語です。両者には、いくつか違うものもあります。たとえば、32ビットのx86系CPUのベース・ポインタは、第1章で紹介したベース・レジスタに相当します。なお、表10-2に示したいくつかのレジスタの中には、別の役割で使えるものもあります。

モリー内の記憶領域はアドレスの番号で区別されますが、CPU内のレジスタはeaxやebxといったレジスタ名で区別されます。なお、CPUの内部には、プログラマが直接操作できないレジスタもあります。たとえば、正負やオーバーフローの状態を示すフラグ・レジスタやOS専用のレジスタなどは、プログラマが作成するプログラムから直接操作できません。

最もよく使われるmovl命令

命令の中で最もよく使われるのが、レジスタやメモリーに値を格納するmovl命令です。movl命令の2つのオペランドには、データの読み出し元と格納先を指定します。オペランドに指定できるのは、数値データ、ラベル(アドレスに名前を付けたもの)、レジスタ名、および、それらを(と)のカッコ[*16]で囲んだものです。

カッコで囲まれていないものを指定した場合は、その値を処理します。カッコで囲んだものを指定した場合は、カッコの中にある値がメモリー・アドレスであると解釈され、そのメモリー・アドレスに対して値の読み書きを行います。カッコの前に数値が指定されている場合は、その数値がアドレスに加算されます。リスト10-2の中で、movl命令が使われている部分をいくつか見てみましょう。

```
movl $456, 4(%esp)
movl $123, (%esp)
```

movl $456, 4(%esp)では、456というデータの値が、espレジスタの値

*14 インテル記法では、先頭に%を付けず、eaxやebxのようにレジスタ名をそのまま指定します。
*15 32ビットのx86系CPUのレジスタ名は、eax、ebx、ecx、edxのように先頭にeが付いています。これは、16ビットのx86系CPU のレジスタ名がax、bx、cx、dxだったからです。このeは、拡張(extended)を意味しています。なお、64ビットのx86系CPUのレジスタ名は、rax、rbx、rcx、rdxのように、先頭にrが付きます。このrは、レジスタ(register)を意味しています。
*16 インテル記法では、(と)の丸カッコではなく、[と] の大カッコを使います。

に4を加えたメモリー・アドレスに格納されます。たとえば、espレジスタの値が100なら、4＋100＝104番地のメモリー・アドレスに456が格納されます。movlのlは、対象となるデータが32ビットであることを意味しているので、104番地以降にある32ビット＝4バイトの領域にデータが格納されます※17。$456のように、数値で直接データの値を示すときには、先頭に$を付けます※18。

movl $123, (%esp)では、123というデータの値が、espレジスタの値のメモリー・アドレスに格納されます。たとえば、espレジスタの値が100なら、100番地のメモリー・アドレスに123が格納されます。それでは、もしも、この命令でカッコを取って、movl $123, %espとしたらどうなるでしょう。123というデータの値が、espレジスタに格納されます。これらの違いから、カッコの意味を理解してください。

スタックへのデータの格納

プログラムの実行時には、スタックと呼ばれるデータ領域がメモリー上に確保されます。スタック（stack）とは、「干草を積んだ山」という意味です。この名前が示すとおり、スタックでは、データはメモリーの下（値の大きなアドレス）から上（値の小さなアドレス）に向かって積み上げるように格納され、上から下に向かって山を低くしていくように取り出されます。espレジスタ（スタック・ポインタ）に、現時点でスタックの最上位に積まれているデータのメモリー・アドレスを格納します（次ページの**図10-3**）。

スタックは、一時的に使われるデータが格納される領域であり、すぐ後で説明する関数呼び出しや、この章の後半で説明するローカル変数な

※17　AT&T表記では、movlやaddlのように、命令の末尾に、対象となるデータのサイズを指定する1文字を付けます。この1文字は、32ビットならl（long）、16ビットならs（short）、8ビットならb（bytc）です。インテル表記では、movやaddという命令が使われます。

※18　インテル表記では、数値データの先頭に$を付けません。

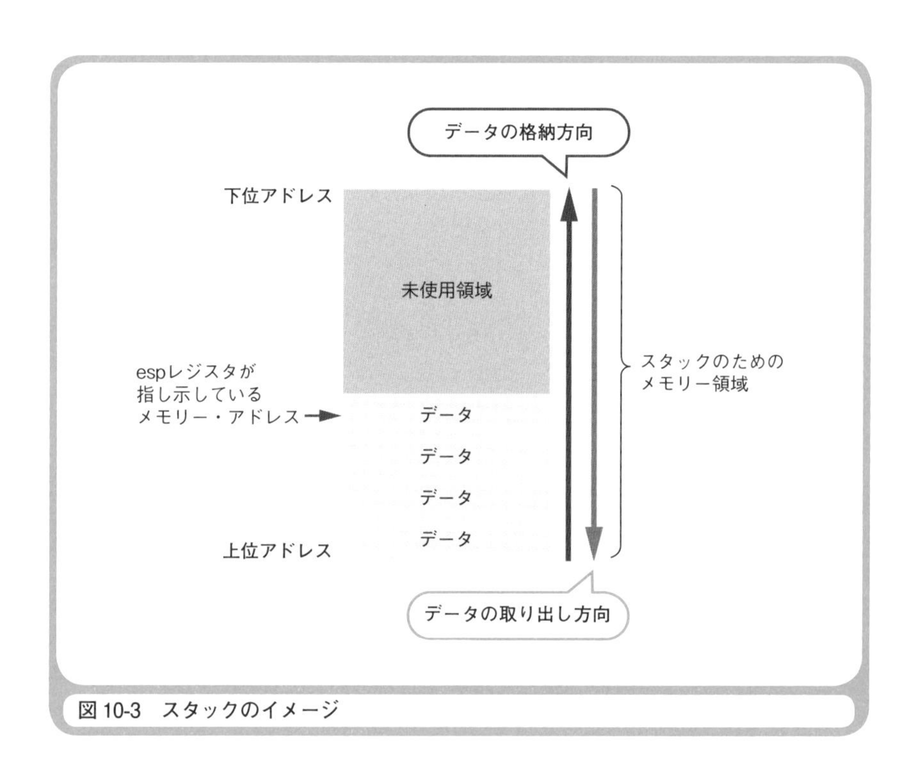

図10-3　スタックのイメージ

どのために使われます。スタックに複数のデータが格納されている場合は、espレジスタが指すアドレスを起点として、そこから何番地先のアドレスにあるかを指定して、データを読み書きします。たとえば、movl $456, 4(%esp)は、espレジスタが指すアドレスを起点として4番地先のアドレスに、456というデータの値を書き込みます。movl 8(%esp), %eaxは、espレジスタが指すアドレスを起点として8番地先のアドレスからデータを読み出し、それをeaxレジスタに格納します。

関数を呼び出す仕組み

ちょっと前置きが長くなりましたが、これでようやくアセンブリ言語のソースコードを読むための準備ができました。改めてリスト10-2の内容を見てみましょう。まず、AddNum関数を呼び出しているMyFunc関数のアセンブリ言語から、関数を呼び出す仕組みを説明します。関数の呼び出しでは、スタックが大活躍します。リスト10-2からMyFunc関数の処理内容だけを取り出し、各行にコメントを追加したアセンブリ言語のソースコードを**リスト10-3**に示します。

リスト10-3　関数を呼び出すアセンブリ言語のソースコード

```
_MyFunc:                        # MyFunc関数の入り口 ……………… (1)
  subl    $8, %esp              # espから8を減算する ……………… (2)
  movl    $456, 4(%esp)         # esp + 4番地に456を格納する ……… (3)
  movl    $123, (%esp)          # esp番地に123を格納する ………… (4)
  calll   _AddNum               # _AddNumを呼び出す ……………… (5)
  addl    $8, %esp              # espに8を加算する ……………… (6)
  ret                           # この関数の呼び出し元に戻る ……… (7)
```

(1)の_MyFunc:は、関数の入り口を示すラベルです。ラベルは「ラベル名:」という構文で示し、プログラムの実行時に、それが記述された位置のメモリー・アドレスに置き換わります。C言語で記述したAddNum関数とMyFunc関数の入り口は、それぞれ_AddNum:および_MyFunc:というラベルで示されます。関数名の先頭にアンダースコア（ _ ）が付くのは、BCC32というコンパイラの仕様です。ラベルは、命令ではなく、位置を示す情報です。関数を呼び出すときには、call命令のオペランドに、呼び出す関数の入り口に付けられたラベルを指定します。

(2)のsubl $8, %espでは、espレジスタから8を減算して、スタックに8バイト分のメモリー領域を確保しています。(3)のmovl $456, 4(%esp)では、確保したメモリー領域のespレジスタ＋4番地のアドレスに、456というデータの値を格納しています。(4)のmovl $123, (%esp)では、確保したメモリー領域のespレジスタが指すアドレス（cspレジスタ＋0番地のアドレス）に、123というデータの値を格納しています。456と123は、

AddNum関数に渡す引数です。このように、引数は、スタックに確保されたメモリー領域を使って引き渡すのです。

(5)のcalll _AddNumでは、_AddNum:というラベルが付けられた関数を呼び出します。プログラムの任意の位置にラベルを付けるときは、_AddNum:のように末尾にセミコロン（:）を付けますが、call命令のオペランドに指定するときは、calll _AddNumのようにセミコロンを付けません。

call命令を実行すると、call命令の次にある命令のメモリー・アドレス（戻り先のメモリー・アドレス）が、自動的にスタックに格納され、それに合わせてespレジスタの値が更新されます。ここでは、call命令の次にあるのは、(6)のaddl $8, %espなので、この命令のメモリー・アドレスが、スタックに格納されます。このメモリー・アドレスを読み出すことで、呼び出した関数から、(6)のaddl $8, %espに処理の流れを戻すことができます。

(6)のaddl $8, %espでは、espレジスタに8を加算して、スタックに確

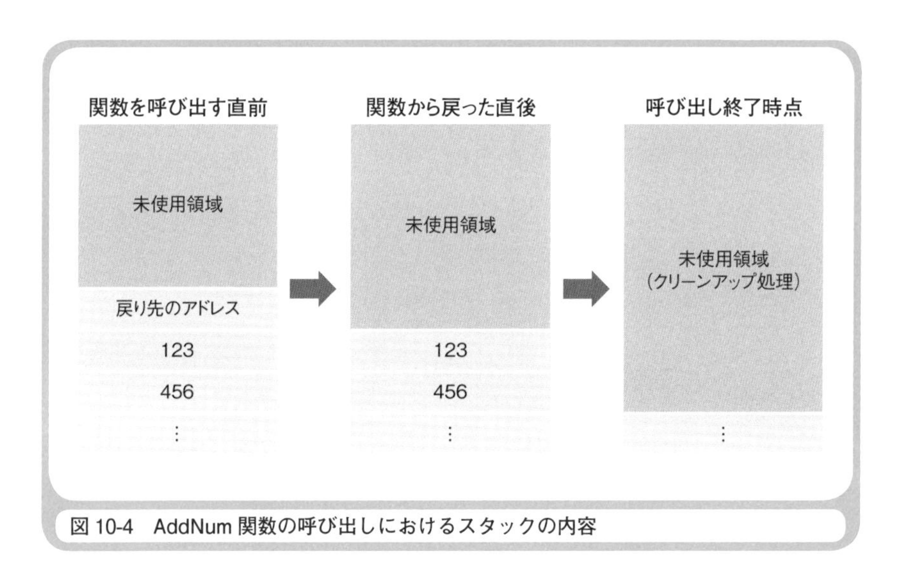

図10-4 AddNum関数の呼び出しにおけるスタックの内容

保した8バイト分のメモリー領域を解放しています。関数の入り口にある(2)のsubl $8, %espで確保したメモリー領域を、関数を終了する時点で解放するのです。これは、第5章で説明したスタックのクリーンアップ処理です。

そして、最後の(7)のretで、AddNum関数を呼び出しているMyFunc関数の処理を終了します。MyFunc関数も、他の関数から呼び出される関数として作られているので、最後の処理として、関数の呼び出し元に戻るのです。

以上が、関数を呼び出す仕組みです。スタックに引数を格納することと、スタックに戻りアドレスを格納することがポイントです。AddNum関数の呼び出しにおけるスタックの内容を**図10-4**に示します。

呼び出された側の関数の仕組み

今度は、AddNum関数のアセンブリ言語から、引数を受け取ったり、戻り値を返したりする仕組みを説明しましょう。ここでは、スタックとeaxレジスタが活躍します。リスト10-2からAddNum関数の処理内容だけを取り出し、各行にコメントを追加したアセンブリ言語のソースコードを**リスト10-4**に示します。

リスト10-4 呼び出された側の関数のアセンブリ言語のソースコード

```
_AddNum:                   # AddNum関数の入り口 ―――――――――――― (1)
  movl    8(%esp), %eax    # esp + 8番地にあるデータをeaxに格納する ―― (2)
  addl    4(%esp), %eax    # esp + 4番地にあるデータをeaxに加算する ―― (3)
  ret                      # この関数の呼び出し元に戻る ――――――――― (4)
```

(1)の_AddNum:は、関数の入り口を示すラベルです。call _AddNumによって、この関数が呼び出され、その時点でスタックの内容は、先ほど図10-4の左側の状態になっています。espが指す位置に、戻り先アドレスがあり、アドレスのサイズは32ビット＝4バイトなので、esp＋4番地に123という引数があり、esp＋8番地に456という引数があります。

(2) のmovl 8(%esp), %eaxでは、esp＋8番地にある456という値を、eaxレジスタに格納しています。eaxレジスタ（アキュムレータ）は、主に演算に使われるレジスタです。

(3) のaddl 4(%esp), %eaxでは、esp＋4番地にある123という値を、eaxレジスタに加算しています。これによって、eaxレジスタには、456と123の加算結果の579が得られます。BCC32では、関数の戻り値をeaxレジスタに格納する決まりになっています。この時点で、関数の戻り値がeaxレジスタに格納されています。

(4) のretで、AddNum関数の処理を終了して、呼び出し元のMyFunc関数に処理の流れを移します。ret命令は、espレジスタが指す位置にある戻り先のアドレス（ここでは、MyFunc関数のcall AddNumの次にある命令のアドレス）を読み出す[*19]ことで、呼び出し元の関数に戻ります。

以上が、呼び出された側の関数の仕組みです。スタックに格納された引数を読み出して演算を行うこと、eaxレジスタに戻り値を格納すること、そしてスタックに格納された戻りアドレスを読み出して、呼び出し元の関数に戻ることがポイントです。

グローバル変数とローカル変数の仕組み

C言語の変数は、関数の外で宣言されるとグローバル変数になり、関数の中で宣言されるとローカル変数になります。グローバル変数は、プログラムの中にあるすべての関数から使え、ローカル変数は、それが宣言された関数の処理の中だけで使えます。アセンブリ言語のソースコー

*19　スタックから戻り先のアドレスを読み出して、CPUの中にあるプログラム・カウンタ（第1章に説明があります）に格納することで、処理の流れを戻すことができます。ret命令によって、間接的にプログラム・カウンタが設定されるのです。この章の最後に説明する、繰り返しや条件分岐も、間接的にプログラム・カウンタが設定されることで実現されます。

ドを見れば、どうして、このような違いがあるかがわかります。

リスト10-5は、ローカル変数とグローバル変数の仕組みを確認するためのC言語のプログラムです。関数の外で変数xと変数yを宣言しているので、これらはグローバル変数です。変数xには123、変数yには456という初期値を設定しています。MyFunc関数の中で変数aを宣言しているので、変数aはローカル変数です。ここでは、変数aに変数xと変数yの加算結果を代入し、それを戻り値として返しています。このプログラムの内容に意味はありません。仕組みを確認するための実験的なプログラムです（これ以降で示すプログラムも同様です）。このプログラムをlist10_5.cというファイル名で作成してください。

リスト10-5　ローカル変数とグローバル変数の仕組みを確認するためのC言語のプログラム

```
// グローバル変数の宣言
int x = 123;
int y = 456;

// グローバル変数とローカル変数を使う関数
int MyFunc() {
    int a;
    a = x + y;
    return a;
}
```

このプログラムをコンパイルするときは、コマンドプロンプトで、以下のように入力して［Enter］キーを押してください。

```
bcc32c -c -Od -S list10_5.c
```

先ほどは、冗長なコードを生成しないようにするため「-O1」というオプションを指定しましたが、ここでは、冗長なコードを生成する「-Od（大文字のオーと小文字のディー)」というオプション[*20]を指定してください。冗長なコードを生成しないと、ローカル変数を使った処理が削除されてしまう場合があるからです。

リスト10-5をコンパイルした結果として、list10_5.sというアセンブリ言語のソースコードが生成されます。list10_5.sの中でポイントとなる部分だけを抽出して、説明のためのコメントを追加したものを、**リスト10-6**に示します。冗長なコードは、薄い色で示してあります。これらのコードは、レジスタの値をスタックに退避させることや、退避させた値をスタックからレジスタに復帰する処理などをしています[*21]。これ以降の説明には関係しないので、気にしないでください。

リスト10-6 リスト10-5をアセンブリ言語に変換した結果(一部のみ示す)

```
    .section    _TEXT,"xr"   # 命令のセクションの始まり ―――(1)
_MyFunc:                      # MyFunc関数の入り口 ―――(2)
    pushl   %ebp              # ebpの値をスタックに退避させる
    movl    %esp, %ebp        # espの値をebpに格納する ―――(3)
    pushl   %eax              # eaxの値をスタックに退避させる
    movl    _x, %eax          # _xの値をeaxに格納する ―――(4)
    addl    _y, %eax          # _yの値をeaxに加算する ―――(5)
    movl    %eax, -4(%ebp)    # ebp－4番地にeaxの値を格納する ―(6)
    movl    -4(%ebp), %eax    # ebp－4番地の値をeaxに格納する
    addl    $4, %esp          # espに4を加算する
    popl    %ebp              # スタックからebpの値を復帰させる
    ret                       # この関数の呼び出し元に戻る ―――(7)

    .section    _DATA,"w"    # データのセクションの始まり ―――(8)
_x:                           # グローバル変数xのラベル ―――(9)
    .long   123               # グローバル変数xの値
_y:                           # グローバル変数yのラベル ―――(10)
    .long   456               # グローバル変数yの値
```

*20 「-O1」や「-Od」というオプションのOは、optimize＝最適化を意味します。最適化とは、冗長なコードを生成しないことです。「-O1」では、最適化が行われて冗長なコードが生成されません。「-Od」では、最適化が行われず冗長なコードが生成されます。

この章の前半で説明したように、コンパイル後のプログラムは、セクションと呼ばれるグループに分けられます。このプログラムには、命令を格納するセクションとデータを格納するセクションがあります。(1)の.section _TEXT,"xr"以降は、命令のセクションで、(8) .section _DATA,"w"以降は、データのセクションです。データを格納するセクションは、_DATAという名前であり、属性が "w" なので読み書き可能です。データのセクションの(9)と(10)には、_x: および _y: というラベルがあります。これらが、グローバル変数xと変数yです。変数名の先頭にアンダースコア(_)が付くのは、BCC32というコンパイラの仕様です。.long 123と.long 456は、その位置に32ビットのサイズで123および456という値を置いておけ、という意味の擬似命令です。擬似命令なので、アセンブラが、このプログラムに、123と456というデータを付加したネイティブ・コードを生成します。

以上のことから、グローバル変数が、プログラムのデータのセクションにあらかじめ付加されているデータであることがわかりました。プログラムを実行すると、命令のセクションとデータのセクションは、一緒にメモリーにロードされ、プログラムの実行中は、ずっとメモリー上に存在します。そのため、プログラムの中にあるすべての関数から使えるのです。

それに対して、ローカル変数は、関数を呼び出したときに、関数の処理としてスタック上に一時的に用意されます。リスト10-6の(2)の_MyFunc: 以降にあるMyFunc関数の処理内容を見てみましょう。(3) movl %esp, %ebpでは、スタック領域を指し示すespレジスタの値をebpレジスタに格納しています。これによって、ebpレジスタを使ってスタック

＊21　冗長なコードで使われているpushl命令は、オペコードに指定されたレジスタの値をスタックに格納します。popl命令は、スタックから値を取り出し、それをオペコードに指定されたレジスタに格納します。

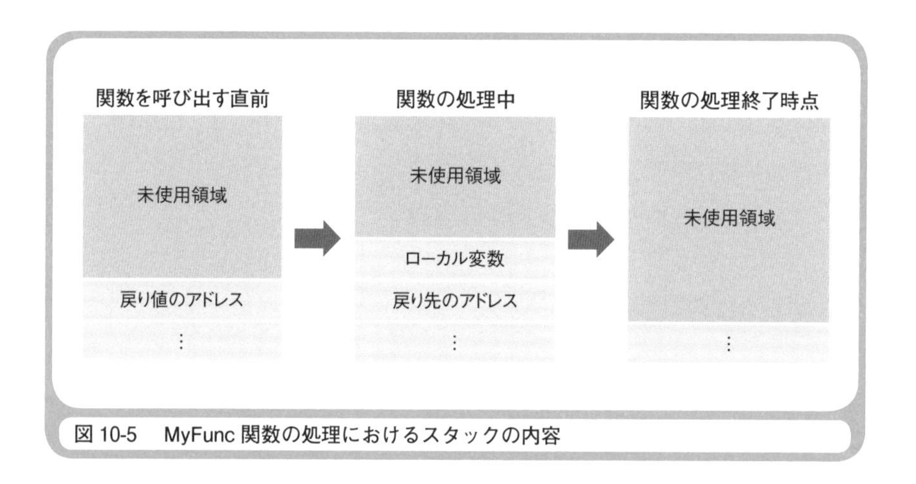

図 10-5　MyFunc 関数の処理におけるスタックの内容

領域を読み書きできます。そのままespレジスタでスタック領域を読み書きすることもできるので、冗長だと思うかも知れませんが、冗長なコードを生成するオプションでコンパイルしているので、こうなるのです。

MyFunc関数は、グローバル変数xとyの加算結果をローカル変数aに代入し、変数aの値を戻り値として返します。BCC32では、関数の戻り値をeaxレジスタに格納する決まりになっているので、変数aの値をeaxレジスタに格納することになります。(4)のmovl _x, %eaxと(5)のaddl _y, %eaxで、変数xと変数yの値を加算した結果をeaxレジスタに格納しています。この時点で、加算結果をeaxレジスタに格納できているので、変数aへの代入は不要なのですが、冗長なコードを生成するオプションでコンパイルしているので、不要な処理を行うコードも生成されています。(6)のmovl %eax, -4(%ebp)に注目してください。スタック領域を指しているebpレジスタの値から4を引いたアドレス[*22]に、eaxレジスタの値を格納しています。このebpレジスタの値から4を引いたアドレスが、ローカル変数aのための領域です(**図10-5**)。

*22　4を引いているのは、メモリーの格納領域に1バイト＝8ビット単位でアドレスが割り振られているので、32ビットの値を格納する変数には、4バイト分の領域が必要だからです。

以上のことから、ローカル変数が、関数の処理の中でスタック上に用意されるものであることがわかりました。リスト10-6では、この後(7)のretで関数の呼び出し元に戻ります。スタックにあるローカル変数の値は、ほったらかしなので、他の用途でスタックを使ったときに、上書きされてしまいます。ローカル変数は、それが宣言された関数の処理の中だけで使うものなので、それで問題ないのです。

繰り返し処理の仕組み

今度は、アセンブリ言語のソースコードを解析して、C言語で繰り返しを行うfor文や条件分岐を行うif文などが、コンピュータの内部で、どのように実現されているかを調べてみましょう。繰り返しや条件分岐では、これまでに登場しなかった比較命令とジャンプ命令が活躍します。

リスト10-7は、ローカル変数iをループ・カウンタ[※23]として10回の繰り返しを行うC言語のソースコードです。for文の中では、何もしない

リスト10-7 繰り返しを行うC言語のソースコード

```
// MySub 関数の定義
void MySub()
{
    // 何もしない
}

// MyFunc 関数の定義
void MyFunc()
{
    int i;
    for (i = 0; i < 10; i++)
    {
        // MySub 関数を 10 回繰り返し呼び出す
        MySub();
    }
}
```

MySub関数を呼び出しています。

リスト10-7をlist10_7.cというファイル名で作成し、コマンドプロンプトで、以下のように入力して[Enter]キーを押してください。ここでも、冗長なコードを生成する「-Od」というオプションを指定しています。

```
bcc32c -c -Od -S list10_7.c
```

list10_7.cをコンパイルした結果として、list10_7.sというアセンブリ言語のソースコードが生成されます。list10_7.sの中で、for文の処理に相当する部分だけを抜き出して、説明のためのコメントを追加したものを、**リスト10-8**に示します。C言語のfor文では、カッコの中にループ・カウンタの初期化 (i = 0)、ループの継続条件 (i < 10)、ループ・カウンタの更新 (i++) の3つの式を指定して、{ と } で囲まれた範囲を繰り返し実行します。それに対して、アセンブリ言語のソースコードでは、繰り返しを比較命令とジャンプ命令で実現しています。

リスト10-8と後で説明するリスト10-11には、これまでのプログラム

リスト10-8　リスト10-7をアセンブリ言語に変換した結果（一部のみ示す）

```
    movl    $0, -4(%ebp)      # 0をループカウンタに格納する ―――――――――― (1)
LBB1_1:                       # 繰り返し処理の入り口のラベル ―――――――――― (2)
    cmpl    $10, -4(%ebp)     # 10とループカウンタを比較する ―――――――――― (3)
    jge     LBB1_4            # 10≦ループカウンタならLBB1_4にジャンプする ― (4)
    calll   _MySub            # MySub関数を呼び出す ―――――――――――――――― (5)
    movl    -4(%ebp), %eax    # ループカウンタの値をeaxレジスタに格納する ―― (6)
    addl    $1, %eax          # eaxレジスタに1を加算する ―――――――――――― (7)
    movl    %eax, -4(%ebp)    # eaxレジスタの値をループカウンタに格納する ―― (8)
    jmp     LBB1_1            # 無条件でLBB1_1にジャンプする ―――――――――― (9)
LBB1_4:                       # 繰り返し処理を抜けるためのラベル ――――――― (10)
```

＊23　繰り返し回数をカウントするために使われる変数を「ループ・カウンタ（loop counter）」と呼びます。

表10-3　リスト10-8と10-11で使われているオペコードの機能

オペコード(意味)	オペランド	機能
cmpl (compare)	A, B	AとBを比較する
jge (jump greater or equal)	L	A≦BならLにジャンプする
jle (jump less or equal)	L	A≧BならLにジャンプする
jmp (jump)	L	無条件でLにジャンプする
ret (return)	(なし)	処理を関数の呼び出し元に戻す

※オペコードの末尾にあるl = longは、対象となるデータやアドレスが32ビットであることを意味しています。

に登場しなかったオペコードがあるので、**表10-3**にまとめておきます。

リスト10-8の内容を説明しましょう。このプログラムで使われているローカル変数はiだけであり、繰り返し回数をカウントするループ・カウンタになっています。ここでは示していませんが、(1)の前で、ebpレジスタにespレジスタの値が格納されていて、ebpレジスタでスタック領域を参照できるようになっています。(1)のmovl $0, -4(%ebp)では、-4(%ebp)の位置をローカル変数iに割り当て、そこに、ループ・カウンタの初期値である0を格納しています。

(2)のLBB1_1:と(10)のLBB1_4:では、ジャンプ命令のジャンプ先として指定するラベルが定義されています。(3)のcmpl $10, -4(%ebp)では、10とループ・カウンタのローカル変数を比較しています。比較結果は、CPUが内部に持つフラグ・レジスタに記憶されます。(4)のjge LBB1_4では、フラグ・レジスタに記憶された比較結果が「以上(greater or equal)」なら、LBB1_4というラベルにジャンプします。ここでは、(4)の前で、10とループ・カウンタのローカル変数を比較しているので、「10≦ループ・カウンタのローカル変数」なら、LBB1_4というラベルにジャンプします。ループ・カウンタが0～9の間は、MySub関数を呼び出す処理を繰り返し、10になったら繰り返しを抜けます。(4)では、繰り返しを抜けるかどうか判断しているのです。

(4)でジャンプして繰り返しを抜けなかった場合は、次の(5)に進みます。(5)のcalll _MySubでは、MySub関数を呼び出す処理を行っています。関数から戻ると、次の(6)に進みます。(6)のmovl -4(%ebp), %eaxで、現在のループ・カウンタの値をeaxレジスタ格納し、(7)のaddl $1, %eaxで、eaxレジスタに1を加算し、(8)のmovl %eax, -4(%ebp)で、eaxレジスタの値をループ・カウンタに格納しています。やや回りくどく感じるかも知れませんが、(6)～(8)の処理で、ループ・カウンタの値を1だけ増やしているのです。

(9)のjmp LBB1_1では、無条件で(フラグ・レジスタを参照せずに)(2)のLBB_1というラベルにジャンプします。(9)から(2)に戻るので、これが繰り返し処理になります。この繰り返しは、ループ・カウンタの値が10になったときに、(4)のjge LBB1_4で終了します。

以上のように、C言語で繰り返しを行うfor文は、コンピュータの内部では、**比較命令**と**ジャンプ命令**で実現されているのです。C言語のfor文のイメージとは、ずいぶん違うと感じたでしょう。リスト10-8のアセンブリ言語のソースコードの処理手順どおりに、C言語のソースコードを書き直すと、**リスト10-9**のようになります。C言語のgoto命令は、指定したラベルにジャンプします。

リスト10-9　リスト10-8の処理手順をC言語で表したもの

```
i = 0;                    // 0をループ・カウンタに格納する
LBB1_1:                   // 繰り返し処理の入り口のラベル
if (10 <= i)              // 10 ≦ i という比較を行う
{
    goto LBB1_4;          // 比較結果が真ならLBB1_4にジャンプする
}
MySub();                  // MySub関数を呼び出す
i++;                      // ループ・カウンタの値を1だけ増やす
goto LBB1_1;              // LBB1_1に無条件でジャンプする
LBB1_4:                   // 繰り返し処理を抜けるためのラベル
```

これを見ると、for文を使ったリスト10-7のソースコードのほうが、ずっとわかりやすいと感じるでしょう。「アセンブリ言語はCPUの生の動作をそのまま記述する低水準言語であり、C言語は人間の感覚に近い表現で記述できる高水準言語である」と言われますが、その意味を実感していただけたでしょう。

条件分岐の仕組み

条件分岐の実現方法も調べてみましょう。条件分岐も、比較命令とジャンプ命令で実現されます。次ページの**リスト10-10**は、ローカル変数aの値が100以上ならMySubA関数を呼び出し、そうでないならMySubB関数を呼び出すC言語のソースコードです。条件分岐のために、if文を使っています。呼び出された関数は、どちらも何もしません。

リスト10-10をlist10_10.cというファイル名で作成し、コマンドプロンプトで、以下のように入力して[Enter]キーを押してください。ここでも、冗長なコードを生成する「-Od」というオプションを指定しています。

```
bcc32c -c -Od -S list10_10.c
```

list10_10.cをコンパイルした結果として、list10_10.sというアセンブリ言語のソースコードが生成されます。list10_10.sの中で、if文の処理に相当する部分だけを抜き出して、説明のためのコメントを追加したものを、次ページの**リスト10-11**に示します。C言語のif文では、カッコの中にある条件がチェックされ、それが真ならifのブロック[*24]の処理が行われ、そうでないならelseのブロックの処理が行われます。それに対して、アセンブリ言語のソースコードでは、分岐を比較命令とジャンプ命令で

*24 C言語のブロックとは、{と}で囲まれた範囲のことです。関数の定義、for文、if文などでブロックを使います。

リスト 10-10　条件分岐を行う C 言語のソースコード

```
// MySubA 関数の定義
void MySubA()
{
    // 何もしない
}

// MySubB 関数の定義
void MySubB()
{
    // 何もしない
}

// MyFunc 関数の定義
void MyFunc()
{
    int a = 123;

    // 条件に応じて異なる関数を呼び出す
    if (a > 100)
    {
        MySubA();
    }
    else
    {
        MySubB();
    }
}
```

リスト 10-11　リスト 10-10 をアセンブリ言語に変換した結果（一部のみ示す）

```
    movl    $123, -4(%ebp)      # 123 をローカル変数に格納する ―――――― (1)
    cmpl    $100, -4(%ebp)      # 100 とローカル変数を比較する ―――――― (2)
    jle     LBB2_2              # 100 ≧ ローカル変数なら LBB2_2 にジャンプする ―― (3)
    calll   _MySubA             # MySubA 関数を呼び出す ―――――――――― (4)
    jmp     LBB2_3              # 無条件で LBB2_3 にジャンプする ―――――― (5)
LBB2_2:                         # ジャンプ先のラベル ―――――――――――― (6)
    calll   _MySub B            # MySubB 関数を呼び出す ―――――――――― (7)
LBB2_3:                         # ジャンプ先のラベル ―――――――――――― (8)
```

実現しています。

リスト10-11の内容を説明しましょう。このプログラムで使われているローカル変数はaだけであり、aの値を100と比較して条件分岐を行います。ここでは示していませんが、(1)の前で、ebpレジスタにespレジスタの値が格納されていて、ebpレジスタでスタック領域を参照できるようになっています。(1)のmovl $123, -4(%ebp)では、-4(%ebp)の位置をローカル変数aに割り当て、そこに、123という適当な値を格納しています。

(6)のLBB2_2:と(8)のLBB2_3:では、ジャンプ命令のジャンプ先として指定するラベルが定義されています。(2)のcmpl $100, -4(%ebp)では、100とローカル変数aを比較しています。比較結果は、CPUが内部に持つフラグ・レジスタに記憶されます。(3)のjle LBB2_2では、フラグ・レジスタに記憶された比較結果が「以下(less or equal)」なら、LBB2_2というラベルにジャンプします。ジャンプ先の(6) LBB2_2の次にある(7)のcalll _MySubBでは、MySubB関数を呼び出しています。

(3)でジャンプしなかった場合は、次の(4)に進みます。(4)のcalll _MySubAでは、MySubA関数を呼び出す処理を行っています。関数から戻ると、次の(5)に進みます。(6)のjmp LBB2_3では、無条件で(8) LBB2_3の位置にジャンプしています。これを行わないと、(6)、(7)と処理が進んで、(7)のcalll _MySubBでMySubB関数を呼び出してしまうからです。

以上のように、C言語で条件分岐を行うif文は、コンピュータの内部では、比較命令とジャンプ命令で実現されているのです。C言語のソースコードでは、if (a > 100) つまり「変数aが100より大きい」という条件が真ならMySubA関数を呼び出し、そうでないならMySubB関数を呼び出していました。それに対して、それをアセンブリ言語のソースコードでは「変数aが100以下」という条件が真ならMySubB関数を呼び出し、そうでないならMySubA関数を呼び出しています。条件を逆にしているのです。これは、アセンブリ言語では、「条件が真ならジャンプする」という表現しかできないからです。リスト10-11のアセンブリ言語のソースコードの処理手順どおりに、C言語のソースコードを書き直すと、**リスト10-12**のようになります。C言語としては、おかしな表現ですが、コンピュータの内部では、このように動作しているのです。

リスト10-12　リスト10-11の処理手順をC言語で表したもの

```
a = 123;            // 123をローカル変数に格納する
if (100 >= a)       // 100 ≧ ローカル変数 という比較を行う
{
    goto LBB2_2;    // 比較結果が真ならLBB2_2にジャンプする
}
else
{
    MySubA();       // MySubA関数を呼び出す
    goto LBB2_3;    // 無条件でLBB2_3にジャンプする
}
LBB2_2:             // ジャンプ先のラベル
MySubB()            // MySubB関数を呼び出す
LBB2_3:             // ジャンプ先のラベル
```

アセンブリ言語を経験する意義

C言語のソースコードとアセンブリ言語のソースコードを比較したことで、プログラムが動作する仕組みが手に取るように見えてきたでしょう。そして、アセンブリ言語という低水準言語を使うより、C言語という高水位準言語を使うほうが、人間の感覚に合っていてわかりやすく、プログラムも短く記述できるので効率的だと感じたでしょう。わかりやすくて効率的なのですから、ふだんプログラムを記述するときには、遠慮なく高水準言語を使ってください。

ただし、アセンブリ言語を経験することは、とても重要です。特にプロのプログラマになるなら、必ず一度はアセンブリ言語を経験してほしいと思います。自動車の運転にたとえてみましょう。アセンブリ言語を経験してないプログラマは、自動車の運転方法だけを知っていて、その仕組みを知らない運転手に相当します。もしも、自動車が故障したり、おかしな現象が生じたりしても、自分で原因をつきとめることはできないでしょう。さらに、無駄に燃費を悪くする運転をしているかもしれません。そんなことでは、プロの運転手として失格ですね。それに対して、アセンブリ言語を経験しているプログラマ、すなわち自動車の仕組みを知っている運転手なら、自分で問題を解決し、燃費を良くする上手な運転ができるはずです。これが、アセンブリ言語を経験する意義です。

この章の内容は、かなりヘビーだったと思いますが、コンピュータの本当の動作、プログラムの生の動きを知るには、アセンブリ言語を体験することが一番なのです。もしも皆さんがC言語を使えるなら、C言語のさまざまな構文がどのようなアセンブリ言語になるか一つひとつ確認することをお勧めします。短いプログラムを作って、あれこれ試してみてください。筆者も、それを体験したことで自分のプログラミングのスキルが大いに向上したと感じています。

＊　＊　＊

次の章では、I/Oポートの入出力や割り込み処理など、プログラムでハードウエアを制御する方法を説明します。アセンブリ言語も少しだけ登場します。

第11章

ハードウエアを制御する方法

ウォーミングアップ

本題に入る前に、ウォーミングアップとしてクイズを出題させていただきます。きちんと説明できるかどうか試してみてください。

1. アセンブリ言語で、周辺装置と入出力を行う命令は何ですか？
2. I/Oとは、何の略語ですか？
3. 周辺装置を識別する番号を何と呼びますか？
4. IRQとは、何の略語ですか？
5. DMAとは、何の略語ですか？
6. DMAを行う周辺装置を識別するための番号を何と呼びますか？

いかがだったでしょうか。改めて聞かれると、簡潔に答えられない問題もあったことでしょう。参考までに、筆者の答えと解説を以下に示しておきます。

答え

1. in命令とout命令
2. Input/Output
3. I/OアドレスまたはI/Oポート番号
4. Interrupt Request
5. Direct Memory Access
6. DMAチャネル(DMA channel)

解説

1. x86系CPU用のアセンブリ言語では、in命令でI/O入力を行い、out命令でI/O出力を行います。
2. コンピュータ本体と周辺装置で入出力を行うためのICをI/Oコントローラまたは単にI/Oと呼びます。
3. コンピュータに接続された周辺装置を識別するためにI/Oアドレスが割り当てられています。
4. IRQとは、割り込みを行う周辺装置を識別するための番号です。
5. DMAとは、CPUを仲介させずに周辺装置がコンピュータのメイン・メモリーとデータ転送を行うことです。
6. ネットワークやディスク装置のように大量のデータを取り扱う周辺装置がDMAを行います。それぞれの装置は、DMAチャネルで識別されます。

この章のポイント

「コンピュータ、ソフトなければ、ただの箱」という川柳をご存知でしょうか？ この川柳は、コンピュータという偉そうな装置（ハードウエア）も、ソフトウエアがなければ何の役にも立たないことを皮肉ったものですが、コンピュータの本質を突いています。ハードウエアが動作するためには、何らかのソフトウエアが必要なのです。これまでの章で、CPUを制御するには、コンパイラやアセンブラが生成するネイティブ・コードをメイン・メモリーにロードして実行すればよいことがわかりました。それでは、CPUやメイン・メモリー以外のハードウエアをプログラムで制御するには、どうすればよいのでしょうか。この章では、この疑問を明らかにしましょう。

アプリケーションはハードウエアと無関係？

C言語などの高水準言語を使ってWindowsアプリケーションを作成する場合に、ハードウエアを直接制御する命令にお目にかかることは、滅多にないでしょう。ハードウエアの制御は、WindowsというOSが一手に引き受けてくれるからです。

ただし、アプリケーションからハードウエアを間接的に制御する手段は、提供されています。OSが提供する**システム・コール**を使えばよいのです。Windowsの場合は、システム・コールのことを**API**とも呼びます（次ページの**図11-1**）。個々のAPIは、アプリケーションから呼び出す関数になっています。この関数の実体はDLLファイルに格納されています。

システム・コールを使ってハードウエアを間接的に制御する例を示しましょう。たとえば、ウインドウの中に文字列を表示するためには、Windows APIのひとつであるTextOut関数[*1]を使います。TextOut関数

*1 ウインドウやプリンタに文字列を出力する場合は、WindowsがAPIとして提供するTextOut関数を使います。C言語が提供しているprintf関数は、コマンドプロンプトの中に文字列を表示するものです。printf関数で、ウインドウやプリンタに文字列を出力することはできません。

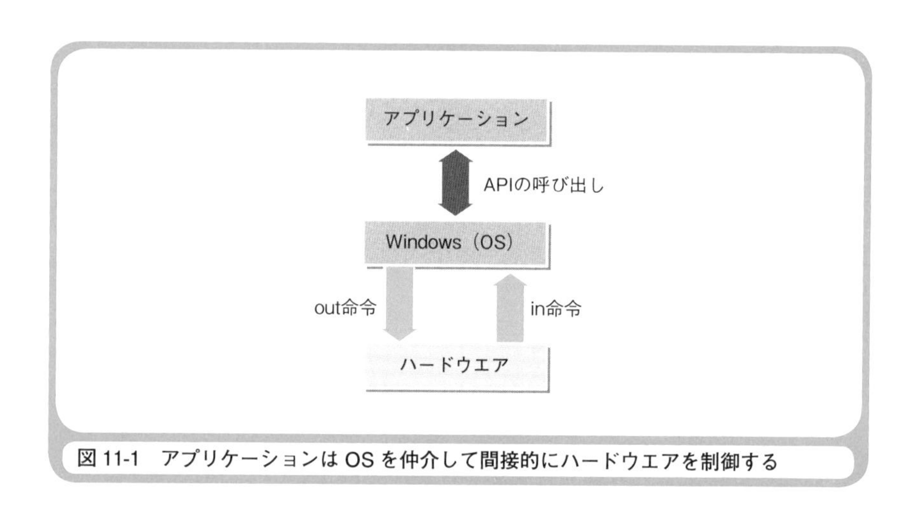

図 11-1　アプリケーションは OS を仲介して間接的にハードウエアを制御する

の構文は、**リスト11-1**のようになっています。確かにリスト中には、ハードウエアを意識させるような引数がありません。「デバイス・コンテキストへのハンドル」というコメントが付いた引数hdcは、文字列やグラフィックスの描画対象を指定するWindowsにおける識別値であり、直接ハードウエアを表しているわけではありません。

リスト 11-1　TextOut 関数の構文（C 言語）

```
BOOL TextOut(
  HDC hdc,             // デバイス・コンテキストへのハンドル
  int nXStart,         // 文字列を表示する x 座標
  int nYStart,         // 文字列を表示する y 座標
  LPCTSTR lpString,    // 文字列へのポインタ
  int cbString         // 文字列の文字数
);
```

それでは、TextOut関数の中身の処理を行うWindowsは、何をしているのでしょうか？　結果的には、ディスプレイに関わるハードウエアを制御しています。Windowsはプログラム（ソフトウエア）なのですから、

Windowsが何らかの命令をCPUに与え、プログラムでハードウエアを制御しているのです。

ハードウエアと入出力を行うin命令とout命令

Windowsがハードウエアを制御する[*2]ために使うのは、入出力命令です。代表的な2つの入出力命令は「in」と「out」です。これらは、アセンブリ言語のニーモニックです。ただし、アプリケーションからin命令とout命令を使うことはできません。Windowsは、アプリケーションがハードウエアを直接制御することを禁止しているからです。

in命令とout命令の構文[*3]を**図11-2**に示します。これは、x86系CPUのin命令とout命令の構文です。in命令は、指定したポート番号のポートからデータを入力し、それをCPU内部のレジスタに格納します。out命令は、CPUのレジスタに格納されているデータを、指定したポート番号のポートに出力します。

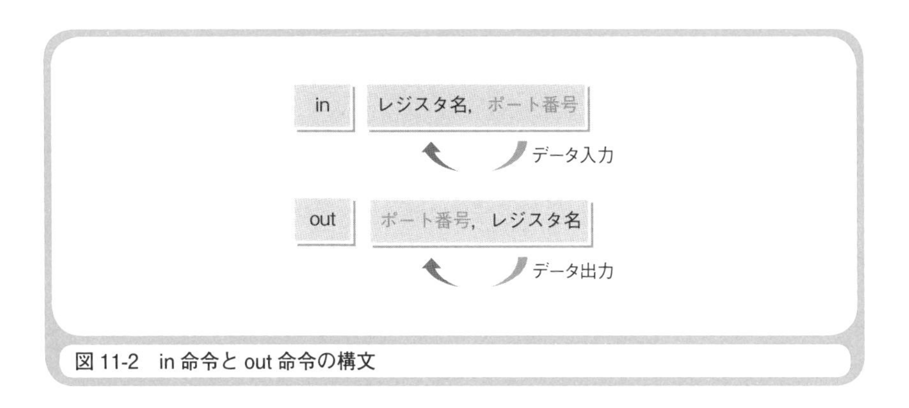

図11-2 in命令とout命令の構文

*2 Windowsの機能の中で、ハードウエアを制御する部分をHAL（Hardware Abstraction Layer）と呼びます。

*3 この構文は、インテル記法です。AT&T記法では、レジスタ名とポート番号の順序が逆になります。

ポート番号やポートが何であるかを説明しましょう。コンピュータ本体には、ディスプレイやキーボードなどの周辺装置を接続するためのコネクタが付いていますね。それぞれのコネクタの奥には、コンピュータ本体と周辺装置の電気的特性を相互に変換するIC[*4]が接続されています。これらのICを、I/Oコントローラ（または単にI/O）と総称します。データの形式や電圧などの違いがあるため、コンピュータ本体と周辺装置を直接接続することはできません。そのために、I/Oコントローラが必要になるのです。

I/OはInput/Outputの略で、「アイ・オー」と読みます。ディスプレイやキーボードなどには、それぞれ専用のI/Oコントローラがあります。I/Oコントローラの中には、入出力されるデータを一時的に格納しておくための一種のメモリーがあります。このメモリーがポートです。ポート（port）を直訳すると、「港」という意味になります。コンピュータ本体と周辺装置との間で荷物（データ）の積み下ろしをする港のような場所なので、ポートと呼ぶのです。I/Oコントローラ内部のメモリーをレジスタと呼ぶこともあります。このレジスタは、CPU内部のレジスタとは機能が異なります。CPU内部のレジスタは、データを演算できますが、I/Oコントローラ内部のレジスタは、基本的にデータを一時的に格納するだけのものです。

I/Oコントローラを実現しているICの中には、複数のポートがあります。コンピュータには複数の周辺装置が接続されているので、複数のI/Oコントローラがあり、複数のポートがあります。1つのI/Oコントローラで1つだけ周辺装置を制御することも、複数の周辺装置を制御することもあります。それぞれのポートは、ポート番号を使って識別されます。ポート番号をI/Oアドレスと呼ぶこともあります。in命令やout命令では、ポー

*4　初期のコンピュータでは、周辺装置ごとにICが用意されていましたが、現在のWindowsパソコンでは、数個のICにまとめられています。

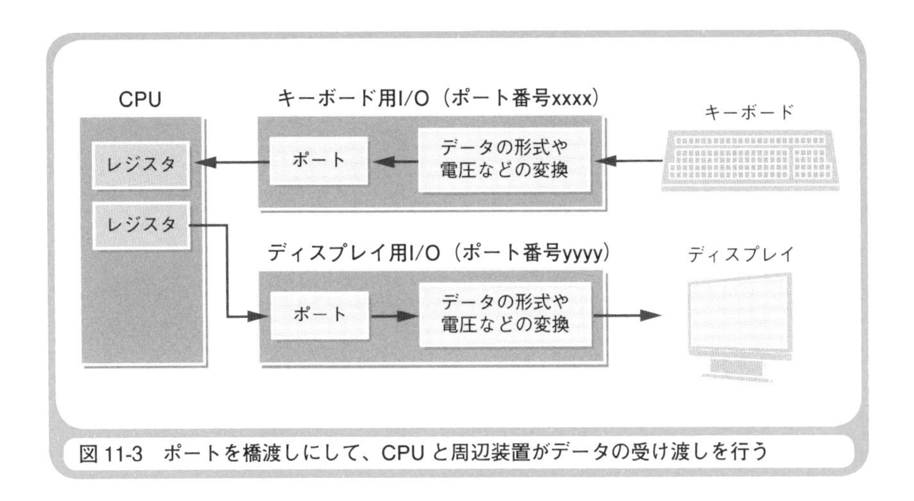

図11-3　ポートを橋渡しにして、CPUと周辺装置がデータの受け渡しを行う

ト番号で指定したポートとCPUの間でデータの入出力を行います。これは、メモリー・アドレスを指定してメイン・メモリーを読み書きすることと同様です（**図11-3**）。

Windowsのデバイスマネージャーを使えば、周辺装置と接続されたI/Oコントローラのポート番号を調べることができます。実際に見てみましょう。ここでは、ディスプレイを例にします。Windowsの「スタート」ボタンを右クリックして表示されるメニューから「デバイスマネージャー」を選択します。

デバイスマネージャーが起動したら、一覧表示されたさまざまなデバイスのアイコンの中から、「ディスプレイアダプター」をクリックして展開し、その中にあるアイコンを右クリックして表示されるメニューから「プロパティ」を選択します。プロパティのウインドウが開いたら、「リソース[*5]」タブをクリックします。「リソースの設定」の「I/Oの範囲」の右側にある数値がポート番号です（次ページの**図11-4**）。このポート番号

＊5　リソース（resource）とは、「資源」という意味です。周辺装置に割り当てるリソースには、I/Oの範囲、IRQ、DMA、メモリーの範囲があります。

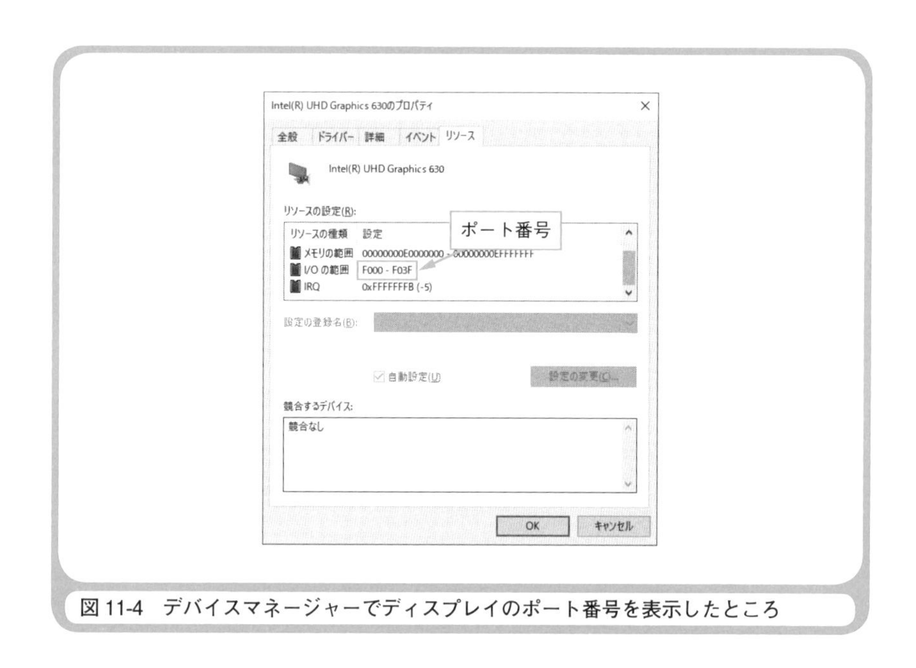

図 11-4　デバイスマネージャーでディスプレイのポート番号を表示したところ

を指定してin命令やout命令を実行すれば、ディスプレイのI/Oコントローラを制御して、入出力を行うことができます。

周辺装置が割り込みを要求する

もう一度、図11-4を見てください。「I/Oの範囲」の下に「IRQ」という項目があり、その値が「0xFFFFFFFB(-5)」[*6]になっています。IRQ (Interrupt Request、アイ・アール・キュー)とは、割り込み要求という意味です。これは何のためのものなのでしょうか？

IRQは、現在実行中のプログラムをいったん停止して、他のプログラムに実行を移すために必要な仕組みです。これを割り込み処理と呼びま

*6　0xFFFFFFFB(-5)の先頭の0x（ゼロとエックス）は、16進数であることを意味しています。カッコの中にある-5は、この16進数を符号付10進数で表すと-5になるという意味ですが、ここではマイナスの値は意味を持たないので、気にしないでください。

す。割り込み処理は、ハードウエアの制御で重要な役割を担っています。割り込み処理がないと、処理が円滑に進まない場合があるからです。

割り込み処理を行うと、割り込んだプログラム（割り込み処理プログラム）の実行が終了するまで、割り込まれたプログラム（メイン・プログラム）の処理が中断します。これは、オフィスで書類作成をしているときに電話がかかってきた状況に似ています。電話が割り込み処理に相当します。もしも、割り込みの機能がなければ、書類の作成が終わるまで電話を取ることができません。これでは、不便ですね。だからこそ、割り込み処理に価値があるのです。電話への応対が終了したら元の書類作成の業務に戻るように、割り込み処理プログラムの実行が終了したら元のメイン・プログラムの処理が再開されます（**図11-5**）。

割り込み処理を要求するのは周辺装置に接続されたI/Oコントローラであり、割り込み処理プログラムを実行するのはCPUです。割り込み要求を行った周辺装置を特定するには、I/Oのポート番号とは別の番号を

図11-5　割り込み処理は、書類作成中に電話に応対するようなもの

図 11-6 デバイスマネージャーで割り込み要求 (IRQ) を一覧表示したところ

使います。これを**割り込み番号**と呼びます。デバイスマネージャーでディスプレイのプロパティのIRQに表示された0xFFFFFFFB(-5)という番号は、ディスプレイからの割り込み要求が0xFFFFFFFB(-5)という番号で識別されることを示しています。

ディスプレイ以外にもさまざまな装置が割り込み処理を要求するので、それぞれの装置に割り込み番号が割り当てられています。デバイスマネージャーの「表示」メニューから「リソース(種類別)」を選択し、「割り込み要求(IRQ)」をクリックして展開すると、装置と割り込み番号を一覧表示させることができます(**図11-6**)。

もしも、複数の周辺装置から同時に割り込み要求があったらCPUも困ってしまいます。そこで、I/OコントローラとCPUの間に**割り込みコントローラ**と呼ばれるICがワンクッション入るようになっています。割り込みコントローラは、複数の周辺装置からの割り込みの要求を順番にCPUに伝えます(**図11-7**)。

割り込みコントローラから割り込み要求を受け付けたCPUは、現在実行中のメイン・プログラムから割り込み処理プログラムに実行を切り替えます。割り込み処理プログラムの最初の処理は、CPUの持つすべての

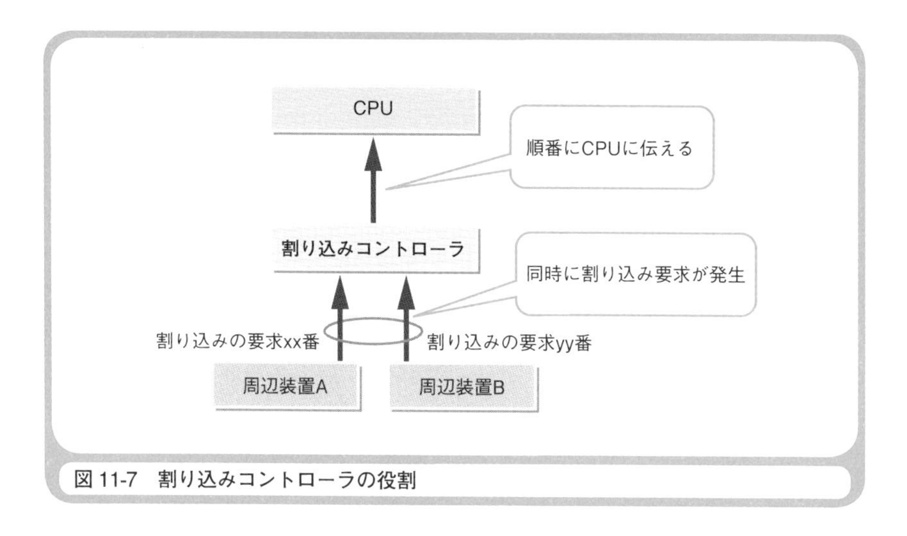

図11-7 割り込みコントローラの役割

レジスタの値をメモリー上のスタック領域に退避することです。そして、割り込み処理プログラムの中で周辺装置との入出力が完了したら、最後の処理として、スタックに退避しておいた値をレジスタに戻し、メイン・プログラムの処理を続行します。CPUのレジスタの値を割り込み処理の直前の状態に戻さないと、メイン・プログラムの実行に影響を与えてしまい、最悪の場合、プログラムがフリーズしたり暴走したりして、制御不能になってしまうからです。メイン・プログラムは実行中、CPU内のレジスタを何らかの目的で使っています。そこに突然別のプログラムが割り込むのです。割り込み処理が終わったら、個々のレジスタの値を割り込む直前と同じに戻さなければなりません。レジスタの値が同じになっていれば、メイン・プログラムは、まるで何事もなかったかのように、処理を継続できます(次ページの**図11-8**)。

割り込みでリアルタイムな処理が実現する

メイン・プログラムの実行中に、どの程度の頻度で割り込みが発生するのでしょう。実は、ほとんどの周辺装置が、割り込み要求を頻繁に発

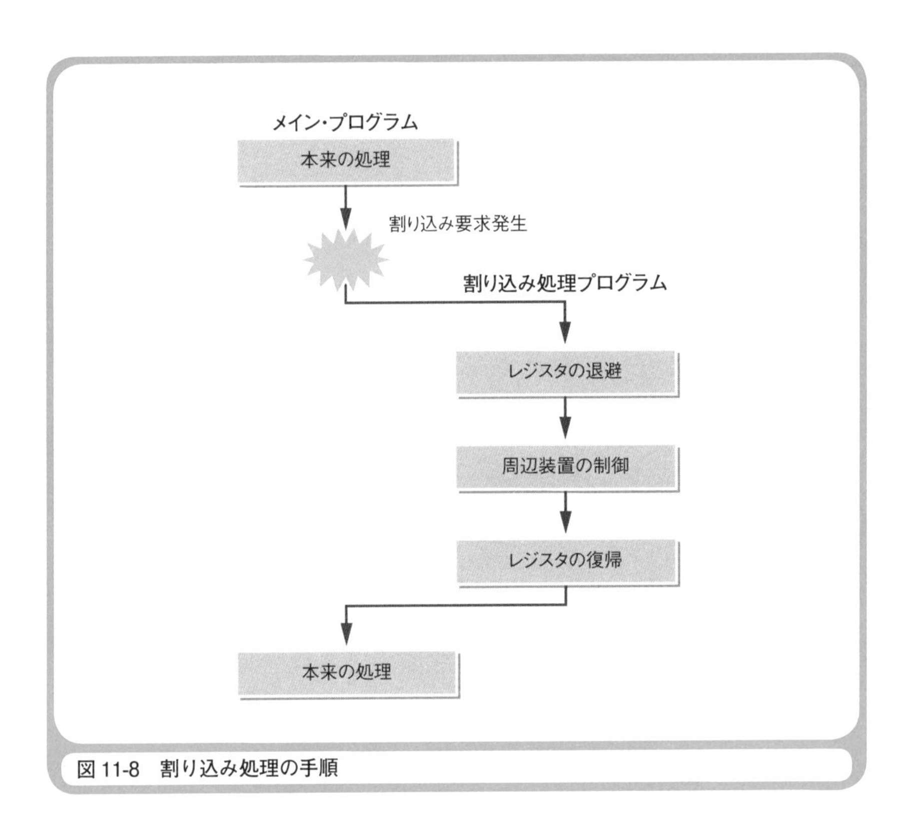

図 11-8　割り込み処理の手順

生しています。その理由は、周辺装置から入力されたデータをリアルタイムで処理してもらうためです。割り込み処理を使わなくても、周辺装置からデータを入力することは可能ですが、その場合には、メイン・プログラムの中で、周辺装置からデータの入力があったかどうかを常に調べ続けることになります。

周辺装置は複数あるので、順番に調べる必要があります。複数の周辺装置の状態を順番に調べることを**ポーリング**と呼びます。ポーリングは、割り込みがあまり発生しないシステムに適した処理だと言えます。しかし、パソコンには不向きです。もしも、マウスから入力があったかどうかを調べているときに、キーボードから入力が行われたらどうなるでしょう？ 入力された文字が、リアルタイムでディスプレイに表示されなくなってしまいます。実際には、割り込みを使ってキーボードからの入力を処理しているので、入力された文字をリアルタイムでディスプレイに表示できるのです。

プリンタなどの出力用の周辺装置では、周辺装置がデータを受け取れる状態になったことを割り込みで知らせるようになっているものがあります。周辺装置のデータ処理速度は、コンピュータ本体の処理速度に比べて極端に遅いものです。プリンタの状態を何度も調べたりせずに、割り込み要求が発生したときにだけデータの出力を行えば、それ以外の時間にCPUが他のプログラムをゆうゆうと実行できるようになります。割り込み処理とは、便利なものですね！

大量のデータを短時間に転送できるDMA

I/O入出力や割り込み処理と一緒に覚えておくべき仕組みに、「DMA(Direct Memory Access、ディー・エム・エー)」があります。DMAとは、CPUを仲介させずに周辺装置がコンピュータのメイン・メモリーとデータ転送を行うことです。ネットワークやディスク装置などでDMAが使われます。DMAを使うことで、大量のデータを短時間でメイン・メモリーに転送できます。CPUを仲介させる分の時間をカットできるからです。さらに、高速なCPUが、低速な周辺装置の動作を待たずに、他の処理を行えるという効果もあります。

DMAは、DMAコントローラ(DMAC＝DMA Controller、ディー・マック)と呼ばれるICによって実現されています。DMAコントローラは、DMAを行うための窓口をいくつか備えていて、それらをDMAチャネル(DMA channel)と呼ばれる番号で識別します。DMAを行う周辺装置は、装置に割り当てられたDMAチャネルで識別されることになります。

DMAに対して、CPUを使って周辺装置とメイン・メモリーでデータ

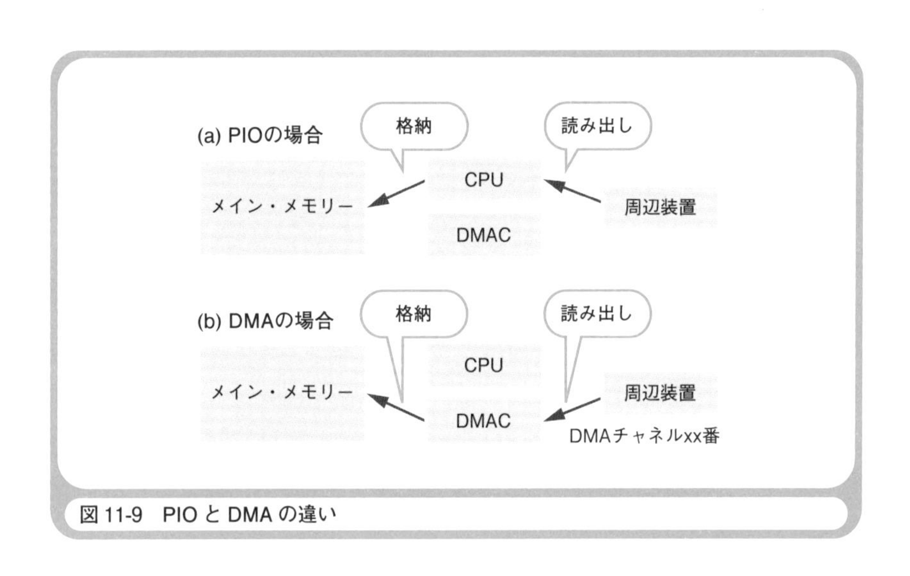

図11-9　PIOとDMAの違い

転送を行うことを**PIO**（Programmed I/O）と呼びます。**図11-9**は、PIOとDMAの違いを示したものです。ここでは、周辺装置から入力したデータをメイン・メモリーに格納する場合を例にしていますが、メイン・メモリーに格納されたデータを周辺装置に出力する場合も同様です。

I/Oポート番号、IRQ、DMAチャネルは、周辺装置を識別するための3点セットだと言えます。ただし、IRQとDMAチャネルは、どの周辺装置にも必要なわけではありません。コンピュータ本体がソフトウエアでハードウエアを制御するために最低限必要な情報は、周辺装置のI/Oポート番号だけです。割り込み処理を行う周辺装置だけにIRQが必要で、DMAを行う周辺装置だけにDMAチャネルが必要となります。もしも、複数の周辺装置に同じポート番号、IRQ、またはDMAチャネルが設定されていると、コンピュータが正しく動作しません。このような場合には、デバイスマネージャーに「競合するデバイス」が表示されます。**競合**とは、同じ番号を使っているという意味です。

文字やグラフィックスが表示される仕組み

最後に、ディスプレイに文字やグラフィックスが表示される仕組みを説明しておきましょう。簡単に結論を言ってしまえば、ディスプレイに表示される情報を記憶するメモリーが存在するということです。このようなメモリーをVRAM（Video RAM、ブイラム）と呼びます。プログラムで、VRAMにデータを書き込めば、それがディスプレイに表示されます。

大昔のMS-DOS時代のパソコンの多くでは、メイン・メモリーの一部がVRAMになっていました。たとえば、当時のPC-9801という機種のパソコンでは、メモリー・アドレスA0000番地以降がVRAMのための領域です。プログラムで、VRAMのメモリー・アドレスにデータを書き込めば、文字やグラフィックスを表示できました。ただし、文字やグラフィックスの色は、せいぜい16色程度です。VRAMの容量が少なかったからです（次ページの**図11-10**（a））。

現在のWindowsパソコンでは、グラフィックス・ボードやビデオ・カードと呼ばれる専用のハードウエア上に、メイン・メモリーとは独立したVRAMとGPU（Graphics Processing Unit）と呼ばれる画面表示専用のプロセッサが装備されているのが一般的です。これは、色数の多いグラフィックスを描画するのが当たり前のWindowsでは、数GBのVRAMが必要とされ、さらにグラフィックスを高速に描画するためには、専用のプロセッサが必要になるからです（図11-10（b））。ただし、VRAMというメモリーに記憶されたデータがディスプレイに表示されるという仕組みに変わりはありません。

ソフトウエアでハードウエアを制御すると聞くと、とてつもなくむずかしいイメージがありますが、結局のところ周辺装置とデータの入出力を行うだけのことなのです。割り込み処理とDMAは、とても便利な仕組みですが、必要に応じて使うオプション機能のようなものだと思ってください。

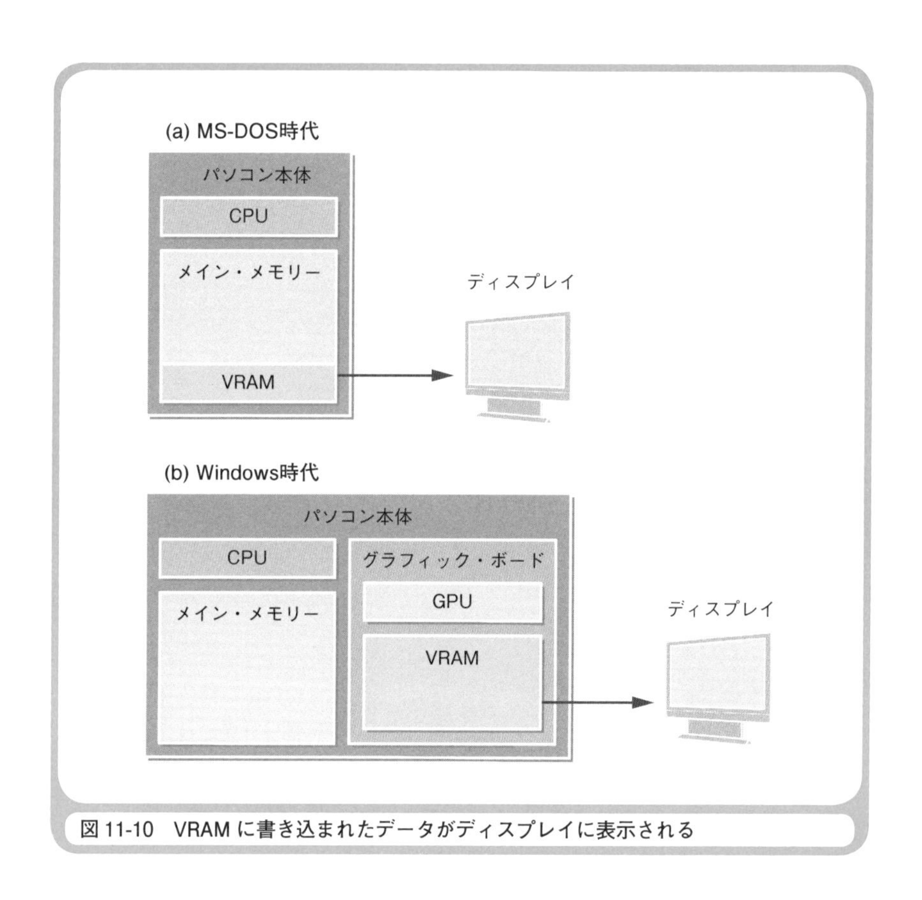

図 11-10　VRAM に書き込まれたデータがディスプレイに表示される

コンピュータの世界には、次々と新しい技術が登場していますが、コンピュータにできることが、データを周辺装置から入力する、データをメモリーに記憶する、データをCPUの内部で演算する、そしてデータを周辺装置に出力する、だけであることは変わりません。必然的にプログラムの内容も、突き詰めればデータの入力、記憶、演算、出力[*7]だけです。コンピュータもプログラムも、実にシンプルなものなのです。

*7　アセンブリ言語の命令も、記憶、演算、出力に分類できます。アセンブリ言語には、処理の流れを変えるコール命令、リターン命令、ジャンプ命令もありますが、これらはCPUの内部のプログラム・カウンタの値を間接的に設定するものなので、演算と同様であるといえます。

＊　＊　＊

次の章では、コンピュータに「学習」させる仕組みを、できるだけ短い手順で体験します。プログラミング言語として、Pythonを使います。

近所のおばあちゃんに ディスプレイとテレビの違いを説明する

筆者：おばあちゃん、こんにちは。お元気ですか？

おばあちゃん：はい、はい、元気ですよ。

筆者：ところで、おばあちゃんは、どんなテレビ番組が好きなんですか？

おばあちゃん：再放送でやってる「水戸黄門」とか「暴れん坊将軍」だねぇ。若い子の見る番組は、うるさくって嫌いだよ。

筆者：時代劇がお好きなんですね。実は、ボクも大好きなんです。「この印籠が目に入らぬか！（水戸黄門）」とか「拙者の顔を見忘れたか！（暴れん坊将軍）」なんてセリフは、最高ですね。

おばあちゃん：おやおや、若いのに珍しいねぇ。何の仕事してるんだい？

筆者：コンピュータ関係です。

おばあちゃん：コンピュータの仕事ってのは、毎日テレビに向き合ってるんだろ。目が疲れて大変だねぇ。

筆者：よくご存知ですね。でも、コンピュータに付いている画面は、テレビじゃないんですよ。時代劇だって映りません。

おばあちゃん：ほお！ それじゃ、コンピュータのテレビには、何が映っているんだい。

筆者：テレビじゃなくって、ディスプレイと呼びます。テレビとは、テレビジョンの略語で、もともと「遠くのものが映る」という意味です。遠くにある放送局で上映されている時代劇が、おばあちゃんの家で映るからテレビなんです。それに対して、コンピュータのディスプレイは、すぐそばにあるコンピュータ本体で実行されたプログラムの動作結果が映ります。

おばあちゃん：そんなむずかしい話をされても、わからんよ。

筆者：すみません。それでは、コンピュータの役割から説明しますね。コンピュータには、いろいろな役割がありますが、会社の事務所で使われているようなコンピュータは、書類を作ったり、帳簿をつけたりするためのものなんです。

おばあちゃん：？？？

筆者：こう言うと失礼かもしれませんが、おばあちゃんの時代には、紙の書類や紙の帳簿が使われていましたが、コンピュータが発達した現在では、紙ではなくてコンピュータで書類や帳簿を書いているんです。

おばあちゃん：？？？

筆者：（困ったなぁ…おばあちゃん、黙っちゃったよ…そうだ！）おばあちゃん、コンピュータのディスプレイには、書類や帳簿が映ってるんですよ。それを見て仕事をしているんです。

おばあちゃん：ほお。それじゃあ、どうやって、テレビに映った書類や帳簿に字を書くんだい？

筆者：（やれやれ、やっと口を開いてくれたぞ）キーボードという装置を使います。キーボードには、文字や数字が刻印されたボタンがいっぱいあります。そのボタンを押して字を書きます。コンピュータは、ディスプレイ、キーボード、そしてコンピュータ本体が揃って１セットなんです。

おばあちゃん：コンピュータってのは、字を書く道具なんだね。はじめて知ったよ。

筆者：まあ、そう思って間違いありません。

おばあちゃん：コンピュータのテレビには、字が映るんだね。

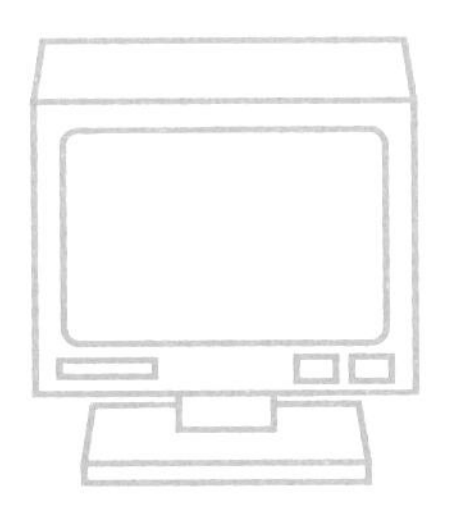

筆者：（テレビじゃなくって、ディスプレイだってば！）そうです。そうです。

おばあちゃん：もしも、コンピュータのテレビに時代劇が映ったら便利だろうねぇ。仕事しながらテレビが見られて。

筆者：おばあちゃん、すご～いアイデア！ 実は、テレビ・チューナーという装置を使えば、コンピュータのディスプレイで時代劇を見ることもできるんですよ。

おばあちゃん：それじゃあ、やっぱりテレビと同じなんだね。

筆者：…まあ、そう思って間違いありません。

第12章

コンピュータに「学習」をさせるには

ウォーミングアップ

本題に入る前に、ウォーミングアップとしてクイズを出題させていただきます。きちんと説明できるかどうか試してみてください。

1. 機械学習とは、何ですか？
2. 機械学習のテーマの１つである分類問題とは、何ですか？
3. 機械学習のアルゴリズムであるSVMは、何の略ですか？
4. 機械学習の分野で、Pythonがよく使われるのは、なぜですか？
5. 分類問題の機械学習における学習器と分類器とは、何ですか？
6. 機械学習におけるクロスバリデーションは、日本語に直訳するとどういう意味ですか？

いかがだったでしょうか。改めて聞かれると、簡潔に答えられない問題もあったことでしょう。参考までに、筆者の答えと解説を以下に示しておきます。

答え

1. コンピュータ自体に学習をさせること
2. 与えられたデータを適切に認識して分類すること
3. Support Vector Machine
4. 機械学習のためのさまざまな機能がライブラリとして提供されていて、それらの機能をインタプリタで簡単に試せるから
5. 学習アルゴリズムと学習済みモデル
6. 交差検証

解説

1. 機械学習では、学習を行うプログラムを使って、コンピュータ自体が大量のデータを読み込んで、その特徴から学習を行います。
2. この章では、分類問題の例として、手書き数字の認識を取り上げます。これは、与えられた手書き数字の画像データを認識して0〜9に分類するものです。
3. この章では、手書き数字の認識で、サポートベクトルマシン（SVM＝Support Vector Machine）というアルゴリズムを使います。
4. この章では、機械学習のライブラリとして、scikit-learn（サイキット・ラーン）を使います。わずか数行のプログラムで、機械学習を体験できます。
5. 分類問題の機械学習では、学習アルゴリズムを学習器と呼び、学習の結果として得られた学習済みモデルを分類器と呼びます。モデルとは、認識をする仕組みのことです。学習器と分類器の実体は、どちらもプログラムです。
6. 「クロスバリデーション（cross validation＝交差検証）」は、学習器を作るための訓練データと、分類器で使うテストデータを入れ替えながら、機械学習を繰り返すという技法です。これによって、学習したデータの種類によって、認識率に偏りが生じないかどうかをチェックできます。

この章は、本書を第3版に改訂するにあたり、新たに書き下ろしたものです。「Python（パイソン）」というプログラミング言語を使って、コンピュータに学習をさせる「機械学習」を紹介します。機械学習には、さまざまな手法がありますが、ここでは、ほんの一部分だけを、できるだけ簡単な手順で体験して、十分に納得できることを目指します。テーマは、手書き数字の認識です。

機械学習とは？

「機械学習（ML＝Machine Learning）」とは、機械であるコンピュータに学習をさせることです。たとえば、手書きの数字が0～9のどれであるかを、コンピュータに認識させるとしましょう。もしも、認識を行うためのプログラムのすべてを、人間であるプログラマが作ったとしたら、それは機械学習ではありません。**機械学習**では、プログラマは学習を行うためのプログラムだけを作り、それを実行してコンピュータ自体に学習をさせるのです。このプログラムの内容は、コンピュータに、大量のデータを読み込ませ、それらの特徴を学習させて、認識のモデルを作らせるものです。ここで、モデルとは、認識をする仕組みのことです（後でモデルの具体例を示します）。

機械学習には、さまざまな手法がありますが、ここでは「教師あり学習」[※1]を取り上げます。**教師あり学習**は、コンピュータに与える大量のデータに正解を付けておく、という手法です。手書き数字の認識では、大量の手書き数字のデータに、それらが0～9のどれであるかという正解を付けておくのです。この正解が、教師に該当します。教師あり学習は、手書き数字の認識のような、「分類問題」[※2]と呼ばれる分野に適しています。

※1 機械学習の手法には、大きく分けて「教師あり学習」「教師なし学習」「強化学習」があります。
※2 教師あり学習が適した分野には、「分類問題」と「回帰問題」があります。

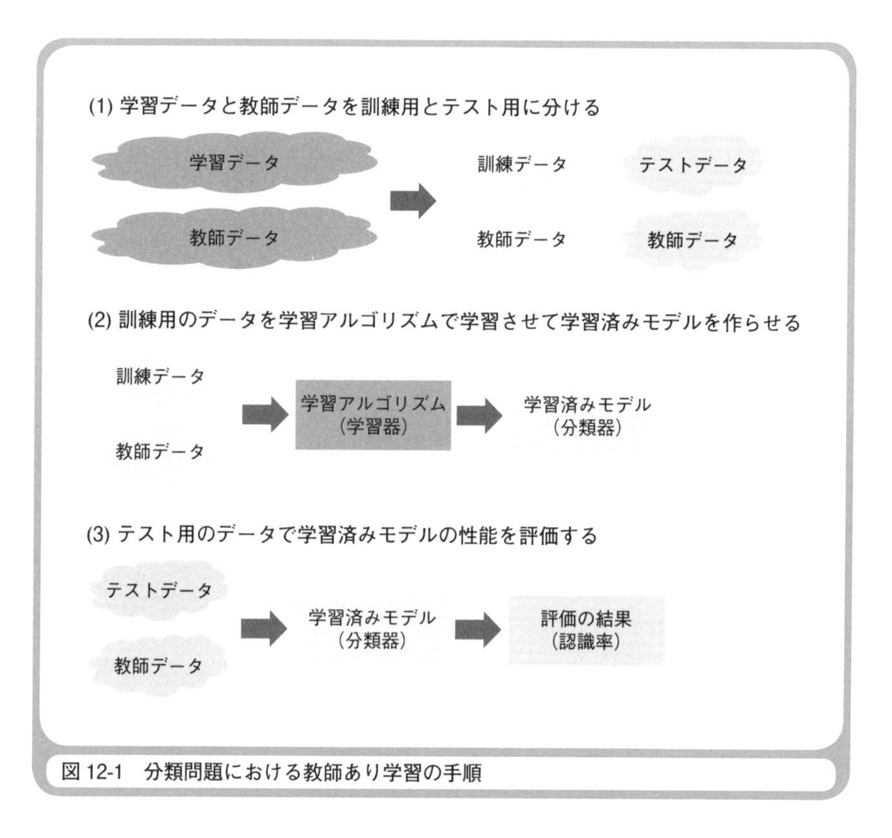

図 12-1　分類問題における教師あり学習の手順

図12-1に、分類問題における教師あり学習の手順を示します。

まず、大量の学習データと教師データ（学習データの正解）を、訓練用のデータと、テスト用のデータに分割します。

次に、訓練用のデータを使って、コンピュータに、学習アルゴリズムで学習させて、学習済みモデルを作成させます。学習アルゴリズムを「学習器」と呼び、学習済みモデルを「分類器」と呼ぶこともあります。「器」という名前が付いていますが、どちらも実体はプログラムです。これらの言葉を使って説明すると、機械学習とは、プログラマが用意した学習器というプログラムを使ってコンピュータが学習を行い、その成果としてコンピュータが分類器というプログラムを作り出すことです。

最後に、テスト用のデータを使って、分類器の性能を評価します。評価の結果として、十分な認識率が得られたら、この分類器を新たなデータ（正解が付いていないデータ）の認識に使います。

この時点では、まだまだピンと来ないことが多いと思いますが、後で実際に体験すれば、それぞれの言葉の意味がわかります。

サポートベクトルマシン

すでに、機械学習のための学習アルゴリズムが、いくつか考案されています。ここでは、分類問題における教師あり学習に適した「サポートベクトルマシン（SVM＝Support Vector Machine）」という学習アルゴリズムを使います。単純な分類問題を例にして、サポートベクトルマシンの仕組みを説明しましょう。犬と猫を分類してみます（**図12-2**）。

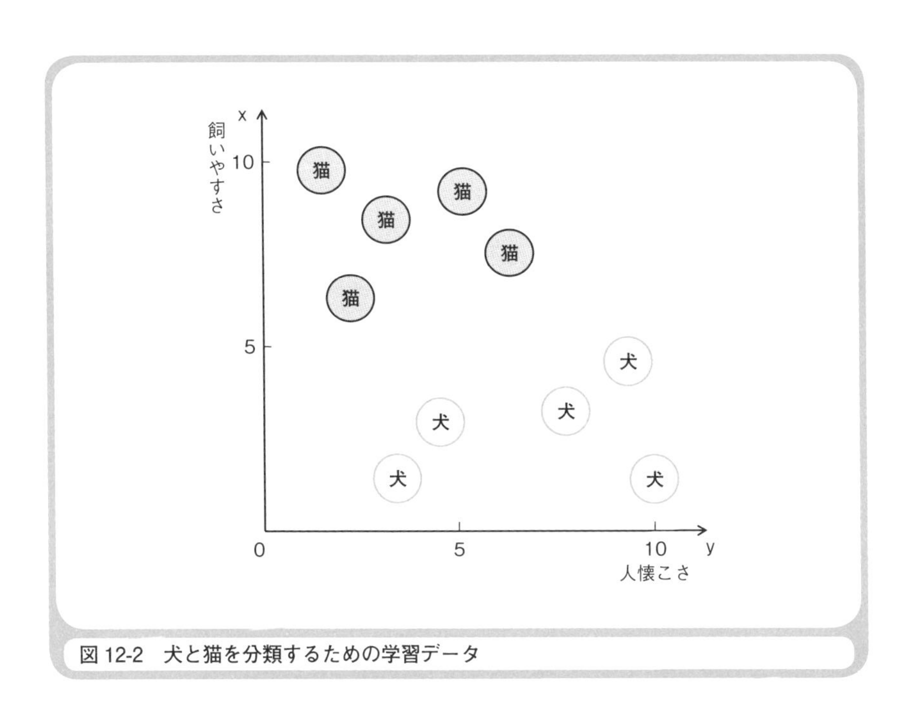

図12-2　犬と猫を分類するための学習データ

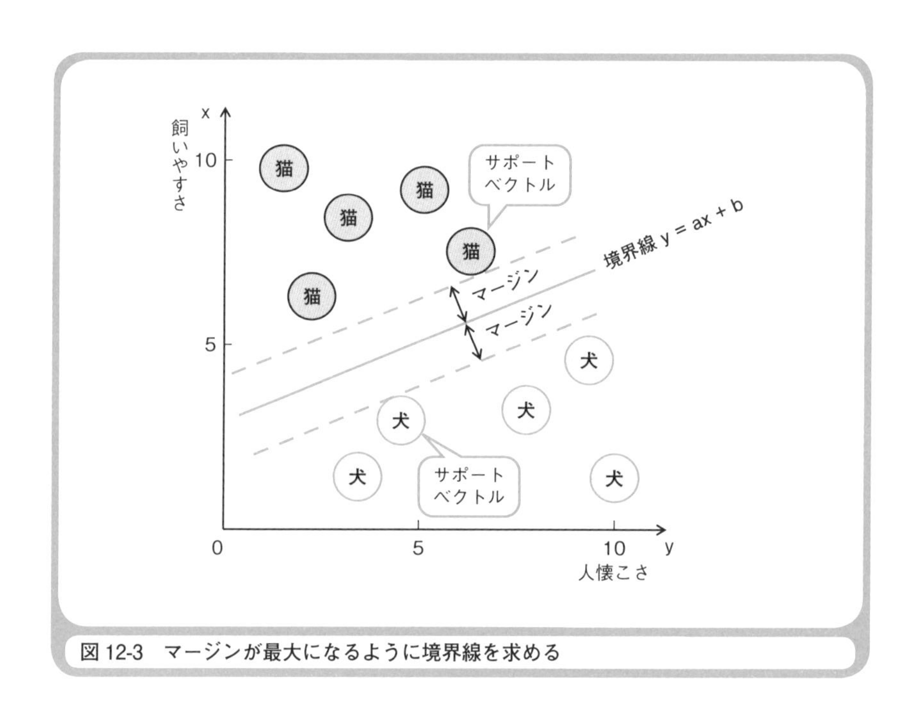

図12-3　マージンが最大になるように境界線を求める

犬と猫が5匹ずついて、それぞれの「飼いやすさ（トイレのしつけの容易さ）」と「人懐こさ（飼い主への従順さ）」に、10点満点で点数を付けたとします。この結果を、縦軸（y軸）を「飼いやすさ」、横軸（x軸）を「人懐こさ」としたグラフに示したところ、図12-2のようになりました。これらが、犬と猫を分類するための学習データになります（これらは、架空のデータです）。

図12-2を使って犬と猫を識別するために、境界線を引くことにしましょう。この境界線は、境界線の近くにある犬と猫のデータから、もっともマージン（距離）が大きくなっているべきです。この場合に、境界線の近くにある犬と猫のデータを「サポートベクトル」と呼び、サポートベクトルからのマージンが最大になるように境界線を求める、というのがサポートベクトルマシンのアルゴリズムです。**図12-3**に、境界線を引いた例を

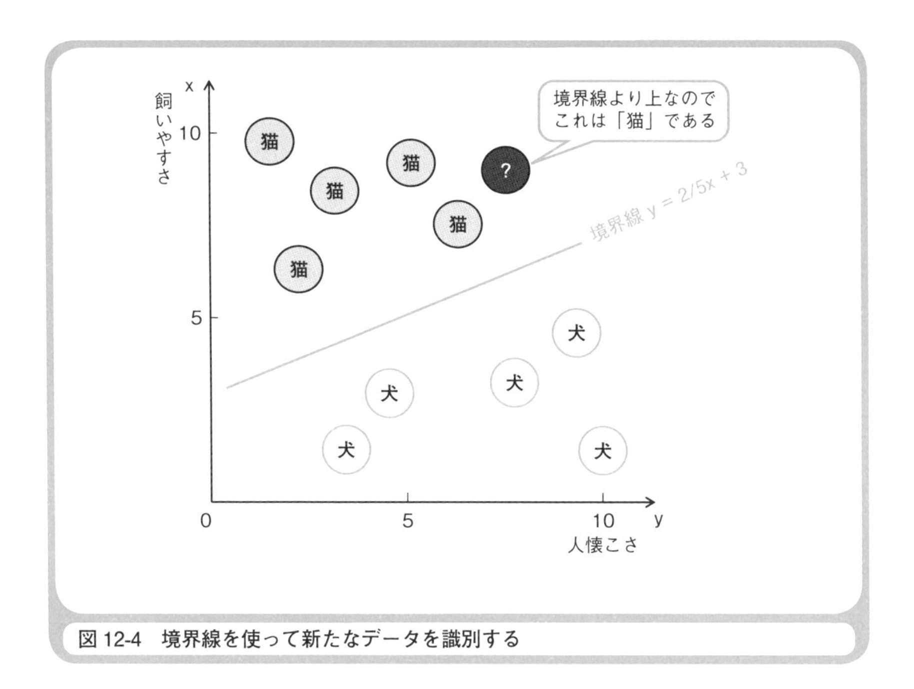

図 12-4 境界線を使って新たなデータを識別する

示します。直線は、y = ax + bという式になります[※3]。サポートベクトルマシンの学習器は、与えられたデータから、この式のaとbを求めるのです。

学習器により、a=2/5、b=3が求められたとしましょう。これによって、境界線は、y = 2/5x + 3という式になります。このy = 2/5x + 3が、犬と猫を分類するための学習済みモデルです。分類器は、この式を使って、新たなデータを分類します。たとえば、**図12-4**に「?」で示したデータは、y = 2/5x + 3より上にあるので「猫」だと識別できます。

データを分類する数を「クラス数」と呼びます。クラス(class)は「種類」

※3 境界線を直線で引くのが困難なデータの場合には、たとえば、x-y平面上の2次元のデータを、x-y-z空間の3次元のデータに変換して、平面で境界線を引きます。これを「カーネル法」と呼びます。

という意味です。犬と猫を識別する例では、クラス数は2（犬、猫）です。1つのデータが分類のために持つ情報を「特徴量」と呼び、その数を「次元数」と呼びます。犬と猫の例では、特徴量の次元数は2（飼いやすさ、人懐こさ）です。サポートベクトルマシンは、グラフの軸や境界線を示す式の項目を増やすことで、より多くのクラス数や次元数に対応できます。

Pythonの対話モードの使い方

機械学習では、プログラミング言語としてPython[*4]がよく使われます。その理由は、Pythonには、機械学習のためのさまざまな機能がライブラリとして提供されていることと、Pythonがインタプリタ[*5]なので、ライブラリの機能を短いプログラムで簡単に試せることです。この章では、Python本体とさまざまなライブラリをセットにしたAnaconda（アナコンダ）[*6]というツールを使います。

Pythonでプログラムを実行する方法には、あらかじめ作成しておいたソースコードをPythonのインタプリタに解釈・実行させる「実行モード」と、Pythonのインタプリタを起動したままの状態にして、キー入力したプログラムを1行ずつ解釈・実行させる「対話モード」があります。後で示す機械学習の体験では、対話モードを使います。

対話モードの使い方を説明しておきましょう。WindowsにAnacondaをインストールすると、「スタート」メニューに「Anaconda3 (64-bit)」というフォルダが追加されます。このフォルダの中にある「Anaconda Prompt(anaconda3)」を

---

*4　本書の補章2で、Pythonの基本構文を説明しています。

*5　プログラムの実行方式には、コンパイラ方式とインタプリタ方式があります。コンパイラ方式では、コンパイラがソースファイルをコンパイルして実行可能ファイルに一括変換し、実行可能ファイルを一括実行します。インタプリタ方式では、インタプリタがソースファイルの内容を逐次実行します。

*6　Anacondaは、https://www.anaconda.com/products/individualから無償でダウンロードできます。ダウンロードしたEXEファイルを実行すると、Anacondaのインストールプログラムが起動します。

起動してください。「Anaconda Prompt(anaconda3)」というタイトルのコマンドプロンプトが起動したら、pythonとキー入力して「Enter」キーを押してください。Pythonのインタプリタが起動したままの状態になり、>>> というプロンプト（キー入力を促す文字列）が表示されます。これが、対話モードです。

対話モードでは、プログラムをキー入力して「Enter」キーを押すと、すぐに実行されます。Pythonには、画面にデータの値を表示するprint関数がありますが、対話モードでは、print関数を使わなくても、変数名を入力して「Enter」キーを押せば変数の値が表示され、関数呼び出しを入力して「Enter」キーを押せば関数の戻り値が表示されます。

たとえば、**図12-5**では、(1)のa = 123 + 456で、変数aに123と456の加算結果を代入しています。(2)のaだけで、画面に変数aの値が表示されます。(3)のsum([1, 2, 3, 4, 5])で、合計値を求めるsum関数を呼び出して[1、2、3、4、5]　というリスト（Pythonのリストは、C言語の配列に相当するものです）の合計値を求めています。これによって、sum関数の戻り値が表示されます。プログラムとして入力したのは、>>> の後の部分です。先頭に >>> がない579と15は、プログラムの実行結果として表示されたものです。

図12-5　対話モードでは、変数の値や関数の戻り値が表示される

```
>>> a = 123 + 456 ―――――――――――――――――――――― (1)
>>> a ―――――――――――――――――――――――――――――― (2)
579
>>> sum([1, 2, 3, 4, 5]) ――――――――――――――― (3)
15
```

Pythonには、プログラムから利用できるさまざまな機能が、関数やオブジェクトになっています。**関数**は、単独の機能を提供するもので、**オブジェクト**は複数の機能を提供するものです。オブジェクトの機能は、「オブジェクト名.機能名」という構文で使います。Pythonが標準で装備

している関数やオブジェクト（「組み込み関数」や「組み込みオブジェクト」と呼びます）は、すぐに使うことができますが、機械学習で使う特殊な関数やオブジェクトは、importという命令でインポートしてから使います。

インポートは、直訳すると「輸入する」という意味ですが、Pythonでは「標準でないものを使う」という意味です。たとえば、**図12-6**では、さまざまな数学関数を提供するmathモジュールから、平方根を求めるsqrt関数（sqrt＝square root、平方根）をインポートして、2の平方根を求めています。モジュールとは、関数やオブジェクトを収録したファイルのことです。(1)のfrom math import sqrtは、「mathモジュールからsqrt関数をインポートせよ」という意味です。これによって、sqrtが使えるようになります。(2)のsqrt(5)で、sqrt関数が呼び出されて5の平方根が求められ、関数の戻り値が表示されます。

図12-6　mathモジュールのsqrt関数をインポートして使う

```
>>> from math import sqrt ………………………… (1)
>>> sqrt(5) ………………………………………………… (2)
2.23606797749979
```

Pythonのインタプリタを終了するには、>>> というプロンプトで exit()と入力して「Enter」キーを押します。exit関数は、組み込み関数です。

学習データを用意する

手書き数字の認識をテーマにして、実際に機械学習を体験してみましょう。機械学習には、学習データと学習器が必要になります。ここでは、Anacondaに同梱されているscikit-learn（サイキット・ラーン）というライブラリが提供する学習データと学習器を使います。scikit-learnの他にも、ビジュアルな描画を行うmatplotlib（マットプロットリブ）というライブラリも使いますが、それもAnacondaに同梱されています。

はじめに、scikit-learnが提供する手書き数字の学習データが持つ項目を確認してみましょう。この学習データは、量がそれほど多くないので、「トイ・データセット」と呼ばれます。実用的ではないので「トイ(toy＝おもちゃ)」であり、さまざまなデータから構成されているので「データセット」というわけです。ただし、機械学習の体験には、十分なものです。

それではPythonの対話モードで、**図12-7**に示すプログラムを実行してください。

図12-7　手書き数字の学習データが持つ項目を確認する

```
>>> from sklearn import datasets                    (1)
>>> digits = datasets.load_digits()                 (2)
>>> dir(digits)                                     (3)
['DESCR', 'data', 'feature_names', 'frame', 'images',
'target', 'target_names']
```

プログラムの内容を説明しましょう。(1)では、sklearnというモジュールからdatasetsというオブジェクトをインポートしています。(2)では、datasetsオブジェクトのload_digitsメソッドを使って、手書き数字のデータセットをメモリーにロードして、それを変数digitsに代入しています。メソッドとは、オブジェクトが持つ機能のことです。(3)では、Pythonの組み込み関数のdir関数を使って、変数digitsに代入されたデータセットの項目を取り出しています。その結果として表示されたDESCRやdataなどは、項目に付けられた名前です。

DESCRは、データセットの説明文(description＝説明)です。dataは、手書き数字の画像データです。imagesは、手書き数字の画像データを8行×8列に配置したものです。targetは、手書き数字の教師データ(正解データ)です。target_namesは、教師データの意味(ここでは0～9の数字)です。

手書き数字の認識では、与えられた画像データを0～9の10種類に分類するので、クラス数は10です。1つの数字を表す画像データは、8×8＝64個の情報を持っているので、特徴量の次元数は64です。それぞれの特徴量は、文字を構成するドットの濃淡を0～16の数値で表したものになっています。手書き数字のデータは、全部で1797個あり、個々のデータは、データ名[0]～データ名[1796][*7]という表現で指定できます。

手書き数字のデータの内容を見てみる

今度は、手書き数字のデータの内容を見てみましょう。Pythonの対話モードで、**図12-8**に示すプログラムを実行してください。ここでは、適当に選んだ1234番目のデータの内容を表示させています。

図12-8　手書き数字の学習データの内容を見てみる

```
>>> from sklearn import datasets ―――――――――――――――――――――――― (1)
>>> digits = datasets.load_digits() ―――――――――――――――――――― (2)
>>> digits.data[1234] ―――――――――――――――――――――――――――――――― (3)
array([ 0.,  1., 12., 16., 14.,  8.,  0.,  0.,  0.,  4., 16.,  8., 10.,
       15.,  3.,  0.,  0.,  0.,  0.,  0.,  5., 16.,  3.,  0.,  0.,  0.,
        0.,  1., 12., 15.,  0.,  0.,  0.,  0.,  0., 10., 16.,  5.,  0.,
        0.,  0.,  0.,  5., 16., 10.,  0.,  0.,  0.,  0.,  1., 14., 15.,
        6., 10., 11.,  0.,  0.,  0., 13., 16., 16., 14.,  8.,  1.])
>>> digits.images[1234] ――――――――――――――――――――――――――――――― (4)
array([[ 0.,  1., 12., 16., 14.,  8.,  0.,  0.],
       [ 0.,  4., 16.,  8., 10., 15.,  3.,  0.],
       [ 0.,  0.,  0.,  0.,  5., 16.,  3.,  0.],
       [ 0.,  0.,  0.,  1., 12., 15.,  0.,  0.],
       [ 0.,  0.,  0., 10., 16.,  5.,  0.,  0.],
       [ 0.,  0.,  5., 16., 10.,  0.,  0.,  0.],
       [ 0.,  1., 14., 15.,  6., 10., 11.,  0.],
       [ 0.,  0., 13., 16., 16., 14.,  8.,  1.]])
>>> digits.target[1234] ――――――――――――――――――――――――――――――― (5)
2
```

プログラムの内容を説明しましょう。(1)と(2)は、先ほど図12-7に示したプログラムと同じなので、実行済みであれば、入力する必要はありません。(3)のdigits.data[1234]の実行結果として、64個の数値が表示されました。これらが、1つの数字を表す画像データ(64次元の特徴量)です。(4)のdigits.images[1234]の実行結果として、1つの数字を表す画像データを8行×8列に配置したものが表示されました。0が白で、数値が大きいほど色が濃くなるので、何となくですが、「2」の形をしていることがわかるでしょう。(5)のdigits.target[1234]の実行結果として、この数字の教師データが表示されます。2と表示されているので、この数字は2です。

matplotlibというライブラリを使うと、手書き数字のデータをビジュアルに画面に表示できます。**図12-9**は、digits.images[1234]の内容をビジュアルに画面に表示するプログラムです。(1)と(2)は、これまでに示したプログラムと同じなので、実行済みであれば、入力する必要はありません。(3)では、matplotlibモジュールからpyplotオブジェクトをインポートして、それにpltという短い別名を付けています。(4)では、digits.images[1234]の内容をグレースケール[*8]で描画しています。(5)では、描画の内容を画面に表示しています。

図12-9 手書き文字の画像データをビジュアルに表示する

```
>>> from sklearn import datasets ………… (1)
>>> digits = datasets.load_digits() ………… (2)
>>> import matplotlib.pyplot as plt ………… (3)
>>> plt.imshow(digits.images[1234], cmap="Greys") ………… (4)
<matplotlib.image.AxesImage object at 0x00000290C7707190>
>>> plt.show() ………… (5)
```

*7 Pythonでは、先頭のデータを1番目ではなく0番目とするので、1797個のデータは、0番目～1796番目になります。

*8 グレースケールとは、画像の数値データを灰色の濃淡に置き換えることです。

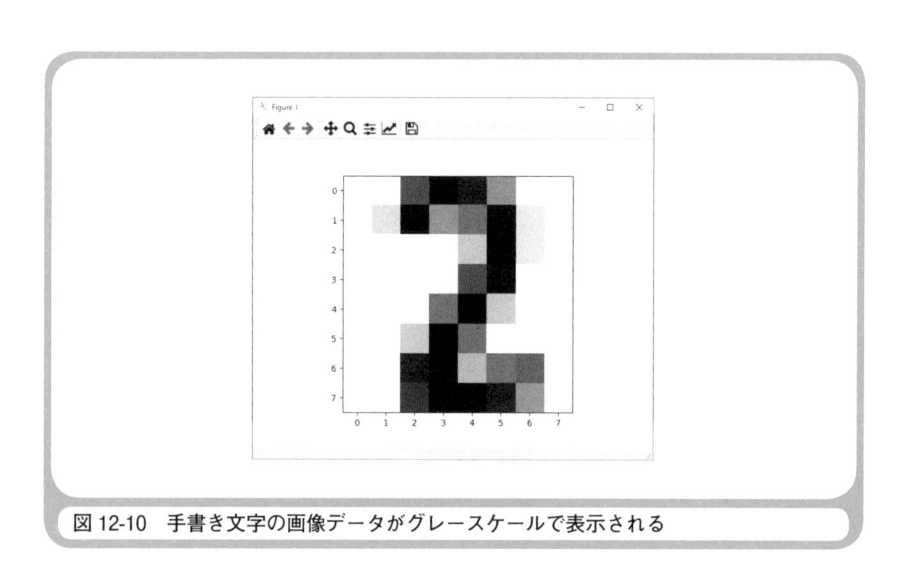

図 12-10　手書き文字の画像データがグレースケールで表示される

このプログラムの実行結果として、**図12-10**に示したウインドウの中に画像が表示されます。「2」の形状になっていることがわかるでしょう。実行結果を確認したら、ウインドウの右上にある「×」ボタンをクリックして、ウインドウを閉じてください。

機械学習で手書き文字の認識を行う

手書き数字のデータセットの内容を確認できたので、いよいよ機械学習を体験してみましょう。ここでは、1797個の手書き数字のデータの2/3を訓練用のデータにして、残りの1/3をテスト用のデータにします。以下に、もう一度、機械学習の手順を示しておきます。

【機械学習の手順】

（1）学習データと教師データを訓練用とテスト用に分ける

（2）訓練用のデータを学習アルゴリズムで学習させて学習済みモデルを作らせる

(3)テスト用のデータで学習済みモデルの性能を評価する

これらの手順を実現するには、むずかしくて長いプログラムが必要になると思われるかも知れませんが、そうではありません。どの手順も数行のプログラムで実現できます。Pythonの対話モードで、**図12-11**に示すプログラムを実行してください。

図12-11 機械学習で手書き文字の認識を行う

```
>>> from sklearn import datasets                                      (1)
>>> digits = datasets.load_digits()                                   (2)
>>> from sklearn.model_selection import train_test_split              (3)
>>> d_train, d_test, t_train, t_test = ¥                              (4)
... train_test_split(digits.data, digits.target, train_size=2/3)
>>> from sklearn import svm                                           (5)
>>> clf = svm.SVC()                                                   (6)
>>> clf.fit(d_train, t_train)                                         (7)
SVC()
>>> clf.score(d_test, t_test)                                         (8)
0.9803600654664485
```

プログラムの内容を説明しましょう。(1)と(2)は、これまでに示したプログラムと同じなので、実行済みであれば、入力する必要はありません。

(3)では、sklearn.model_selectionモジュールからtrain_test_split関数をインポートしています。(4)は、d_train, d_test, t_train, t_test = train_test_split(digits.data, digits.target, train_size=2/3)という1行の処理なのですが、長いので途中で改行しています。プログラムの末尾に「¥」を入力すると、1行の処理を途中で改行できます。改行した次の行には、「...」が表示されます。

train_test_split(digits.data, digits.target, train_size=2/3)は、手書き数字の画像データであるdigits.dataと、教師データであるdigits.targetを、訓練用のデータを2/3の割合にして(train_size=2/3)分割します。分割

表 12-1　データセットを訓練用とテスト用に分割する

データセット	訓練用 (2/3)	テスト用 (1/3)
学習データ (digits.data)	d_train	d_test
教師データ (digits.target)	t_train	t_test

されたデータは、左辺のd_train、d_test、t_train、t_testにランダムに代入されます（**表12-1**）。Pythonでは、関数やメソッドが複数の戻り値を返せるようになっています。複数の戻り値が返される場合は、代入の左辺に複数の変数をカンマで区切って並べます。

(5) では、sklearnモジュールからsvmオブジェクト (svm＝support vector machineという意味です) をインポートしています。svmオブジェクトは、サポートベクトルマシンに関するさまざまな機能を提供します。

(6) では、svmオブジェクトのSVCメソッド (SVC＝SVM Classification、SVMによる分類という意味です) を使って学習器オブジェクトを作成、それにclf (clf＝classifier、分類器という意味です) という名前を付けています。

(7) では、学習器オブジェクトのfitメソッドの引数にテスト用の訓練データであるd_trainとt_trainを指定しています。これによって機械学習が行われ、学習済みモデル (分類器) が作られます。学習済みモデルは、学習器オブジェクトの内部に作られます。

(8) では、学習器オブジェクトのscoreメソッドの引数にテストデータであるd_testとt_testを指定しています。これによって学習済みモデルの性能の評価が行われ、認識率 (テストデータを正しく認識できた割合) が得られます。実行結果として、0.9803600654664485 (約98%) の認識率が得られました。手書き数字の画像データと教師データは、ランダムに選ばれるので、この認識率は、プログラムを実行するごとに異なった値になります。

いかがでしょう。わずか8行のプログラムで機械学習を体験できました。このように短いプログラムで機械学習を体験できたのは、Pythonに、機械学習のためのさまざまな機能がライブラリとして提供されていることと、Pythonがインタプリタなので、ライブラリの機能を短いプログラムで簡単に試せるからです。手書き文字の画像データをビジュアルに表示することも簡単でしたね。

クロスバリデーションをやってみる

「クロスバリデーション(cross validation＝交差検証)」をやってみましょう。クロスバリデーションは、訓練用のデータとテスト用のデータを入れ替えながら、機械学習を繰り返すという手法です。これによって、学習したデータの種類によって、認識率に偏りが生じないかどうかをチェックできます。ここでは、データ全体を3つに分割してクロスバリデーションをやってみます。この場合には、**図12-12**に示す3つのパターンで機械学習を行うことになります。

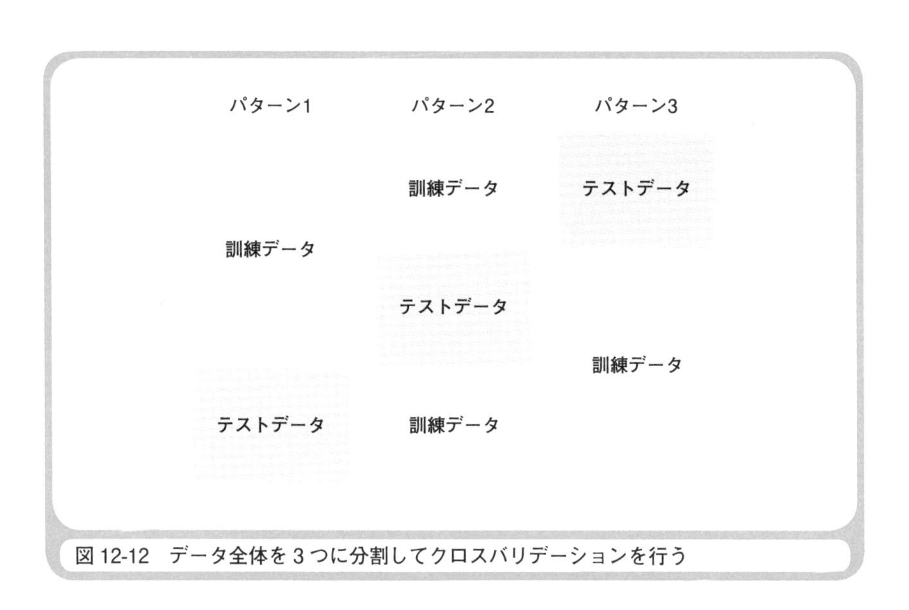

図12-12 データ全体を3つに分割してクロスバリデーションを行う

Pythonの対話モードで、**図12-13**に示すプログラムを実行してください。

(1)～(4)は、これまでに示したプログラムと同じなので、実行済みであれば、入力する必要はありません。(5)では、sklearn.model_selectionモジュールからcross_val_score関数をインポートしています。

(6)では、cross_val_score関数を使って、3回のクロスバリデーションを行っています。cross_val_score関数の引数には、学習器であるclf、手書き数字の画像データであるdigits.data、教師データであるdigits.target、およびcv=3でクロスバリデーションの回数(分割の数)を指定します。

実行結果として表示された0.96494157、0.97996661、0.96494157が、3回のクロスバリデーションのそれぞれにおける認識率です。約96%、約98%、約96%ですから、データの種類によって、認識率には大きな偏りがないことがわかります。

図12-13　クロスバリデーションを行う

```
>>> from sklearn import datasets ―――――――――――――――――――――― (1)
>>> digits = datasets.load_digits() ―――――――――――――――――― (2)
>>> from sklearn import svm ―――――――――――――――――――――――――― (3)
>>> clf = svm.SVC() ――――――――――――――――――――――――――――――――― (4)
>>> from sklearn.model_selection import cross_val_score ―― (5)
>>> cross_val_score(clf, digits.data,  digits.target, cv=3) ― (6)
array([0.96494157, 0.97996661, 0.96494157])
```

機械学習は、人工知能の一分野です。人工知能は、初期のコンピュータの時代から研究され続けていて、幾度となくブームになっています。近年になって、人工知能が大いに注目されているのは、コンピュータの性能が向上したことで、人工知能が実用的になったからです。たとえば、コンピュータに、文字、音声、画像などを認識させる機械学習は、すでに多くの企業や組織で利用されています。

＊　　　＊　　　＊

以上で、機械学習の体験は、おしまいです。初めて機械学習を体験した人は、コンピュータとプログラムの活用方法に、新たな道が開けたように感じて、とっても嬉しい気分になったでしょう！

行きつけの居酒屋のマスターに機械学習の種類を説明する

マスター：へいっ、いらっしゃい！ おや、だいぶお疲れですね。どうしたんですか？

筆者：小学生、中学生、女子高生、そして近所のおばあちゃんに、コンピュータの仕組みを教えるという企画があったのでクタクタなんだよ。

マスター：そりゃたいへんだ。で、結果は、どうなったんです？

筆者：なんとなく、わかってもらえたかな。たぶんね。

マスター：さすがですね！（店員に）おいっ、こら！ 早くおしぼりを出さねえかい！

筆者：おや？ 新しい店員さんが入ったんだね。

マスター：へえ、昨日から入ったんですが、覚えがわるくて大変なんですよ。

筆者：ははは。しばらくは、学習！ 学習！ だね。

マスター：ところで、お疲れのところ申し訳ありませんが、私も一つお聞きしていいですかね？

筆者：もう、かんべんしてよ～。

マスター：まあまあ、そう言わずに。一杯おごりますから。

筆者：それならOK！ どうぞ、どうぞ。

マスター：コンピュータってえのには、いろいろなことができるようですが、何かを学ばせるってことはできるんですかね？

筆者：うん、できるよ！「機械学習」って呼ばれているんだ。

マスター：へえ～、機械学習ねえ～。どんな風に学習させるんですか？

筆者：大きく分けて、「教師あり学習」「教師なし学習」「強化学習」という種類があるよ。

マスター：あれまあ、むずかしそうですね～。できるだけ簡単に説明してくださいよ。

筆者：それじゃあ、新しい店員さんに仕事の内容を学習させることを例にして、説明しましょう。マスターが先生になって、これはこうして、あれはそうして、というお手本、と

いうか正解を示して学習させるのが、「教師あり学習」だ。

マスター：あっしが教師ですかい？ 面倒臭いですね〜。あっしは、「仕事は自分で覚えろ」ってな方針ですから。

筆者：おおっ！ それが「教師なし学習」だよ。

マスター：あっしの方針も、立派な学習方法ってことですね。もう1つのヤツは、何でしたっけ？

筆者：「強化学習」だよ。これは、上手にできたら、褒めたり、ご褒美を上げたりする、という学習方法だ。

マスター：うわ〜っ！ あっしが、一番苦手なことですね。うちは、このまま「教師なし学習」を続けることにしますよ。

筆者：あはは。

マスター：無事に学習ができたとして、何ができるようになりますかね？

筆者：そうだなあ〜。たとえば、「教師あり学習」の場合は、新しい料理の識別や、気温に応じたビールの売上の予測、なんてことができるようになるよ。料理の識別は「分類問題」、売上の予測は「回帰問題」と呼ぶんだ。

マスター：あいつ（新しい店員さん）に売上の予測なんかされたら気持ち悪いですが、料理の識別はできるようになってほしいですねえ。

筆者：それなら、マスターの方針を「教師なし学習」から「教師あり学習」に切り替えないとね。

マスター：あれまあ、こりゃ1本取られたなあ！

補章1

レッツ・トライC言語！

本書のサンプル・プログラムの多くは、C言語で記述されています。まったくプログラミング経験がない人や、プログラミングの学習を始めたばかりの人は、いきなりC言語のソースコードを見せられて戸惑われたことでしょう。そこで、補章1として、C言語の基本的な言語構文を説明いたします。

C言語の特徴

C言語は、1973年にAT&Tベル研究所のデニス・リッチー氏らによって開発されたプログラミング言語です。C言語には、高水準言語でありながら、アセンブリ言語に匹敵する細かな処理（メモリー操作やビット操作）を記述できるという特徴があります。同じAT&Tベル研究所で開発されたUNIXは、当初アセンブリ言語で記述されていましたが、多くの部分がC言語で書き直されました。それによって、UNIXの移植性が高まり、多くの種類のコンピュータでUNIXが利用できるようになったのです。UNIX系OSの一種であるLinuxもC言語で記述されています。

C言語は、現在でも人気が高いプログラミング言語です。その証拠に、国家試験である基本情報技術者試験で選択できるプログラミング言語の種類は、C言語、Java、Python、アセンブリ言語、表計算ソフトであり、

C言語が筆頭にあげられています。

現在のWebプログラミングでは、JavaやC#（シー・シャープ）に人気があります。JavaやC#は、まったく新しく開発されたプログラミング言語というわけではなく、C言語の言語構文を拡張したC++（シー・プラス・プラス）というプログラミング言語をベースにしています。したがって、C言語をマスターすれば、JavaやC#も容易に覚えられます。さらに、多くのCコンパイラでは、C言語のソースコードをアセンブリ言語のソースコードに変換する機能と、C言語のソースコードの中にアセンブラのソースコードを混ぜることができるという特徴もあります。C言語は、アセンブリ言語とも相性が良いのです。

変数と関数

C言語に限らず、どのようなプログラミング言語を使ったとしても、プログラムの内容は、いくつかのデータといくつかの処理から構成されたものとなります。このデータと処理をどのように表すかが、プログラミング言語の種類によって若干異なります。C言語では、データを**変数**で表し、処理を**関数**で表します。したがって、C言語のプログラムは、変数と関数から構成されていることになります（**図A-1**）。

変数や関数という言葉を聞くと、数学を思い出すでしょう。数学の変

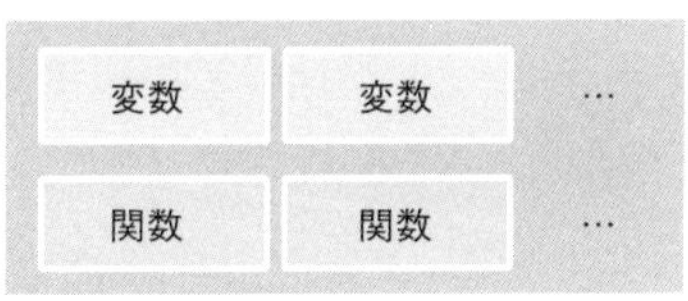

図A-1　C言語のプログラムは、変数と関数から構成されている

数は、x、y、zのようにアルファベットで表します。数学の関数は、f(x)のように関数名（ここではf）の後にカッコで囲んで変数（ここではx）を指定します。C言語の変数と関数の記述方法も、数学と同様です。

ただし、C言語では、変数と関数を、数学的な感覚ではなく、プログラム的な感覚で使います。x、y、zといった変数は、数学的には「何らかの値」ですが、プログラム的には「データの入れ物」です。f(x)という関数は、数学的には「xというパラメータによって決定される値」ですが、プログラム的には「xという変数を関数fで処理する」です。

数学のy = f(x)という表現は「yはxの関数である」を意味しますが、プログラムでは「変数xを、関数fで処理した結果を、yに代入する」を意味します。数学でイコール(=)は「等しい」を意味しますが、プログラムでは「代入」を意味するのです。C言語で「等しい」ことを表したい場合は、イコールを2つ並べ(==)で表します。

関数は、プログラマが自ら作成するものと、あらかじめ用意されているものがあります。後者を標準関数ライブラリと呼びます。標準関数ライブラリは、さまざまなプログラムから利用できる汎用的な機能を持つ関数の集まりです。たとえば、キーボード入力を行うscanfや、ディスプレイに表示を行うprintfなどは、標準関数ライブラリの一種です。

データ型

数学の変数は、無限の桁数と精度であらゆる値を示すことができます。それに対して、プログラムの変数には、桁数と精度に制限があります。なぜなら、有限な記憶容量を持つコンピュータを使うからです。コンピュータに都合がよい桁数と精度があらかじめ定義されていて、これをデータ型と呼びます。C言語の主なデータ型を**表A-1**に示します。char、short、intは、整数用のデータ型です。floatとdoubleは、小数点数用のデータ型です。

表 A-1　C 言語の主なデータ型（BCC32 の場合）

名称	桁数（ビット数）	精度（表せる 10 進数）
char	8	− 128 〜＋ 127
short	16	− 32768 〜＋ 32767
int（または long）	32	− 2147483648 〜＋ 2147483647
float	32	約− 3.4×10^{38} 〜約＋ 3.4×10^{38}
double	64	約− 1.7×10^{308} 〜約＋ 1.7×10^{308}

プログラムで変数を使う（値を代入する、演算する、表示する、など）ときには、あらかじめデータ型とともに変数名を宣言しておく必要があります。**リスト A-1** に例を示します。C言語では、「〜せよ」を意味する命令文の末尾にセミコロン（;）を付けます。// 以降は、コメント（プログラムの説明）です。ここでは、a = 123; の部分で変数aに123という値を代入、すなわち変数aを使っています。それより前の部分で、int a; のように、データ型と変数名を宣言しておく必要があるのです。変数を宣言することで、データ型に応じたサイズのメモリー領域が確保され、その領域を変数名で読み書きできるようになります。

リスト A-1　変数は、使う前に宣言しておく必要がある

```
int a;          // int 型の変数 a を宣言せよ
  :
a = 123;        // 変数 a に 123 を代入せよ
```

入力、演算、出力

関数のカッコの中には、変数以外にも、文字列や数値で指定されたデータも置くことができ、これらを**引数**（ひきすう）と呼びます。関数の処理結果として返される値を**戻り値**と呼びます。関数を使うことを「関数を呼び出す」と呼びます。関数のことを「工場」にたとえるとわかりやすいで

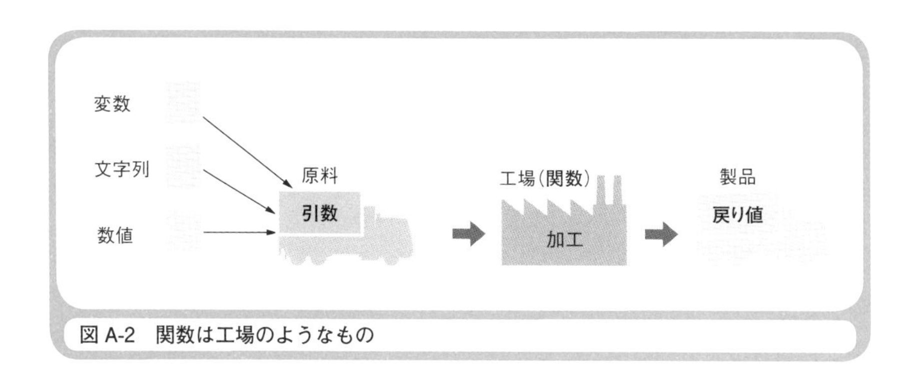

図A-2　関数は工場のようなもの

しょう。引数は、工場に入荷される「原料」に相当します。原料が工場の中で加工されます。戻り値は、工場から出荷される「製品」に相当します（**図A-2**）。関数の種類によって、引数がないものや、戻り値がないものもあります。

コンピュータの基本的な動作は、「データを入力する」「データを演算する」「処理結果を出力する」「データを記憶する」の4つです。簡単なサンプル・プログラムなら、データをキーボードから入力するでしょう。そして、その処理結果は、ディスプレイに出力するでしょう。したがって、キーボードから入力されたデータに、何らかの演算を行って、その結果をディスプレイに出力するというプログラムを作れるなら（入力、演算、出力には、変数への記憶が伴います）、C言語の基礎は合格ということになります。

次ページに示す**リストA-2**を見てください。これは、キーボードから入力された2つの値の平均値をディスプレイに表示するプログラムです。整数用のデータ型であるint型の変数を使っているので、平均値に小数点以下があった場合はカットされます。もしも、小数点以下をカットしたくないなら、変数のデータ型にfloatまたはdoubleを指定すればよいのです。

リスト A-2　入力、演算、出力を行うプログラムの例

```
int a, b, ave;           // int 型の変数 a、b、ave を宣言せよ
scanf("%d", &a);         // キーボードから a に入力せよ
scanf("%d", &b);         // キーボードから b に入力せよ
ave = (a + b) / 2;       // a と b の平均値を ave に代入せよ
printf("%d¥n", ave);     // ave の値をディスプレイに表示せよ
```

関数を作る／関数を使う

C言語では、先ほどリストA-2に示したように、処理だけを記述することはできません。一連の処理(ここでは5行からなる処理)を関数にまとめなければならないのです。「関数にまとめる」とは、プログラマが自ら関数を記述するという意味です。

大規模なプログラムは、複数の関数から構成されたものとなりますが、シンプルなサンプル・プログラムでは、関数を1つだけ作ることになります。その関数の名前は、「main」とする約束になっています。**main**は、プログラムの起動時に最初に実行される関数です。複数の関数から構成されたプログラムの場合は、プログラムの起動時にmain関数が実行され、main関数の中から他の関数が呼び出され、その関数からまた別の関数が呼び出され…、と言わば芋づる式に関数が呼び出されていきます。シンプルなプログラムでは、最初に実行されるmain関数だけがあり、そこにすべての処理が記述されたものとなります。

リストA-3は、先ほどの5行の処理をmain関数にまとめたものです。関数の処理内容は、{ と } で囲んで示します。{ と } で囲まれた部分を**ブロック**と呼びます。ブロック(block)は、「まとまり」という意味です。ブロックの中にある処理内容は、それらがカッコの中にあることがわかりやすいように行の先頭を字下げして記述します。個々の処理は、それらが記述された順番で、上から下に向かって実行されます。

リストA-3　すべての処理をmain関数にまとめたプログラム

```
#include <stdio.h>

int main(void) {
    int a, b, ave;          // int型の変数a、b、aveを宣言せよ
    scanf("%d", &a);        // キーボードからaに入力せよ
    scanf("%d", &b);        // キーボードからbに入力せよ
    ave = (a + b) / 2;      // aとbの平均値ををaveに代入せよ
    printf("%d¥n", ave);    // aveの値をディスプレイに表示せよ
    return 0;               // 戻り値として0を返せ
}
```

int main(void)は、int型の引数を返し、main関数が引数を持たないことを意味します。voidは、「空の」という意味です。引数がないことを示すvoidは省略できるので、int main(void)をint main()と記述することもできます。voidを関数の前に置いてvoid func()のようにすると、戻り値がないことを示せます。この場合のvoidは、省略できません。

先頭にある#include <stdio.h>は、stdio.hというファイルを参照することを意味しています。includeとは「含める」という意味です。stdio.hの中には、標準関数ライブラリであるprintfやscanfを使うための宣言が記述されています。このようなファイルをヘッダー・ファイルと呼びます。ヘッダー・ファイルのファイル名の拡張子は、headerの頭文字を取った「.h」となっています。各種の標準関数ライブラリを使うために必要とされるヘッダー・ファイルは、コンパイラと一緒にインストールされます。

このプログラムの処理内容は短いので、複数の関数で構成する必要はありませんが、あえて2つの関数に分けるとしたら、**リストA-4**のようにできます。ここでは、main関数の中でキーボードから2つのデータを変数aとbに入力し、それらを新たに作成したaverage関数の引数に与えて処理させ、average関数の戻り値（処理結果）を変数aveに代入し、aveの値をディスプレイに表示しています。average関数は、引数に与えられた

2つの値の平均値を戻り値として返す関数となっています。main関数からavegrage関数を呼び出している(使っている)のです。

リスト A-4　main 関数から average 関数を呼び出す

```
#include <stdio.h>

int average(int, int);    // avegare 関数のプロトタイプ宣言

int main(void) {
    int a, b, ave;          // int 型の変数 a、b、ave を宣言せよ
    scanf("%d", &a);        // キーボードから a に入力せよ
    scanf("%d", &b);        // キーボードから b に入力せよ
    ave = average(a, b); // avegare 関数の戻り値を ave に代入せよ
    printf("%d¥n", ave); // ave の値をディスプレイに表示せよ
    return 0;               // 戻り値として 0 を返せ
}

int average(int a, int b) {
    return (a + b) / 2;  // 戻り値として 2 つの引数の平均値を返せ
}
```

int average(int a, int b)は、average関数がint型の戻り値を返し、int型の引数を2つ持つことを意味します。returnは、関数の戻り値を返す命令です。ここでは、(a + b) / 2すなわち引数aとbの平均値が返されます。なお、main関数の戻り値は、プログラムの終了コード(終了したときの状態を表す数値)を表します。正常終了した場合は、return 0; で0を返します。

リストA-4の中で「average関数のプロトタイプ宣言」とコメントされている部分に注目してください。コンパイラは、ソースコードの内容を上から下に向かって順番に読んで解釈していきます。main関数の中で突然average関数を使うと、コンパイラは「そんな関数はない！」と解釈し、エラーとしてしまいます。そこで、ソースコードのはじめのほうに、int average(int, int); と記述して「この先、averageという名前で、int型の戻

り値を返し、int型の引数を2つ持つ関数が登場します」ということをコンパイラに知らせる必要があるのです。これを**関数のプロトタイプ宣言**と呼びます。

先ほど、ヘッダー・ファイルであるstdio.hの中には、標準関数ライブラリであるprintfやscanfを使うための宣言が記述されていると説明しました。より具体的に言うと、stdio.hの中には、printfやscanfのプロトタイプ宣言が記述されているのです。そのため、エラーが生じることなく、printfやscanfを使えるのです。

ローカル変数とグローバル変数

関数のブロックの中で宣言された変数は、その関数の中だけで利用できるものとなります。これを**ローカル変数**と呼びます。ローカル(local)とは、「地域的な、局所的な」という意味です。リストA-4では、main関数のブロックの中で宣言されているa、b、aveがローカル変数です。ローカル変数の値を別の関数に渡して処理させるには、引数を使うことになります。リストA-4では、main関数のローカル変数であるaとbが、average関数に引数として渡されています。

関数のブロックの外で変数を宣言することもでき(処理はブロックの中に記述しなければなりませんが、変数はブロックの外で宣言してもOKです)、これを**グローバル変数**と呼びます。グローバル(global)とは、「世界的な、大域的な」という意味です。グローバル変数は、プログラムの中にあるすべての関数から利用できます。したがって、グローバル変数を使って、関数が別の関数にデータの値を知らせることができます。ただし、大規模なプログラムでグローバル変数を多用すると、プログラムの内容が複雑になる(どの関数がグローバル変数の値を利用しているかがわかりにくくなる)ので注意してください。

リストA-4に示したプログラムを、あえてグローバル変数を使うように改造すると、**リストA-5**のようになります。average関数の引数がなくなったことに注目してください。aveは、ローカル変数のままとしています。aveは、main関数の中だけで使われる変数だからです。

リストA-5　グローバル変数を使ったプログラム

```
#include <stdio.h>

int average(void);          // avegare関数のプロトタイプ宣言
int a, b;                   // グローバル変数a、bを宣言せよ

int main(void) {
    int ave;                // ローカル変数aveを宣言せよ
    scanf("%d", &a);        // キーボードからaに入力せよ
    scanf("%d", &b);        // キーボードからbに入力せよ
    ave = average();        // avegare関数の戻り値をaveに代入せよ
    printf("%d¥n", ave);    // aveの値をディスプレイに表示せよ
    return 0;               // 戻り値として0を返せ
}

int average(void) {
    return (a + b) / 2;     // 戻り値としてグローバル変数の平均値を返せ
}
```

配列と繰り返し

コンピュータは、大量のデータを処理することが得意です。たとえば、100万個のデータの平均値を求める場合でも、コンピュータなら瞬時に結果を得ることができます。大量のデータをプログラムで表す場合には、配列という表現を使います。配列は、データ全体に同じ1つの名前（配列名と呼ぶ）を付け、個々のデータ（要素と呼ぶ）を0から始まる通し番号（インデックスと呼ぶ）で区別するものです。100万個では、データの準備が面倒なので、ここでは10個のデータの平均値を求めるプログラムを作ってみます。**リストA-6**のようになります（同じ機能のプログラムを、配列を使わずに作ることもできますが、ここでは、あえて配列を使っています）。

リストA-6 10個のデータの平均値を求めるプログラム

```
#include <stdio.h>

int main(void) {
    int data[10];       // int型で要素数10個の配列dataを宣言せよ
    int sum, ave, i;   // int型の変数sum、ave、iを宣言せよ

    sum = 0;            // 合計値を格納するsumを0クリアせよ

    // iを0～9まで+1ずつ増加させながら繰り返せ
    for (i = 0; i < 10; i++) {
        scanf("%d", &data[i]);  // キーボードからdata[i]に入力せよ
        sum += data[i];         // data[i]の値をsumに集計せよ
    }

    ave = sum / 10;         // sumを10で割った値をaveに代入せよ
    printf("%d¥n", ave);  // aveの値をディスプレイに表示せよ

    return 0;               // 戻り値として0を返せ
}
```

int data[10]; という部分が、配列の宣言です。「int型で要素数10個のdataという名前の配列を用意せよ」という意味になります。これによって、data[0]～data [9]という10個の要素が利用できます。ゼッケン番号を付けたような表現ですが、配列の個々の要素は、通常の変数とまったく同じに取り扱えます。

キーボードから10回繰り返して入力を行い、それをdata[0]～data[9]に代入します。変数sumに10回繰り返して加算を行い、data[0]～data[9]の合計値を得ます。sumの値を10で割って得られた平均値をaveに代入し、それをディスプレイに表示します。

10回の繰り返し処理は、for (i = 0; i < 10; i++) {・・・}という命令で表します。forのカッコの中は、セミコロンで3つの部分に分けられていて、先頭から順に「繰り返しの最初に一度だけ行う処理」「繰り返しの継続条

件」「それぞれの処理の最後に毎回行う処理」を記述します。配列を処理する場合は、forのカッコの中に、配列のインデックスを表す変数（ここではi）を0から1つずつ増やしていくことを指定するのが一般的です。このような変数をループ・カウンタと呼びます。ループ（loop）とは、「繰り返し」という意味です。for (i = 0; i < 10; i++)は、「繰り返しの最初にiの値を0にせよ」「i < 10という条件で繰り返しを継続せよ」「それぞれの処理の最後にiの値を+1せよ」を意味しています。これによって、iの値は、0～9まで1ずつ増えていき、forのブロック（{と}で囲まれた部分）の中に記述された処理が10回繰り返されます。そして、iの値が10に増えたとき、i < 10という条件が成り立たなくなるので、繰り返しが終わります。

forのブロックの中にあるdata[i]という表現に注目してください。これは、配列dataのi番目の要素という意味です。iの値が0～9まで1ずつ増えていくのですから、data[0]～data[9]までの要素が順番に処理（ここでは、キーボードから入力と、sumへの集計）できるのです。

その他の言語構文

C言語の言語構文は、ANSI（American National Standards Institute、米国規格協会）で規格化されています。ANSIでは、**表A-2**に示す単語をC言語の予約語（あらかじめ意味が決められている言葉）として規定しています。これらのキーワードの意味と具体的な用途をすべて理解できれば、C言語の言語構文の学習は、ひととおり完了ということになります。この補章1だけでも、すでに多くのキーワードを理解できました。残りのキーワードがいくつあるかを数えれば、この後どれくらい学習すればC言語をマスターできるかわかるでしょう。

最後にC言語を学ぶコツをお教えしましょう。これは、C言語に限ったことではありませんが、プログラミング言語の言語構文は、丸暗記して覚えるものではありません。実際にプログラムを作り、その動作結果

表 A-2　C 言語のキーワード（アルファベット順で示す）

キーワード	意味
auto	ローカル変数であることを示す
break	繰り返し処理および分岐処理の switch を中断する
case	分岐処理の switch で使う
char	8 ビットの整数データ型
const	値を変えられないことを示す
continue	繰り返し処理を継続する
default	分岐処理の switch で使う
do	繰り返し処理の while で使う
double	64 ビットの浮動小数点数データ型
else	分岐処理の if で使う
enum	列挙型を宣言する
extern	他のファイルにある変数や関数への参照を示す
float	32 ビットの浮動小数点数データ型
for	繰り返し処理で使う
goto	任意のラベルにジャンプする
if	分岐処理で使う
int	32 ビットの整数データ型（BCC32 の場合）
long	32 ビットの整数データ型
register	可能なら、変数にメモリーではなく CPU 内のレジスタを割り当て、処理を高速化する
return	関数から呼び出し元へ戻る（戻り値を返す）
short	16 ビットの整数データ型
signed	符号付きデータであることを示す
sizeof	データのサイズを得る
static	関数呼び出し後もローカル変数の値を保持する
struct	構造体を宣言する
switch	分岐処理で使う
typedef	既存の型に任意の型名を付ける
union	共用体を宣言する
unsigned	符号無しデータであることを示す
void	引数や戻り値がないことを示す
volatile	変数に関するコンパイラの最適化を抑制する
while	繰り返し処理で使う

を確認することを繰り返して体得するのです。公式のように言語構文を覚えるのではなく、その具体的な使い方を知ってください。「言語構文はわかるがプログラムを作れない」では、「英語の文法はわかるが話せない」のと同じです。C言語も英語も、実践あるのみです。C言語の言語構文では、ここでは取り上げませんでしたが、特にポインタと構造体がむずかしいと言われています。ポインタと構造体を克服したいなら、それらを具体的にどう使うかに注目し、さまざまなプログラムを作ってみればよいのです。

はじめは、教材に示されたサンプル・プログラムをそのまま真似してください。やがて、サンプル・プログラムの一部を改造してみたくなるはずです。そして、改造に慣れてくると、いくつかのサンプル・プログラムを組み合わせて、オリジナルのプログラムを作ってみたくなるはずです。そう思ったなら、遠慮しないでどんどんやってください。自分の頭の中で、「こう書けば、こういう結果になるはずだ」と予測してプログラムを作るのです。もしも、予測どおりの結果にならなかったら、その理由を考えて何度でもチャレンジしてください。同じソースコードと何度も「にらめっこ」することになるので、言語構文を自然と覚えてしまいます。思いどおりに動作しない原因を突き止める際には、本書で得たCPUやメモリーの仕組みの知識が大いに役立つはずです。

何度も試行錯誤を繰り返し、やがて見事に予測どおりの動作結果が得られたなら、プログラマとして一人前です。プログラミングとは、プログラマの考えをプログラミング言語の言語構文で書き表し、それをコンピュータに伝えて実行させるものだからです。プログラミングができるようになれば、自分の思いどおりにコンピュータを動作させられます。これは、ものすごく楽しいことです。本書によってプログラムが動作する仕組みがわかった皆さんなら、より一層プログラミングに楽しさを感じられるはずです！

補章2

レッツ・トライPython！

本書の第12章のサンプル・プログラムでは、Pythonというプログラミング言語を使っています。Pythonに初めて触れた人もいらっしゃるでしょう。そこで、補章2として、Pythonの基本的な言語構文を説明いたします。プログラミング言語には、さまざまな種類がありますが、どの言語も、英語と数式のような構文を採用しています。したがって、何か1つプログラミング言語を覚えれば、それと比べることで、他のプログラミング言語も容易に覚えられます。ここでは、補章1で取り上げたC言語と比べながら、Pythonの言語構文を説明します。

Pythonの特徴

Pythonは、1991年に、オランダ出身で米国のプログラマであるグイド・ヴァン・ロッサム氏によって開発されたプログラミング言語です。Python（ニシキヘビ）という名前は、グイド氏が、英国のTV番組である「Monty Python's Flying Circus（邦題：空飛ぶモンティ・パイソン）」のファンであったことに由来しています。

C言語と比べたPythonの大きな特徴は、C言語がコンパイラ形式であるのに対し、Pythonがインタプリタ形式であることです。C言語では、ソースコードを記述して、それをコンパイラでマシン語の実行可能ファイルに変換し、実行可能ファイルを実行します。Pythonでは、ソースコードを記述して、それをインタプリタに読み込ませて実行します。これを「実行モード」と呼びます。さらに、Pythonでは、インタプリタを起動したままの状態にして、プログラマが入力したプログラムを1行ずつ実行することもできます。これを「対話モード」と呼びます。

実行モードでは、Pythonのプログラムの拡張子を .py としたファイル名で保存し、Pythonがインストールされた環境のコマンドプロンプトで、「python ファイル名.py」と入力して実行します。対話モードでは、コマンドプロンプトで「python」と入力してPythonのインタプリタを起動したままの状態にして、「>>>」というプロンプトの後にプログラムを入力して実行します。長いプログラムや、後で再利用するプログラムを作るときには、実行モードを使います。短いプログラムや、後で再利用しないプログラムを作るときには、対話モードが便利です。

Pythonは、近年になって人気が高まっているプログラミング言語です。国家試験である基本情報技術者試験で選択できるプログラミング言語は、令和元年まではC言語、Java、COBOL、アセンブリ言語、表計算ソフトでしたが、令和2年からは、COBOLに代わって新にPythonが採用されました。これは、実際の開発の現場でも、Pythonが使われることが多くなっているからです。

Pythonの言語構文には、C言語と似ている部分もありますが、異なる部分もあります。たとえば、C言語では、関数の中に処理を記述しなければなりませんが、Pythonでは、同様のことも、処理だけを記述することもできます。このことから、Pythonでは、気軽にプログラムの動作を確認することができます。第12章で機械学習を体験したときにも、処理だけを記述しました。

実行モードで画面にデータを表示するときにはprint関数を使いますが、対話モードではprint関数を使わずに、変数の値を入力して「Enter」キーを押せば変数の値が表示され、関数呼び出しを入力して「Enter」キーを押せば戻り値が表示されます。この機能は、短いプログラムを実行するときに便利です。第12章で、機械学習を体験したときにも、この方法を使いました。

すべてがオブジェクト

それでは、C言語と比べながら、Pythonの言語構文を説明しましょう。C言語と同様に、Pythonでも、変数や関数が使われ、y = f(x)で「変数xを、関数fで処理した結果を、yに代入する」を表します。ただし、Pythonでは、データでも処理でも、メモリー上に実体を持つものは、すべてオブジェクト（object＝物）であるとみなし、オブジェクトの識別情報が変数に格納されます。

単独のデータや単独の処理だけでなく、いくつかのデータと処理をまとめたものをオブジェクトにすることもできます。オブジェクトが持つデータと処理を定義したプログラムをクラスと呼びます。クラスは、オブジェクトの型に相当するものです。これを逆に言えば、オブジェクトは、クラスという型のインスタンス（instance＝実例）です。

Pythonにあらかじめ用意されているtype関数を使うと、オブジェクトが何のクラスのインスタンスであるかを確認できます。id関数を使うと、オブジェクトの識別情報を確認できます。dir関数を使うと、オブジェクトが持つ機能（データや処理）を確認できます。

たとえば、**図B-1**では、123というデータを変数aに代入して、データの値、クラス、識別情報、機能を確認しています。ここでは、対話モードを使っているので、>>> 以降に入力したものがプログラムです。先頭に >>> がない部分は、プログラムの実行結果として表示されたものです。# 以降は、コメントです。これらのコメントは、プログラムの説明のために付けたものなので、入力する必要はありません（これは、これ以降で示すプログラムでも同様です)。

図B-1　オブジェクトの値、クラス、識別情報、機能を確認する

```
>>> a = 123            # 変数aに123を代入する
>>> a                  # オブジェクトの値を確認する
123                    # 123である
>>> type(a)            # オブジェクトのクラスを確認する
<class 'int'>          # intクラスである
>>> id(a)              # オブジェクトの識別情報を確認する
140715393042016        # 140715393042016である
>>> dir(a)             # オブジェクトの機能を確認する
['__abs__', '__add__', '__and__', '__bool__', '__ceil__',
'__class__', '__delattr__', '__dir__', '__divmod__',
'__doc__',
( 中 略 )
'as_integer_ratio', 'bit_length', 'conjugate', 'denominator',
 'from_bytes', 'imag', 'numerator', 'real', 'to_bytes']
                       # 数多くの機能を持っている
```

123というデータが、単なる数値ではなく、intクラスのオブジェクトであり、数多くの機能を持っていることがわかりました。オブジェクトが持つ機能をメソッドと呼びます。メソッドは、オブジェクト名.メソッド名(引数)という構文で使います。このドット(.)を「〜の」と読むとよいでしょう。

たとえば、**図B-2**では、intクラスで定義されているbit_lengthメソッドを使っています。a.bit_length()の部分で、「aのbit_lengthメソッド」を呼び出しています。bit_lengthメソッドは、データを2進数で表した時の

図B-2　intクラスで定義されているbit_lengthメソッドを呼び出す

```
>>> a = 123            # 変数aに123を代入する
>>> a.bit_length()     # aのbit_lengthメソッドを呼び出す
7                      # ビット数が表示される
```

ビット数を返します。123を2進数で表すと1111011という7ビットになるので、7が表示されています。

関数やクラスには、プログラマが自ら作成するものと、あらかじめ用意されているものがあります。Pythonにあらかじめ用意されている関数やクラスを、組み込み関数や組み込みクラス（または、組み込み型、組み込みオブジェクト）と呼びます。先ほど使ったtype関数、id関数、dir関数は、組み込み関数です。組み込み関数には、キーボード入力を行うinput関数や、ディスプレイに表示を行うprint関数などもあります。

Pythonでは、組み込み関数や組み込みクラス以外にも、さまざまな関数やクラスを利用でき、それらをライブラリと呼びます。Pythonに標準で装備されているものを標準ライブラリと呼び、必要に応じて後から追加するものを外部ライブラリと呼びます。ライブラリのプログラムを収録したファイルをモジュールと呼びます。ライブラリを使う場合は、「import モジュール名」という構文で、モジュールをインポートする必要があります。

データ型

C言語のint型やfloat型などのデータ型に相当するものは、Pythonではintクラスやfloatクラスです。C言語では、データ型ごとにビット数と表せる数値の範囲が決まっていましたが、Pythonでは、そのような決まりはありません。Pythonの主なデータ型（クラス）を**表B-1**に示します。

表B-1 Pythonの主なデータ型（クラス）

名称	データの種類
int	整数
float	小数点数（浮動小数点数）
str	文字列
bool	真偽値（TrueまたはFalse）

整数ならintクラスを使い、小数点数ならfloatクラスを使います。

C言語では、変数を使う前に、データ型と変数名を指定して、変数を宣言する必要がありますが、Pythonでは、変数を宣言せずに使います。なぜなら、どのような変数も、メモリー上のオブジェクトの識別情報を格納するためのものであり、変数自体のデータ型は、同じだからです。**図B-3**に、変数を宣言せずに使う例を示します。Pythonでは、文字列は、ダブルクォテーション（"）またはシングルクォテーション（'）で囲みます。真偽値は、True（真）とFalse（偽）というキーワードで表します。

図 B-3　Python では、変数を宣言せずに使う

```
>>> a = 123           # 変数 a に整数を代入する
>>> b = 3.45          # 変数 b に小数点数を代入する
>>> c = "hello"       # 変数 c に文字列を代入する
>>> d = True          # 変数 d に真偽値を代入する
```

入力、演算、出力

リストB-1は、キーボードから入力された2つの値の平均値をディスプレイに表示するプログラムです。input関数は、キーボードから入力された文字列を返すので、それをint関数で整数に変換してから、平均値を求める演算を行っています。

リスト B-1　入力、演算、出力を行うプログラムの例

```
a = input()           # キーボードから a に入力せよ
a = int(a)            # a を整数に変換せよ
b = input()           # キーボードから b に入力せよ
b = int(b)            # b を整数に変換せよ
ave = (a + b) / 2     # a と b の平均値を ave に代入せよ
print(ave)            # ave の値をディスプレイに表示せよ
```

このプログラムをlistB_1.pyというファイル名で作成し、C:¥NikkeiBPというディレクトリに保存してください（保存するときに文字コードをUTF-8に指定してください。これは、これ以降で作成するプログラムでも同様です）。コマンドプロンプトを起動して、カレントディレクトリをC:¥NikkeiBPに移動し、python listB_1.pyと入力して「Enter」キーを押せば、実行モードで実行できます。実行結果の例を**図B-4**に示します。ここでは、"100"と"200"を入力し、それらを100と200に変換し、100と200の平均値を演算して、その結果である150.0を表示しています。

図 B-4　リスト B-1 の実行結果の例

```
(base) C:¥NikkeiBP>python listB_1.py
100
200
150.0
```

関数を作る／関数を使う

先ほどリストB-1に示した2つの数値の平均値を求める処理を、関数にしてみましょう。Pythonでは、def 関数名(引数): という構文で関数を定義します。以下は、引数aとbの平均値を戻り値として返すaverage関数の定義です。関数の処理は、先頭に半角スペースを入れてインデントします。半角スペースの数は、4個にするのが一般的です。C言語では、{と}で囲んで、その中の処理をインデントすることでブロックを表しましたが、Pythonでは、インデントだけでブロックを表します。C言語では、引数や関数の戻り値にデータ型を指定しましたが、Pythonでは指定しません。Pythonの引数や関数の戻り値は、すべてオブジェクトだからです。C言語と同様に、関数の戻り値を返すときには、Pythonでもreturnという命令を使います。

リスト B-2　2 つの引数の平均値を求める average 関数の定義

```
def average(a, b):          # average 関数を定義する
    ave = (a + b) / 2       # 関数の処理内容を記述する
    return ave              # 関数の戻り値を返す
```

リスト B-2のプログラムをlistB_2.pyというファイル名で作成し、C:¥NikkeiBPというディレクトリに保存してください。このファイルは、average関数が定義されたモジュールということになります。対話モードで、average関数を使うときには、**図 B-5**に示すように、importという命令を使って、モジュールをインポートします。インポートするときは、ファイル名の拡張子の .py を省略します。モジュールをインポートしたら、listB_2.average(100, 200) のように モジュール名.関数名(引数) という構文で、関数を使います。

図 B-5　average 関数を使うプログラム（その 1）

```
>>> import listB_2                   # モジュールをインポートする
>>> listB_2.average(100, 200)        # 関数を使う
150.0                                # 関数の戻り値が表示される
```

importには、いくつかのバリエーションがあります。**図 B-6**に示すように、import モジュール名 as 別名 という構文を使えば、モジュール名に短い別名を付けて、別名.関数名(引数) という構文で、関数を使えます。

図 B-6　average 関数を使うプログラム（その 2）

```
>>> import listB_2 as b2         # b2 という別名でインポートする
>>> b2.average(100, 200)         # 関数を使う
150.0                            # 関数の戻り値が表示される
```

さらに、**図B-7**に示すように、from モジュール名 import 関数名 という構文を使えば、モジュール名を指定せずに関数名だけで関数を使えます。

図 B-7 average 関数を使うプログラム（その 3）

```
>>> from listB_2 import average    # 関数を指定してインポートする
>>> average(100, 200)              # 関数を使う
150.0                              # 関数の戻り値が表示される
```

ローカル変数とグローバル変数

C言語と同様に、Pythonでも、関数のブロックの中で宣言された変数は、その関数の中だけで利用できるローカル変数となり、関数のブロックの外で宣言された変数は、プログラムの中にあるすべての関数やクラスから利用できるグローバル変数となります。

Pythonでは、関数のブロックの中で変数への代入を行うと、新たなローカル変数への代入であるとみなされてしまうので注意してください。たとえば、**図B-8**では、グローバル変数aに123を代入し、my_func関数のブロックの中で変数aに456を代入しています。my_func関数を呼び出すと、グローバル変数aに456が代入されると思われるかも知れませんが、実際には、my_func関数のブロックの中でローカル変数aに456が代入さ

図 B-8 グローバル変数に代入を行うつもりのプログラム

```
>>> a = 123           # グローバル変数 a に 123 を代入する
>>> def my_func():    # my_func 関数を定義する
...     a = 456       # 変数 a に 456 を代入する
...                   # 「Enter」を押して関数の定義を終える
>>> my_func()         # my_func 関数を呼び出す
>>> a                 # グローバル変数の値を確認する
123                   # 123 のままである
```

れることになるので、グローバル変数aの値は123のままです。

関数のブロックの中でグローバル変数に代入を行うには、global グローバル変数名 という構文で、グローバル宣言をする必要があります。**図B-9**は、先ほど図B-8で示したmy_func関数のブロックの中で、変数aをグローバル宣言したものです。今度は、関数のブロックの中でグローバル変数aに456が代入されました。

図 B-9　グローバル変数に代入を行えるプログラム

```
>>> a = 123            # グローバル変数 a に 123 を代入する
>>> def my_func():     # my_func 関数を定義する
...     global a       # 変数 a をグローバル宣言する
...     a = 456        # 変数 a に 456 を代入する
...                    #「Enter」を押して関数の定義を終える
>>> my_func()          # my_func 関数を呼び出す
>>> a                  # グローバル変数の値を確認する
456                    # 456 が代入されている
```

配列と繰り返し

C言語では、大量のデータを配列で表し、個々の要素を0から始まる通し番号(インデックスと呼ぶ)で区別します。Pythonで大量のデータを表すときには、配列ではなく、リスト、タプル、文字列、辞書、集合などのクラスを使います。これらの中で、C言語の配列と同様に使えるのは、リストです。**図B-10**は、リストの要素の平均値を求めるプログラムです。リストは、[と] で囲んで、要素をカンマで区切って表します。

リストから要素を1つずつ取り出すときは、for 変数 in リスト: という構文のブロックを使います。これによって、リストの先頭から末尾まで1つずつ要素が取り出され、それが変数に格納されます。このブロックの中で、変数を使った処理を行います。ここでは、for n in data: のブロックで、リストであるdataから1つずつ要素か取り出され、それが変数nに

図B-10　リストの要素の平均値を求めるプログラム（その1）

```
>>> data = [1, 2, 3, 4, 5, 6, 7, 8, 9, 10]  # リストdataを作る
>>> total = 0                        # 合計値totalを0クリアする
>>> for n in data:                   # リストから1要素ずつnに取り出す
...     total += n                   # totalにnを加算する
...                                  # 「Enter」を押してブロックを終える
>>> ave = total / len(data)          # aveに平均値を得る
>>> ave                              # aveの値を確認する
5.5                                  # 平均値が表示される
```

格納されます。ブロックの中では、total += nという処理で、変数totalに要素nの値を加算しています（補章1のC言語のプログラムでは、合計値にsumという変数名を使っていましたが、Pythonにはsumという組み込み関数があるので、totalという変数名にしています）。

ave = total / len(data) のlenは、リストの要素数を返す組み込み関数です。これによって、変数aveにリストの要素の平均値が得られます。C言語では、配列の個々の要素をdata[i]のように、インデックスを使って指定します。Pythonでも、同じ表現ができますが、for n in data: という構文では、インデックスの指定が不要です。

Pythonには、組み込み関数として、リストの合計値を返すsum関数があります。これを使うと、先ほど図B-10に示したものと同じ機能のプログラムが、**図B-11**に示すように短く記述できます。このように、あらかじめ用意されている関数やクラスが数多くあるため、さまざまな処理を

図B-11　リストの要素の平均値を求めるプログラム（その1）

```
>>> data = [1, 2, 3, 4, 5, 6, 7, 8, 9, 10]  # リストdataを作る
>>> ave = sum(data) / len(data)      # aveに平均値を得る
>>> ave                              # aveの値を確認する
5.5                                  # 平均値が表示される
```

短いプログラムで実現できることが、C言語と比べたPythonの大きな特徴のひとつです。

その他の言語構文

Pythonの公式Webページ(https://www.python.org/)にある言語リファレンスでは、**表B-2**に示す単語をPythonの予約語として規定しています。これらのキーワードの意味と具体的な用途をすべて理解できれば、Pythonの言語構文の学習は、ひととおり完了ということになります。この補章2だけでも、すでに多くのキーワードを理解できました。残りのキーワードがいくつあるかを数えれば、この後どれくらい学習すればPythonをマスターできるかわかるでしょう。Pythonをマスターするコツは、C言語と同様です。実際にプログラムを作り、その動作結果を確認することを繰り返して体得してください!

表B-2　Pythonのキーワード(アルファベット順で示す)

キーワード	意味
and	「かつ」を意味する論理演算
as	別名を付ける
assert	プログラムのテストで使う
async	コルーチンで使う
await	コルーチンで使う
break	繰り返し処理を中断する
class	クラスを定義する
continue	繰り返し処理を継続する
def	関数を定義する
del	オブジェクトをメモリーから破棄する
elif	分岐処理で使う
else	分岐処理、繰り返し処理、例外処理で使う
except	例外処理で使う
False	「偽」を意味するキーワード

finally	例外処理で使う
for	繰り返し処理で使う
from	モジュールのインポートで使う
global	グローバル変数であることを宣言する
if	分岐処理で使う
import	モジュールのインポートで使う
in	要素があるかどうかをチェックする
is	同じオブジェクトであるかどうかチェックする
lambda	ラムダ式を定義する
None	「空（から）」を意味するキーワード
nonlocal	クロージャが関数の外側にある変数を参照する
not	「～でない」を意味する論理演算
or	「または」を意味する論理演算
pass	ブロックが空であることを示す
raise	例外を発生させる
return	関数やメソッドから呼び出し元へ戻る（戻り値を返す）
True	「真」を意味するキーワード
try	例外処理で使う
while	繰り返し処理で使う
with	自動的に終了処理を行う
yield	ジェネレータ関数がデータを生成する

おわりに

「幽霊の正体見たり枯れ尾花」という川柳があります。この川柳は、怖い怖いと思っていると、枯れ尾花が幽霊に見えてしまうという人間の心理を言い表したものです。これは、プログラムに対しても同じでしょう。プログラムの正体（本質）を知る前は、プログラムが恐ろしくむずかしいものに見えたはずです。むずかしいものに触れることを怖いとさえ感じていたかもしれません。筆者も、初めてプログラムに触れたときにドキドキしたことを憶えています。

本書をお読みいただいた皆さんには、もはや怖いものなどないはずです。プログラムが動作する仕組みが、実にシンプルだったと実感していただけたはずです。プログラムの本質は、今後コンピュータが進化発展を続けても、大きく変わることはないでしょう。どうぞ、恐れることなく、新しい技術へのチャレンジを続けてください。

本書をお読みいただき、ありがとうございました。皆さんのご活躍をお祈り申し上げます！

謝辞

本書の発行および改訂に際して、企画の段階からお世話になりました日経ソフトウエア（連載時）の柳田俊彦編集長、早坂利之記者、畑陽一郎記者、出版局（当時、現日本経済新聞社）の高畠知子様、田島 篤様、そしてスタッフの皆様全員に、心より感謝申し上げます。日経ソフトウエアに連載された「プログラムはなぜ動くのか」の記事、および本書の第1版と第2版に対して、筆者の説明不足や誤りへのご指摘、ならびに激励の言葉をお寄せくださいました読者の皆様にも、この場をお借りして厚く御礼申し上げます。

索引

U

V

W

X

Z

あ

い

え

お

か

著者プロフィール

矢沢 久雄（やざわ・ひさお）

1961年 栃木県足利市生まれ
株式会社ヤザワ 代表取締役社長
グレープシティ株式会社 アドバイザリースタッフ

大手電機メーカーでパソコンの製造、ソフトハウスでプログラマを経験し、現在は独立して、パッケージソフトの開発と販売に従事している。本業のかたわら、プログラミングに関する書籍や記事の執筆活動、学校や企業における講演活動なども精力的に行っている。自称ソフトウエア芸人。

主な著書

『コンピュータはなぜ動くのか』（日経BP）
『情報はなぜビットなのか』（日経BP）
『出るとこだけ！基本情報技術者テキスト＆問題集』（翔泳社）
『C言語プログラミングなるほど実験室』（技術評論社）
『10代からのプログラミング教室』（河出書房新社）
ほか多数

初出

日経ソフトウエア　2000年7月号～2001年6月号「プログラムはなぜ動くのか」第1回～第12回
本書は上記連載を全面的に見直し、加筆修正したものです。

プログラムはなぜ動くのか 第3版

知っておきたいプログラミングの基礎知識

2001年10月 1 日　初版第 1 刷発行
2006年 9 月12日　初版第27刷発行
2007年 4 月16日　第 2 版第 1 刷発行
2020年 6 月17日　第 2 版第20刷発行
2021年 5 月17日　第 3 版第 1 刷発行
2024年 4 月 5 日　第 3 版第 5 刷発行

著　者　矢沢 久雄
発行者　中川 ヒロミ
発　行　日経BP
発　売　日経BPマーケティング
〒105-8308
東京都港区虎ノ門4-3-12

イラスト　中浜 小織、桜デザイン工房
装幀　折原 若緒
制作　クニメディア株式会社
印刷・製本　図書印刷株式会社
cover photograph/©DNY59

ISBN978-4-296-00019-7